Über den

systematischen Wert der Holzstructur

bei den

Dicotyledonen.

Inaugural-Dissertation

zur

Erlangung der Doctorwürde

der hohen philosophischen Fakultät der kgl. bayer. Ludwig-Maximilians-Universität München

vorgelegt von

Hans Solereder

aus München.

München 1885.

Druck von R. Oldenbourg.

Auf Anregung meines hochverehrten Lehrers, Herrn Prof. Dr. Radlkofer wurden von mir die vorliegenden Untersuchungen in dessen Laboratorium ausgeführt.

Für die gütige Anleitung, Förderung und Belehrung, die mir hiebei von Herrn Prof. Dr. Radlkofer zu teil wurde, erlaube ich mir, meinen innigsten Dank auszusprechen.

Auch danke ich Herrn Dr. Schultes für seine Mithilfe bei der Auswahl des zu untersuchenden Herbarmaterials, sowie Herrn Privatdocenten Dr. Peter für seine Unterstützung bei Beschaffung der einschlägigen Litteratur.

Einleitung.

Die grofse Bedeutung der anatomischen Methode für das System ist durch Radlkofer[1]) in neuerer Zeit betont worden. Nach drei Richtungen hin bestätigt, verändert und vermehrt diese Methode das, was bereits Eigentum unserer Wissenschaft geworden ist. Sie ist erstens im Stande, »dem Systeme durch Eliminierung all der Unklarheiten und Fehler, welche aus der Mangelhaftigkeit der Materialien und unrichtiger Auffassung derselben hervorgegangen sind, einen besseren Boden zu gewinnen, auf dem mit Sicherheit weiter gebaut werden kann«. Zweitens vermehrt sie »die Mittel, durch welche das der Wissenschaft Gewonnene festgehalten werden kann«. Und endlich drittens ist sie befähigt, »neues Licht über die verwandtschaftlichen Verhältnisse der Gewächse zu verbreiten und die Stammeseigentümlichkeiten derselben ausfindig zu machen«. Durch die Aussicht auf so reichlichen Gewinn aber haben sich bereits zahlreiche Jünger der neuen Methode im In- und Auslande gefunden, welche die grofse Bedeutung derselben wieder und wiederum bestätigten. Es genügt schon ein Blick auf das reiche Untersuchungsmaterial, ein Blick auf die anatomischen Charaktere, welche Radlkofer nach seinen bisherigen Erfahrungen benutzt und hervorgehoben hat und deren Verwendung er uns in seiner Rede klar vor Augen führt, um zu erkennen, dafs die völlige Ausbildung der Methode noch sehr viele Arbeitskräfte beanspruchen wird.

[1]) Über die Methoden in der botanischen Systematik, insbesondere die anatomische Methode; Festrede; München 1883.

Ich habe auf die Anregung meines hochverehrten Lehrers, Herrn Prof. Dr. Radlkofer, es unternommen, einen Beitrag für die anatomische Methode in vorliegenden Untersuchungen zu liefern. Dieselben beschäftigen sich in orientierender Weise mit der Holzstructur der Dicotyledonen und berücksichtigen auch im Marke auftretende anatomische Charaktere.

Radlkofer zeigt in seiner Rede, wie es ihm bei Abfassung seiner Monographie über *Serjania* mit Hilfe der anomalen Zweigstructur gelungen ist, zahlreiche systematische Fragen zu lösen, welche ohne die anatomische Methode nimmermehr hätten gelöst werden können.

Waren es nun auch bei *Serjania* besondere anatomische Verhältnisse des Holzkörpers, welche für Lösung wichtiger systematischer Fragen sich unentbehrlich erwiesen, — so trat nun doch die Frage heran: Finden sich im allgemeinen in der Structur des Holzes charakteristische Merkmale, welche für einen gröfseren oder kleineren Verwandtschaftskreis constant sind? Diese Frage ist nach meinen vorliegenden Untersuchungen dahin zu beantworten, dass die Anatomie des Holzes für bestimmte Familien, Triben, Gattungen und Arten wertvolle Charaktere liefert.

Vorliegende Arbeit gliedert sich in zwei Teile, in einen allgemeinen und in einen speciellen Teil. In dem allgemeinen Teile werden die verschiedenen Structurverhältnisse der einzelnen Holzelemente, sowie besondere Anomalien des Holzkörpers in Beziehung zu ihrer systematischen Verwertung behandelt. Der specielle Teil enthält eine Darstellung der Anatomie des Holzes in fast sämtlichen Familien der Dicotyledonen. In der Anordnung und Umgrenzung der Familien und Triben bin ich Bentham-Hooker, Genera plantarum gefolgt. Im ganzen habe ich circa 1200 Arten, welche sich auf nahezu 140 Familien verteilen, untersucht. Bei diesem umfangreichen Material konnten von jeder Tribus allerdings nur wenige Vertreter berücksichtigt werden. Eine genauere Untersuchung der *Cupuliferen* und verwandten Familien, ferner der *Hamamelideen* und *Magnoliaceen* diente, um zu ermitteln, inwieweit die anatomischen Verhältnisse des Holzes für Gattungen und Arten von systematischem Werte sind. Auch sind neu auftretende Charaktere in verschiedenen Familien näher verfolgt worden. Die für die Familien im speciellen Teile dargelegten Resultate geben eine vorläufige Übersicht der vorkommenden Übereinstimmungen und Verschiedenheiten im anatomischen Bau des Holzes der behandelten Familien; es erübrigt aber noch speciellerer Arbeiten, das durch orientierende Untersuchung Gewonnene weiter zu bestätigen.

Die Litteratur hat in der vorliegenden Abhandlung entsprechende Berücksichtigung gefunden.

Das Untersuchungsmaterial entstammt dem Herbarium regium Monacense, das mir durch Herrn Prof. Dr. Radlkofer gütigst zugänglich gemacht wurde. Das Material ist ein gut bestimmtes, häufig bekannten und verbreiteten Exsiccatensammlungen entnommen, die genau citiert sind. Da dasselbe, wie jedes Herbarmaterial nur aus Zweigen besteht, so sind vorläufig auf diese die Angaben von Anordnung und Durchmesser der Gefäfse zu beziehen.

Über den systematischen Wert des Holzes finden sich in der Litteratur bereits eine Reihe von Angaben vor, über welche ich in folgendem einen kurzen Überblick gebe.

Schon Theodor Hartig[1]) fühlte, dafs die Anatomie des Holzes für die Systematik von Wert sei; ja, er glaubte sogar, dafs eine genaue Kenntnis der Holz- und Rindenanatomie die damaligen »aus Äufserlichkeiten« abgeleiteten Systeme verdrängen könne.

Sanio[2]) gibt am Schlusse seiner vergleichenden Untersuchungen über die Zusammensetzung des Holzkörpers eine Tabelle von etwa 170 Arten, welche nach anatomischen Merkmalen des Holzes geordnet sind. Er benutzt zur Haupteinteilung nach Vorgang von Th. Hartig die verschiedenen Combinationen, nach welchen die Elementarorgane das Holz zusammensetzen; für Unterabteilungen verwendet er speciellere anatomische Charaktere. Sanio ist völlig davon überzeugt, dafs die Anatomie

[1]) Botanische Zeitung 1859 S. 107.

[2]) Botanische Zeitung 1863.

des Holzes, wie die vergleichende Anatomie überhaupt, die Systematik fördern kann.

Auch Möller[1]) behandelt die Frage, ob eine Beziehung zwischen Histologie und Systematik bestehe und glaubt, dafs die Frage entschieden bejaht werden müsse. In seiner Abhandlung werden ca. 350 Hölzer aus 99 Ordnungen in systematischer Reihenfolge anatomisch beschrieben. Wenn er mehrere Vertreter einer Ordnung untersucht hat, fafst er mitunter die gemeinsamen Charaktere zusammen und glaubt, dadurch manchen brauchbaren Familiencharakter gefunden zu haben.

Kohl hat die systematische Verwertung der Anatomie des Holzes bei den *Oleaceen*, Molisch bei den *Ebenaceen* und ihren Verwandten, Michael bei den *Caprifoliaceen*, *Rubiaceen* und *Compositen* dargelegt.

Während die vorher genannten Autoren sich günstig über den systematischen Wert der Holzstructur äufsern, hält Vesque[2]) auf Grund der Arbeiten Böhms und seiner eigenen die Holzanatomie für allzu abhängig von physiologischen Verhältnissen, als dafs sie allgemein gute anatomische Charaktere abgeben könnte: »Le bois et specialement la nature et la distribution des vaisseaux ne pourront donc fournir de caractère taxinomique que si toutes les plantes du même groupe vivent dans des conditions analogues«.

Nicht allein die einzelnen Elemente des Holzes, auch die anomalen Structurverhältnisse des Holzkörpers können systematisch verwertet werden. Schon längst haben diese Anomalien die Aufmerksamkeit der Systematiker auf sich gezogen. Ich erwähne zunächst die ältere Arbeit Regnaults über die *Cyclospermeen*. In neuerer Zeit sind namentlich hervorzuheben Radlkofer's Arbeiten über die *Sapindaceen*, Bureaus Arbeiten über die *Bignoniaceen* und die Abhandlung Petersens über bicollaterale Bündel.

---

[1]) Beiträge zur vergleichenden Anatomie des Holzes, in Denkschriften der kais. Akad. d. Wiss. zu Wien, math.-naturw. Kl. Bd. XXXVI S. 297 ff.

[2]) Les tissus des végétaux, appliquées à la classification. Nouvelles Archives du Muséum d'Hist. nat. Sér. 2 T. IV pag. 8.

Durch die Forstbotanik und durch die Paläophytologie ist die Kenntnis vom anatomischen Bau der Hölzer ebenfalls wesentlich gefördert worden. Nahm erstere aus praktischen Gründen Culturpflanzen zum Gegenstande ihrer Untersuchungen, so sah sich die letztere genötigt, weiter auszugreifen und so finden wir auch in verschiedenen paläophytologischen Abhandlungen die Frage über die systematische Bedeutung der Anatomie des Holzes ventiliert.

Am Schlusse der Einleitung ist folgendes bezüglich der in vorliegender Abhandlung benutzten Nomenclatur der Holzelemente zu bemerken. Ich habe es am zweckmäfsigsten gehalten, zu der älteren Bezeichnungsweise zurückzukehren[1]). Nach dieser setzen Gefäfse, Parenchym und Prosenchym das Holz zusammen. Unter Prosenchym verstehe ich langgestreckte Zellen, deren Enden zugeschärft oder zugespitzt sind. Die Ausdrücke »Parenchym« und »Prosenchym« beziehen sich nur auf die Gestalt; die Beschaffenheit der Zellwandung und des Zellinhaltes kommen dabei nicht in Betracht.

Entsprechende Epitheta werden bei vorliegenden Untersuchungen gebraucht, die Gefäfse, Prosenchym- und Parenchymzellen hinsichtlich ihrer Wandstructur näher zu bezeichnen.

---

[1]) Der Gebrauch des Begriffes »Tracheiden« stöfst auf grofse Schwierigkeiten. Manche Autoren, wie De Bary, fassen diesen Begriff sehr weit auf; sie bezeichnen sogar die spiralig verdickten Zellen der Luftwurzeln der epiphytischen *Orchideen*, sowie die spiralig verdickten Zellen in Mark und Rinde von *Nepenthes* als Tracheiden. Wenn wir aber auch den Begriff »Tracheiden« in dem Sinne festhalten, dafs die Tracheiden den Spiral- oder Hoftüpfelgefäfsen ähnliche, spiralig verdickte oder hofgetüpfelte Prosenchymzellen darstellen, so ist dies doch nicht immer zweckmäfsig. Mitunter ist nämlich eine Unterscheidung dieser gefäfsähnlichen Prosenchymzellen von englumigen Gefäfsen schwierig oder unsicher. Ich spreche in vorliegender Abhandlung von hofgetüpfeltem und einfach getüpfeltem Prosenchym. In manchen gröfseren Verwandtschaftskreisen bildet entweder das einfach getüpfelte oder das hofgetüpfelte Prosenchym allein die Grundmasse des Holzes. Spärliches Vorkommen von hofgetüpfeltem Prosenchym neben einfach getüpfelter prosenchymatischer Grundmasse bei ein und derselben Art ist in der Regel in vorliegender Arbeit nicht angeführt, da das Auftreten des hofgetüpfelten Prosenchyms in diesem Falle für gröfsere Verwandtschaftskreise wenigstens nicht constant ist.

I. Allgemeiner Teil.

1. Gefäfse.

Die spiralige Verdickung der Gefäfswand besitzt einen verschiedenen systematischen Wert. Für manche Gattungen ist sie constant; so tritt sie z. B. bei allen von mir untersuchten Arten von *Carpinus, Ostrya* und *Morus* auf. Michael[1]) hat sie ferner bei 21 Arten von *Lonicera* nachgewiesen. Eine gröfsere systematische Bedeutung scheint sie bei den *Pittosporaceen* zu haben. Dagegen steht fest, dafs sie mitunter für das Genus nicht constant ist, so z. B. bei *Viburnum*, *Casuarina*, *Corylus* und *Fagus*. Michael geht in seiner Arbeit noch weiter und sagt: »Die spiralige Verdickung scheint in einem Individuum vorkommen, im andern Individuum derselben Art fehlen zu können.« Als Beleg hiefür gibt er die Controversen zwischen den Angaben Möllers, Sanios und Hesselbarths bezüglich Viburnum und den Umstand an, dass er nur an jüngeren, nicht an älteren Zweigen von *Burchellia capensis* »zuweilen zarte« spiralige Verdickung der Gefäfswand vorfand. Bezüglich der Controverse scheint Möller unrichtig bestimmtes Material benutzt zu haben oder es dürfte eine Verwechslung vorliegen. Dafs »eine spärlich und schwach auftretende spiralige Verdickung oder Streifung« auch für die Art nicht von Wert ist, ist nicht in Abrede zu stellen; hingegen dürfte eine deutliche spiralige Verdickung der Gefäfswand für die Art constant sein. Spiralig verdickte Gefäfsenden kommen bei manchen *Hamamelideen* vor; die spiralige Verdickung scheint hier wenigstens für die Art von Wert zu

[1]) Vergleichende Untersuchungen über den Bau des Holzes der *Compositen, Caprifoliaceen, Rubiaceen.* Leipzig. Diss. 1885.

sein; sie findet sich z. B. bei den drei untersuchten Arten von *Corylopsis*, ebenso bei *Liquidambar orientale*, nicht hingegen bei den andern untersuchten Arten von *Liquidambar*. Die spiralige Verdickung der Gefäſswand fehlt oft den groſslumigen Gefäſsen, wenn solche neben kleinlumigen vorkommen. Sie tritt nicht so häufig neben dichter Hoftüpfelung da auf, wo die Gefäſse sich gegenseitig berühren, doch an den engerlumigen Gefäſsen in der Regel auch hier; gegen angrenzendes Markstrahlparenchym ist sie meist vorhanden; am deutlichsten erscheint sie bei zurücktretender Tüpfelung der Gefäſswand, also bei angrenzendem einfach (d. i. ungehöft) getüpfeltem Prosenchym. Sie stellt bald eine deutliche Spirale oder eine mehr netzartige Verdickung dar etc., — Verhältnisse, welche bei ein und derselben Pflanze wechseln können.

Die Tracheiden (spärliches Hoftüpfelprosenchym neben einfach getüpfeltem Prosenchym) besitzen in der Regel spiralige Wandverdickung, wenn diese an der Gefäſswand vorkommt, z. B. bei *Carpinus* und *Ostrya*; auch dann, wenn sie den Gefäſsen fehlt, kann sie an der Wandung der Tracheiden auftreten, wie bei den meisten Arten von *Corylus*. Ferner kann sich auch das Hoftüpfelprosenchym spiralig verdickt vorfinden, z. B. bei *Ilex* oder *Lonicera*. Doch ist in diesem Falle nicht notwendig, daſs alle hofgetüpfelten Prosenchymzellen spiralig verdickt sind. Innerhalb des Gattungskreises kann das Holzprosenchym ganz oder teilweise oder nicht spiralig verdickt sein. Nach Michaels Angaben bei *Lonicera* zu urteilen, kommen diese drei Fälle bei genannter Gattung vor (*Lonicera Caprifolium*, *etrusa* und *hirsuta*).

Der systematische Wert deutlicher spiraliger Verdickung an der Gefäſswand beschränkt sich nur auf kleine Verwandtschaftskreise, auf die Gattung, mitunter nur auf die Art; die spiralige Verdickung des Hoftüpfelprosenchym kann innerhalb ein und derselben Gattung ausschlieſslich oder teilweise vorkommen, aber auch fehlen.

Sanio namentlich hat bereits die Veränderungen studiert, welche die Structur der Gefäſswand nach den angrenzenden Elementen erfährt. Im allgemeinen fehlt entweder bei angrenzendem, einfach getüpfeltem Holzprosenchym die Gefäſshoftüpfelung, oder es correspondiert dem einfachen Tüpfel der Prosenchymwand ein Hoftüpfel mit einem Hof, kleiner, als an der Berührungswand zweier Tracheen. Als normale Gefäſshoftüpfelung hat man stets die anzusehen, welche an den Berührungswänden der Gefäſse auftritt; sie ist hier auch verhältnismäſsig am reichlichsten vorhanden und besitzt in der Regel hier den gröſsten Hofdurchmesser. Wichtiger für systematische Zwecke als die vorgenannten Verhältnisse erscheint mir die Tüpfelung der Gefäſswand bei angrenzendem Markstrahlparenchym. Es persistiert dann in einem ersten Falle an der Gefäſswand die Hoftüpfelung; einem jeden Hoftüpfel oder mehreren Hoftüpfeln correspondiert an der Markstrahlwand ein einfacher Tüpfel. In einem zweiten Falle drückt sich aber eine gröſsere Abhängigkeit der Gefäſse von dem angrenzenden Markstrahlparenchym aus: die Tüpfelung der Gefäſswand ist eine einfache und in der Regel groſse. Nicht selten treten daneben Tüpfel auf, die schwach behöft sind, indem der Innenporus fast dem Umfange des Hofes gleichkommt. Ferner finden sich mitunter neben der einfachen Tüpfelung auch Hoftüpfel mehr oder minder vereinzelt vor. Das Holzparenchym kann dieselben Structurverhältnisse der Gefäſswand bedingen; es ist aber nicht notwendig, daſs es sich bei derselben Pflanze ebenso verhält, wie das Markstrahlparenchym. Die systematische Bedeutung dieser Verhältnisse ist eine verschiedene; alle untersuchten *Casuarineen* und *Betulaceen* besitzen beispielsweise Hoftüpfelung der Gefäſswand bei angrenzendem Markstrahlparenchym; einfache Tüpfelung, allerdings auch übergehend in Hoftüpfelung tritt hingegen z. B. bei den 21 untersuchten Arten von *Urostigma*, bei allen *Corylaceen* und *Quercineen*, bei den untersuchten *Hamamelideen* und *Sapotaceen* auf. Mitunter werden also diese Verhältnisse brauchbare Charaktere für gröſsere Gruppen oder doch wenigstens für Gattungen liefern.

Die Verwendung der Gröſse des Gefäſshoftüpfels für die Systematik beschränkt sich jedenfalls nur auf kleine Verwandtschaftskreise. Ich habe beispielsweise die Hofgröſse bei den zahlreichen untersuchten Arten von *Betula* und *Alnus* gemessen und dieses Moment geeignet gefunden, die beiden Genera zu unterscheiden. Zu vergleichenden Messungen eignen sich am besten die Hoftüpfel jener Wandungen, an welchen sich die Gefäſse berühren. Schon oben ist erwähnt worden, daſs die Hofgröſse an der Gefäſswand gegen ungehöft getüpfeltes Prosenchym oft kleiner wird; dasselbe ist auch häufig der Fall bei angrenzendem Parenchym.

Zunächst noch einige Worte über Gefäſsanordnung und Gefäſsdurchmesser! Meist ist die Anordnung der Gefäſse für das Genus, seltener für gröſsere Verwandtschaftskreise constant. Sie ist ein bequemes Merkmal, da dieselbe schon mit der Loupe bei Betrachtung des Querschnittes ersichtlich ist. Die Anordnung der Gefäſse tritt am deutlichsten an älteren Zweigstücken hervor; sie konnte daher nur in untergeordneter Weise in vorliegender Arbeit berücksichtigt werden.

Doch ist immerhin hervorzuheben, daſs bei allen untersuchten *Corylaceen* und *Betulaceen* die radiale Anordnung der Gefäſse meist deutlich vorhanden ist, wenn sie auch mitunter z. B. bei *Betula Ermannii* weniger deutlich ersichtlich ist, ferner, daſs alle untersuchten *Hamamelideen* zerstreute Gefässe besitzen. Auf die Gefäſsanordnung und ebenso auf die Wanddicke der Gefäſse ist bei specielleren Untersuchungen noch ein Augenmerk zu richten, zumal Abromeit[1]) diese Verhältnisse kürzlich mit Vorteil bei der Unterscheidung der von ihm untersuchten Arten von *Quercus* benutzt und durch dieselben zum Teile eine natürliche Gruppierung der Arten erhalten hat. Bezüglich der Wanddicke möchte ich noch auf die *Juglandeen* hinweisen, wo sie, namentlich bei den kleinerlumigen Gefäſsen von *Carya*, generische Bedeutung zu besitzen scheint.

Der Gefäſsdurchmesser ist in den meisten Fällen rücksichtlich seiner Gröſse bedeutenden Differenzen innerhalb der Familie unterworfen. Die Lianen besitzen meist groſse Gefäſse. An dieser Stelle sei bemerkt, daſs die im speciellen Teil vorliegender Untersuchungen gegebenen Maſsangaben auf Herbar-

---

[1]) Über die Anatomie des Eichenholzes. Königsberger Dissertation. Berlin 1884.

material sich beziehen; die gröfseren Gefäfse treten oft erst im späteren Zuwachs auf. Doch ist auch hier wieder zu erwähnen, dafs z. B. die *Hamamelideen* nie grofslumige Gefäfse besitzen.

Ausschliefslich einfache Tüpfelung der Gefäfswand findet sich bei den dicotylen Holzpflanzen nur selten vor; sie ist vorhanden in den weichen Stämmen der *Papayaceen*; constant scheint sie bei den *Crassulaceen* aufzutreten. Nach De Bary[1]) besitzen endlich die Hölzer der *Mammillarien, Echinocactus-* und *Melocactus*-Arten nur Spiral- und Ringtracheen.

Gefäfsperforierung. Die Gefäfse bestehen bekanntlich aus einer Reihe übereinandergestellter Zellen, deren Zwischenwandungen ganz oder teilweise resorbiert sind. Diese Zwischenwände sind entweder horizontal oder geneigt; im letzteren Falle sind sie in der Regel von einer Radialebene eines Gefäfses zur andern Radialebene desselben geneigt. Vor der Resorption finden sich auf den Zwischenwänden ein oder mehrere grofse Tüpfel vor. In den grünen Trieben von *Robinia Pseudacacia* z. B. sind diese Tüpfel zur Zeit reichlicher Holzproduction in der cambialen Zone leicht zu beobachten; ebenso sind sie bei vielen *Cuscuteen* stets vorhanden, da hier nach den Untersuchungen von Koch[2]) die Zwischenwände der Gefäfszellen nicht resorbiert werden. Auf der später durchlöcherten Scheidewand finden sich, wie erwähnt, ursprünglich entweder ein oder mehrere grofse Tüpfel vor. Auf horizontalen Zwischenwänden entsteht in der Regel nur ein grofser, runder oder elliptischer Tüpfel; auf stark geneigten entstehen hingegen meist mehrere, durch verdickte Streifen (Speichen) der Zwischenwand getrennte, grofse, spaltenförmige Tüpfel. Wird nun die Schliefsmembrane der Tüpfel resorbiert, so findet im ersten Falle eine einfache Durchbrechung (Perforation), im zweiten Falle hingegen eine leiterförmige Durchbrechung statt. Die Spalten und Speichen der leiterförmigen Perforierung stehen in der Regel horizontal, zur Längsachse des Gefäfses vertical.

---

[1]) Vgl. Anatomie S. 493.

[2]) Untersuchungen über die Entwicklung der *Cuscuteen*, in Hanstein, bot. Abhandlungen 1874 Bd. II Heft 3.

Die Tüpfel, aus welchen die Perforierungen hervorgehen, sind entweder einfache oder gehöfte. Bei einfachen Perforationen auf stark geneigten Zwischenwänden und den meisten Leiterperforierungen läfst sich, wenn dieselben am Tangentialschnitte angeschnitten werden, die Hoftüpfelstructur direct erkennen; es zeigt sich hier das Bild eines oder mehrerer durchschnittener Hoftüpfel. Der Rand der Zwischenwandöffnungen besteht in dem Falle, dafs die Perforation aus Hoftüpfelung hervorgeht, aus zwei spitzwinkelig divergierenden Lamellen; diese Lamellen projicieren sich mehr oder minder deutlich als zwei parallele Linien, wenn eine aus Hoftüpfelung hervorgegangene, auf einer horizontalen oder geneigten Zwischenwand befindliche Perforation durch einen Längsschnitt angeschnitten wird. Sehr deutlich erhellt die Hoftüpfelnatur der Durchbrechung in den kleinen Gefäfsen mancher *Convolvulaceen*, *Umbelliferen* etc.; die Innenmündungen der Perforationstüpfel sind zwei breit-elliptische, sich kreuzende Spalten, während die in der Verdickung ursprünglich zurückgebliebene Stelle der Scheidewand einen die Spalten umschliefsenden Kreis darstellt. In systematischer Beziehung hat die Art und Weise der Entstehung meistens wohl keinen Wert; oft wechselt sie auf demselben Längsschnitte.

Es ist schon oben erwähnt worden, dass zwei Hauptformen der Perforierung, eine leiterförmige (mit meist elliptischem Umfang) und eine einfache (dem Umfang nach runde oder elliptische) zu unterscheiden sind. Die einfache Durchbrechung findet sich häufig, doch nicht immer auf einer horizontalen, die leiterförmige meist auf einer geneigten Scheidewand. Doch können Ausnahmen vorkommen. Bei manchen *Compositen* und *Rubiaceen* finden sich z. B. auf horizontalen Scheidewänden leiterförmige und zwar sehr reichspangige, durch enge Spalten ausgezeichnete Perforierungen vor. Einfache Perforationen treten nicht selten auch auf stark geneigten Scheidewänden auf; je nachdem die Zwischenwand ganz oder teilweise resorbiert ist, kann die Perforierung einen elliptischen oder runden Umfang besitzen; mitunter kommen dann auch zwei runde Perforationen auf einer Scheidewand vor.

Neben der Perforierung können sich auf der geneigten Scheidewand auch Hoftüpfel vorfinden. Bei den leiterförmigen Perforierungen sind diese häufig als Treppenhoftüpfel ausgebildet und schliefsen sich gleichsinnig an die Spalten der Perforation an. Bei durch leiterförmige Gefäfsperforation ausgezeichneten Arten kommt mitunter der Fall vor, dafs sich auf der Scheidewand nur Treppenhoftüpfel mit spaltenförmiger Innenmündung (perforiert?) und zwar in der gleichen Anordnung, wie die Zwischenwandöffnungen vorfinden. Die horizontalen Zwischenwände der Gefäfszellen sind in der Regel ganz resorbiert.

Die Leiterperforierungen variieren in Zahl der Speichen. Ich komme nun auf einige Anomalien der Leiterperforation zu sprechen.

Maceriert man ein Holz, dessen Gefäfse durch leiterförmige Durchbrechungen ausgezeichnet sind, so beobachtet man, dafs die beiden aneinander stofsenden Enden der Gefäfszellen leiterförmig durchbrochen sind; jedes Gefäfszellenende besitzt seine leiterförmige Perforation oder richtiger gesagt eine leiterförmige »Halbperforation«. Durch die Maceration ist jede Speiche der leiterförmigen Gefäfsperforierung in zwei »Halbspeichen« zerlegt worden, wovon die obere der oberen Gefäfszelle, die untere der daran anstofsenden unteren Gefäfszelle angehört. Gewöhnlich decken sich nun die Halbspeichen der Halbperforierungen der aneinander stofsenden Gefäfszellen vollkommen. Mitunter kommt aber, wie schon Tangl angibt, eine Parallelverschiebung oder Kreuzung der Halbspeichen vor, so z. B. bei gewissen *Compositen* und namentlich bei *Sonchus oleraceus*. Als selten bezeichnet Tangl den Fall, dafs das eine Gefäfszellenende eine leiterförmige Halbperforation, das andere anstofsende eine einfache Perforierung besitzt (*Senecio vernalis*).

Bei *Hibbertia trachyphylla* u. a. treten an Stelle der Leiterperforierungen mitunter Durchbrechungen auf, welche aus grofsen

---

[1]) Zweiter Beitrag zur Kenntnis der Perforationen an Pflanzengefäfsen; Sitzungsber. d. kais. Akad. d. Wiss. zu Wien, math.-naturw. Kl. Bd. LXVII, I 1873 S. 79 ff.; siehe auch: Beitrag zur Kenntnis der Perforationen an Pflanzengefäfsen a. a. O. Bd. LXIII, I 1871 S. 537 ff.

runden, in verschiedener Richtung angeordneten Löchern bestehen. Ferner mögen auch die schon von Th. Hartig, Sanio[1]) und Tangl beschriebenen Modificationen von leiterförmigen Durchbrechungen erwähnt werden, bei welchen die Speichen am Radialschnitte nicht wie in der Regel vertical, sondern entweder schief oder parallel zur Längsachse der Perforierung angeordnet sind. Desgleichen beschreiben genannte Autoren bei *Compositen* Perforationen, deren Speichen ein oft zierliches Netzwerk bilden; solche Formen finden sich z. B. auch bei gewissen *Rosaceen*. Eine bemerkenswerte Modification zeigt auch *Epacris* neben leiterförmiger Durchbrechung; es finden sich da auf der Zwischenwand der Gefäfszellen leiterförmig angeordnete Felder, welche so reichliche spaltenförmige Poren besitzen, dafs die Felder netzartig durchbrochen sind; das ganze Bild erinnert an leiterförmig angeordnete Siebplatten. Bei *Vaccinium* tritt neben einfacher und leiterförmiger Gefäfsperforation noch eine dritte Form der Durchbrechung auf, welche aus zahlreichen nicht grofsen, runden oder elliptischen Poren besteht. Bei *Meisteria cernua* Sieb. et Zucc. zeigen sich mitunter an Stelle der aufserdem verbreiteten Leiterperforation auf der stark geneigten am Radialschnitt langgezogen elliptisch sich darstellenden Scheidewand zerstreute Gruppen kleiner Tüpfel (Poren?). Aufserdem beobachtet man bei manchen Arten vereinzelt Perforationen, welche ich Krüppelformen nenne und welche aus Löchern und Spalten in den verschiedensten Combinationen bestehen, z. B. bei *Menziesia ferruginea* Smith. Hildebrand[2]) hat ferner bereits bei *Begonia* die Combinierung von einfacher und leiterförmiger Perforation beobachtet und abgebildet. Diese besonderen Anomalien der leiterförmigen Perforierung treten vom systematischen Gesichtspunkte aus nur vereinzelt auf.

Von systematischer Bedeutung ist das Auftreten von leiterförmiger und von einfacher Perforierung überhaupt; langgezogen elliptische Perforierungen auf stark geneigten Scheidewänden deuten stets den Übergang zur leiterförmigen Perforierung an,

---

[1]) Botanische Zeitung 1863.

[2]) Anatomische Untersuchungen über die Stämme der *Begoniaceen*. Berlin 1859.

welche dann auch in der Regel wenigstens in der Umgebung des primären Holzes zu finden ist. Die einfache Perforation ist allgemeiner verbreitet, als die leiterförmige. Das Vorkommen von ausschliefslich leiterförmiger Perforierung ist nur bei kleinen Familien constant. Die hierüber an späterer Stelle angegebenen Resultate können jedoch nicht als unbedingt feststehend betrachtet werden. Innerhalb der Gattung *Magnolia* kommt z. B. je nach den Arten einerseits ausschliefslich leiterförmige, andrerseits einfache und leiterförmige Perforation vor. Das ausschliefsliche Vorkommen der leiterförmigen Durchbrechung ist vielleicht auch für gewisse Triben constant, z. B. für Triben der *Violarieen, Bixineen, Ternstroemiaceen, Rhizophoraceen,* was aber noch weiter durch detailliertere Untersuchungen bestätigt werden mufs. Viel mehr verbreitet, und wie es scheint constant ist der Fall, dafs mitunter innerhalb eines grösseren Verwandtschaftskreises leiterförmige Durchbrechung allein vorkommen kann, dafs aber bei anderen Gattungen und Arten neben dieser auch einfache Perforierung auftritt; nicht selten ist die leiterförmige Durchbrechung dann ausschliefslich auf das primäre Holz oder dessen Umgebung beschränkt, oder sie kommt nur vereinzelt im secundären Holze vor. Leiterförmige Perforierung erscheint in vielen Familien constant, wenn sie auch nicht ausschliefslich und wenn sie auch oft nur spärlich vorhanden ist. Bei allen untersuchten *Betula-* und *Alnus*-Arten findet sich beispielsweise ausschliefslich leiterförmige Perforation vor. Dieselbe kommt auch, aber oft fast nur auf die Umgebung des primären Holzes beschränkt, bei sämtlichen von mir untersuchten *Quercineen* und *Corylaceen* (darunter 64 *Quercus*-Arten) vor. Es drückt sich also bei sämtlichen *Cupuliferen* (im Sinne Bentham-Hooker's) die Tendenz zur Bildung von Leiterperforierungen aus. Zugleich können diese Daten als Beleg dafür dienen, dafs mitunter ausschliefslich leiterförmige Durchbrechungen für Gattungen und Triben constant sind.

I. Ausschliefsliche leiterförmige Perforierungen besitzen:

1. Dialypetelae: Triben *Alsodeieen* und *Paypayroleen (Violarieen); Canellaceen; Humiriaceen; Ilicineen; Cyrilleen; Staphyleaceen;*

Saxifragaceen; Hamameliden; Bruniaceen; Rhizophoraceen (— Legnotideen); Cornaceen (+ Garryaceen); —

2. Gamopetalae: *Styraceen;* —

3. Apetalae: *Chlorantaceen; Grubbieen; Buxaceen (— Simmondsia); Lacistemaceen; Betulaceen.*

II. Tendenz zur Bildung von Leiterperforierungen:

1. Dialypetalae: *Dilleniaceen; Magnoliaceen;* Triben *Violeen* und *Sauvagesieen (Violaceen); Bixaceen (— Bixeen); Ternstroemiaceen;* Triben *Prockieen, Sloaneen* und *Elaeocarpeen (Tiliaceen); Ochnaceen; Chailletiaceen; Ampelideen; Sabiaceen; Rosaceen; Legnotideen; Begoniaceen;* —

2. Gamopetalae: *Caprifoliaceen; Ericaceen; Epacrideen; Sapotaceen;* —

3. Apetalae: *Myristicaceen; Monimiaceen; Laurineen; Galearieen (Euphorbiaceen); Platanaceen; Myricaceen; Casuarineen; Cupuliferen; Empetraceen.*

III. Einfache Perforation ausschliefslich bekannt:

1. Dialypetalae: *Ranunculaceen; Calycanthaceen; Anonaceen; Menispermaceen; Papaveraceen; Cruciferen; Capparideen; Resedaceen; Cistineen; Bixeen (Bixaceen); Pittosporaceen; Polygaleen; Vochysiaceen; Frankeniaceen; Portulaceen; Tamariscineen; Elatineen; Hypericineen; Guttiferen; Dipterocarpeen; Chlaenaceen; Malvaceen; Tiliaceen (Brownlowieen, Grewieen, Tilieen); Malpighiaceen; Zygophyllaceen; Geraniaceen; Rutaceen; Simarubaceen; Burseraceen; Meliaceen; Sapindaceen (— Staphyleaceen); Anacardiaceen; Moringeen; Coriarieen; Connaraceen; Leguminosen; Crassulaceen; Halorageen; Combretaceen; Melastomaceen; Myrtaceen; Lythrarieen; Onagrarieen; Ficoideen; Caryophyllineen;* —

2. Gamopetalae: *Goodeniaceen; Plumbagineen; Ebenaceen; Salvadoraceen; Apocynaceen; Asclepiadaceen; Gentianeen; Polemoniaceen; Boragineen; Convolvulaceen; Solanaceen; Scrophularineen; Gesneraceen; Bignoniaceen; Acanthaceen; Myoporineen; Selagineen;* —

3. Apetalae: *Nyctagineen; Illecebraceen; Amarantaceen; Chenopodiaceen; Phytolaccaceen; Batideen; Polygonaceen; Nepenthaceen; Aristolochiaceen; Piperaceen; Proteaceen; Thymelaeaceen (+ Aquilarieen); Penaeaceen; Elaeagnaceen; Loranthaceen; Santalaceen (— Grubbieen).*

IV. Vorkommen von leiterförmiger Perforierung nur bei bestimmten Arten der angegebenen Familien (resp. Gattungen), meist [1]) neben dem Auftreten von einfacher Gefäſsdurchbrechung bei ein und derselben Art:

1. Dialypetalae: *Berberideen (Holbollia* [2]*); Tremandreen (Tremandra); Sterculiaceen (Lasiopetalum); Lineen (Ixonanthes); Olacineen (Icacineen, Heisteria); Celastrineen (Elaeodendron, Dulongia, Celastrus); Rhamneen (Zizyphus); Droseraceen (Roridula); Samydaceen (Samyda, Casearia, Banara, Homalium); Turneraceen (Erblichia); Passifloraceen (Acharia); Umbelliferen (Xanthosia); Araliaceen (Fatsia);* —
2. Gamopetalae: viele *Rubiaceen* und *Compositen; Lobeliaceen (Roellia, Lightfootia); Myrsineen (Ardisia, Maesa); Oleaceen (Forsythia, Fontanesia, Syringa); Loganiaceen (Geniostoma, Gaertnera, Pagamea); Verbenaceen (Stilbeen, Chloanthes, Vitex); Labiaten (Cymeria);* —
3. Apetalae: *Juglandeen.*

2. Holzprosenchym.

Von systematischer Bedeutung ist die Wandstructur des Holzprosenchyms und zwar folgende zwei Fälle: entweder ist die ganze prosenchymatische Grundmasse des Holzes hofgetüpfelt (Hoftüpfelprosenchym) oder ungehöft getüpfelt (einfach getüpfeltes Prosenchym). Dieses Verhältnis ist oft constant für Familien, z. B. die *Hamamelideen*, mitunter auch nur für die Gattung. Innerhalb des Gattungskreises ist im allgemeinen eine Verschiedenheit in dieser Beziehung mir nicht bekannt; nur bei *Fagus* fand ich eine solche vor und es entsprechen dann die auf Grund

---

[1]) Seltener findet sich bei diesen Arten ausschlieſslich leiterförmige Perforation vor, so bei *Roridula* und bestimmten Arten der *Olacineen.*

[2]) Die untersuchten Arten sind im speciellen Teile angegeben.

der Prosenchymtüpfelung gebildeten Sectionen den natürlichen Subgenera *Nothofagus* und *Eufagus*. Die Tüpfelung des Prosenchyms in dem angegebenen Sinne ist zum mindesten ein Gattungscharakter. Unter typisch hofgetüpfeltem Prosenchym verstehe ich stets deutlich hofgetüpfeltes Prosenchym, welches der Hoftüpfelung der Gefäfse entspricht und bei welchem im allgemeinen der Hof meist gröfser als der Spalt ist. Es ist schwierig, diesen Begriff völlig zu fixieren. Mitunter besitzen die Prosenchymzellen einen noch deutlichen Hof, aber meist kleiner als der Spalt; auch diese Tüpfelung ist für die Gattung oft constant, so z. B. bei *Betula* und *Alnus*. Solche Tüpfelung tritt häufig vereinzelt in Familien auf, welche vorwiegend einfach getüpfeltes Prosenchym besitzen; dieses klein hofgetüpfelte Prosenchym habe ich in der unten folgenden Tabelle, da es für meine orientierenden Untersuchungen zweckmäfsiger erschien, mit dem Auftreten von einfach getüpfeltem Prosenchym zusammengefafst. Allerdings leidet darunter die praktische Verwendung der Tabelle; denn in den Familien mit Prosenchymhoftüpfelung wird mitunter der Hof auch kleiner. Andrerseits ist aber die Grenze zwischen einfachem Tüpfel und klein behöftem Tüpfel sehr schwer zu ziehen.

Die Tüpfelgröfse des einfach getüpfelten Prosenchyms hat keine gröfsere systematische Bedeutung. Bemerkenswert ist, dafs mitunter bei Vertretern von Familien mit hofgetüpfeltem Holzprosenchym einfach getüpfeltes spärlich oder auch reichlicher daneben auftritt, z. B. bei *Rosaceen*, *Celastrineen*, *Cornaceen*.

Bezüglich der Länge und Weite der Prosenchymzellen liegen Untersuchungen namentlich von Sanio [1]) und Schulze [2]) vor, welche zeigen, dafs diese Verhältnisse schon in den verschiedenen Jahrringen und Höhen desselben Baumes wechseln können. Der systematische Wert der Dickwandigkeit ist durch speciellere Untersuchungen zu ermitteln.

[1]) Über die Gröfse der Holzzellen bei der gemeinen Kiefer; Pringsheim, Jahrbücher für wissenschaftliche Botanik 1871 Bd. VIII S. 401 ff.

[2]) Über die Gröfsenverhältnisse der Holzzellen bei Laub- und Nadelhölzern. Dissert. Halle-Wittenberg 1882; hier auch die nähere Litteratur angegeben.

Gefächertes Prosenchym mit dünnen Scheidewänden tritt in vielen Familien reichlich auf, beispielsweise bei *Combretaceen* oder *Verbenaceen*. Im allgemeinen ist dasselbe nicht constant für das Genus z. B. bei *Fagus*. Es können entweder alle Zellen gefächert sein oder nur ein Teil derselben. Mitunter kommt es vor, dafs ähnlich wie das gefächerte Parenchym auch das gefächerte Prosenchym Einzelkrystalle enthält z. B. bei *Combretum*.

I. Ausschliefslich oder fast ausschliefslich hofgetüpfeltes Prosenchym:

1. Dialypetalae: *Dilleniaceen; Magnoliaceen; Menispermaceen; Cistineen; Canellaceen; Polygaleen; Elatineen; Chlaenaceen; Humiriaceen; Zygophyllaceen; Chailletiaceen* (?); *Olacineen; Ilicineen; Cyrilleen; Staphyleaceen; Sabiaceen; Rosaceen; Droseraceen; Hamamelideen; Bruniaceen; Legnotideen; Myrtaceen (— Lecythideen); Turneraceen* (?); *Cornaceen; Garryaceen;* —
2. Gamopetalae: *Caprifoliaceen (— Sambucus); Goodeniaceen; Epacrideen; Styraceen; Apocynaceen; Asclepiadaceen; Gentianeen; Boragineen (— Cordieen); Convolvulaceen;* —
3. Apetalae: *Illecebraceen; Nepenthaceen; Aristolochiaceen; Proteaceen; Thymelaeaceen; Penaeaceen; Elaeagnaceen; Santalaceen; Buxaceen; Platanaceen; Myricaceen; Casuarineen; Lacistemaceen; Empetraceen.*

II. Einfach getüpfeltes Prosenchym im allgemeinen; wenigstens nicht eine Hoftüpfelung an der Prosenchymwand, ähnlich der, welche sich an der Gefäfswand findet. Mitunter scheint ein kleinerer Hof gröfsere Bedeutung zu haben, was dann im speciellen Teil bemerkt ist.

1. Dialypetalae: *Ranunculaceen; Calycanthaceen; Anonaceen; Papaveraceen; Cruciferen; Capparideen; Resedaceen; Violarieen; Bixaceen; Pittosporaceen; Vochysiaceen; Frankeniaceen; Caryophyllineen; Portulaceen; Malvaceen; Tiliaceen; Malpighiaceen; Geraniaceen; Rutaceen; Simarubeen; Burseraceen; Meliaceen; Rhamnaceen; Ampelideen; Sapindaceen (— Staphyleaceen); Anacardiaceen; Moringeen; Coriarieen; Connaraceen; Leguminosen; Crassulaceen; Halorageen; Rhizophoraceen (— Legnotideen); Combretaceen; Lecythideen;*

Lythrarieen; Onagrarieen; Samydaceen; Begoniaceen; Ficoideen; Umbelliferen; Araliaceen; —

2. Gamopetalae: *Compositen; Plumbagineen; Myrsineen; Sapotaceen; Ebenaceen; Salvadoraceen* (?); *Polemoniaceen; Scrophularineen; Gesneraceen; Bignoniaceen; Acanthaceen; Myoporineen; Verbenaceen; Labiaten;* —

3. Apetalae: *Nyctagineen; Amarantaceen; Chenopodiaceen; Batideen; Polygonaceen; Piperaceen; Myristicaceen; Laurineen; Urticaceen; Juglandeen; Salicineen.*

III. Einfach- und hofgetüpfeltes Prosenchym innerhalb ein und derselben Familie:

1. Dialypetalae: *Berberideen; Tremandreen; Tamariscineen; Hypericaceen; Guttiferen; Ternstroemiaceen; Dipterocarpeen; Sterculiaceen; Lineen; Ochnaceen; Celastrineen; Saxifragaceen; Melastomaceen; Passifloraceen;* —

2. Gamopetalae: *Rubiaceen; Lobeliaceen; Vacciniaceen; Ericaceen; Oleaceen; Loganiaceen; Solanaceen; Selagineen;* —

3. Apetalae: *Phytolaccaceen; Chlorantaceen; Monimiaceen; Euphorbiaceen; Cupuliferen.* [1])

3. Holzparenchym.

Das Holzparenchym findet sich entweder in Beziehung zu den Gefäfsen (para- und metatracheales Parenchym nach Sanio) oder auch isoliert zwischen dem Prosenchym. Mitunter ist es reichlich in tangentialen, in radialer Richtung verschieden breiten Bändern entwickelt. Für systematische Zwecke ist die Ausbildung des Holzparenchyms mitunter von Bedeutung.

Bei den untersuchten Arten von *Casuarina, Quercus, Castanea, Castanopsis, Urostigma* ist das Holzparenchym reichlich vorhanden, wenig hingegen bei allen untersuchten *Hamamelideen.* Die tangentialen Parenchymbänder sind nicht constant bei *Fagraea* (*Loganiacea*). Reichliche Entwicklung des Parenchyms, mitunter in tangentialen Bändern findet statt bei den untersuchten *Anonaceen, Vochysiaceen, Vismieen* und *Cratoxyleen* (*Hypericineen*),

[1]) Nähere Angaben über die Tüpfelung des Prosenchyms als in vorstehender Tabelle finden sich im speciellen Teil.

Guttiferen, Dipterocarpeen, Ebenaceen, Sapotaceen. Das Parenchym enthält mitunter Krystalle und ist dann meist durch dünne Scheidewände gefächert; das Vorkommen von solchem gekammerten, krystallführenden Parenchym ist im allgemeinen wenigstens, nicht für das Genus constant; es findet sich weder bei allen Arten von *Myrica*, noch *Fagus* und *Castanea*, hingegen bei den untersuchten Arten von *Castanopsis*.

4. Markstrahlen.

Bei der Verwendung der Markstrahlen für systematische Zwecke sind im allgemeinen folgende vier Verhältnisse abzuhandeln: die Höhe und Anzahl der Markstrahlen, die Breite derselben und endlich der Bau der Markstrahlencomplexe.

Sehr verschiedene, bald mehr, bald minder begründete Ansichten finden sich bezüglich der Verwendung von Höhe und Anzahl der Markstrahlen in der älteren Litteratur und namentlich auch in der paläophytologischen, da gerade hier diese Verhältnisse bei Bestimmung von Coniferenhölzern in Anwendung kamen. Während Schacht namentlich zu wiederholten Malen und auch Möller in seinen Beiträgen für Verwendung dieser Charaktere sich günstig äufserten, bestritten Goeppert[1]) und Hartig[2]) den Wert derselben. Diese Controverse hat kürzlich Essner[3]) zum Austrag gebracht, durch mühsame, unter verschiedenen Gesichtspunkten unternommenen Untersuchungen. Es sei auf die übersichtliche Abhandlung hingewiesen und nur hervorgehoben, dafs Essner zum Schlusse kommt, dafs die Anzahl und Höhe der Markstrahlen wenig oder keinen diagnostischen Wert für die Coniferenhölzer hat.

Mehr von Bedeutung dürfte jedenfalls die Breite der Markstrahlen sein, die auf dem Tangentialschnitt zu beobachten ist. So fand ich z. B. bei keiner *Convolvulacea*, *Malpighiacea*,

---

[1]) Monographie der fossilen *Coniferen* S. 74.

[2]) Beiträge zur Geschichte der Pflanzen der norddeutschen Braunkohlenflora. Bot. Zeitung 1848 S. 128.

[3]) Über den diagnostischen Wert der Anzahl und Höhe der Markstrahlen der *Coniferen*. Halle 1882.

Hamamelidea, *Juglandea*, *Apocynacea*, *Asclepiadacea* etc. breite Markstrahlen vor, diese hingegen bei allen untersuchten Arten von *Quercus*, den *Casuarineen* etc. Jedenfalls ist die Breite der Markstrahlen constant für das Genus und mitunter vielleicht auch für grössere Verwandtschaftskreise.

Endlich habe ich noch die Markstrahlcomplexe zu besprechen, wie sie sich am Tangentialschnitte darstellen. Die Zellen der breiten Markstrahlen sind meist vorwiegend in radialer Richtung gestreckt z. B. bei *Ulmus*, aber keineswegs immer; sie sind z. B. bei *Urera* und *Saportea* in Richtung der Achse gestreckt und hoch. Die Markstrahlzellen der *Hamamelideen* sind ebenfalls vorzüglich in Richtung der Achse gestreckt bei nicht breiten, nur 1—2reihigen Markstrahlen. Diese Verhältnisse, das Markstrahlbild am Tangentialschnitte ist mitunter, wie Michael[1]) für die *Caprifoliaceen* und *Compositen* zeigte, systematisch zu verwenden. Hingegen ist dieses Verhältnis für die *Rubiaceen* nach Michael nicht constant; sie schliefsen sich im Markstrahlbilde des Tangentialschnittes teils den *Caprifoliaceen*, teils den *Compositen* an; eine auf diese Verhältnisse sich stützende Gruppierung der *Rubiaceen* ist aber keine natürliche. In vielen Familien dürfte der Bau der Markstrahlcomplexe nicht constant sein, zumal die Breite der Markstrahlen innerhalb der Familie häufig wechselt; doch ist derselbe bei detaillierten Untersuchungen einzelner Familien noch weiter ins Auge zu fassen.

Noch einige Worte über das Fehlen der Markstrahlen! Das Fehlen der Markstrahlen ist von Th. Hartig[2]) für zahlreiche, namentlich krautige Dicotyledonen hervorgehoben worden. Unter den holzigen Pflanzen fehlen die Markstrahlen bei manchen *Cruciferen*, *Cistineen*, *Caryophyllineen*, *Frankeniaceen*, *Tamariscineen*, *Crassulaceen*, *Ficoideen*, *Compositen*, *Plumbagineen*. Sämtlichen untersuchten *Crassulaceen* und *Ficoideen* fehlt das Markstrahlparenchym; eigentliche Markstrahlen kommen auch den *Begoniaceen* nicht zu.

---

[1]) a. a. O.

[2]) Beiträge zur vergleichenden Anatomie der Holzflanzen. Bot. Zeitung 1859 S. 93 ff.

5. Zartwandiges, unverholztes Gewebe im Holzkörper[1]).

Es findet sich dasselbe mehr oder minder deutlich in concentrischen Zonen entwickelt bei *Vella spinosa* Boiss. *(Crucifere)*, nur für die Art constant, ferner bei *Alsine Schimperi* Hochst. und *Buffonia enervis* Boiss. *(Caryophyllineen)*. Gröfsere systematische Bedeutung scheinen dünnwandige Gewebsgruppen dann bei holzigen Pflanzen zu haben, wenn in dem dünnwandigen Gewebe allein Gefäfse vorkommen. Es ist dies sowohl bei *Portulaceen (Portulaca, Talinum)* der Fall, als auch bei zahlreichen Genera der *Crassulaceen*; in beiden Familien kann mitunter das dünnwandige Gewebe ausschliefslich den Holzkörper zusammensetzen oder es besteht bei krautigen Pflanzen der Holzkörper nur aus den primären Gefäfsen, welche in dünnwandigem Gewebe liegen, und aus einem Prosenchymring aufserhalb dieser Gefäfsgruppen. Nur aus dünnwandigem Gewebe ohne Prosenchym besteht der Holzkörper der drei untersuchten *Acantholinum*-Arten *(Plumbaginacea)*. Dünnwandig sind auch die Krystallschläuche bei den untersuchten Arten von *Olinia (Lythrarica)*.

6. Markständige Gefäfsbündel.

Die markständigen Bündel haben in der Regel für gröfsere Verwandtschaftsgruppen nach den bisherigen Untersuchungen keinen systematischen Wert. Von 128 untersuchten Arten von *Begonia* fand sie Hildebrand[2]) nur bei 28 Arten; doch gibt er an, dafs diese Bündel für bestimmte Arten constant sind. Hingegen kommen markständige Bündel bekanntlich bei fast allen untersuchten *Piperaceen* (excl. *Verhuellia*)[3]) vor und sind ebenso für die *Melastomaceen* nach den bisherigen Untersuchungen von systematischem Wert. Markbündel sind zur Zeit bekannt:

I. Markbündel, deren Holz und Bast normal wie bei den Bündeln des peripherischen Kreises orientiert sind: Arten von *Begonia*; manche *Goodeniaceen*, *Amarantaceen*, *Cucurbitaceen*[4]),

---

[1]) Siehe auch De Bary, Vergl. Anatomie S. 513.

[2]) Anatomische Untersuchungen über die Stämme der *Begoniaceen*. Berlin 1859.

[3]) Vgl. Anatomie S. 260.

[4]) Nach de Bary.

Plumbagineen, Podophylleen, Papaveraceen, Ranunculaceen; bei den Markbündeln von *Phytolacca divica* L. ist bei den tiefer schon in das Mark eingetretenen Bündeln das Phloëm vom Xylem umgeben, jedoch so, dafs die normale Orientierung noch ersichtlich ist.

II. Markbündel, wenigstens die äufseren verkehrt orientiert in Bezug auf Xylem und Phloëm, mitunter mit Reihencambium: *Neuropeltis* (2) und *Erycibe* (3) *(Convolvulaceen); Canarium* (2) *(Burseracea);* einige *Umbelliferen* und *Aralien* (nicht constant bei *Aralia*); *Tecoma radicans* (*Bignoniacea*, nicht constant beim Genus); *Mendoncia, Pseudocalyx, Acanthus (Acanthaceen); Rumex crispus* (isoliert, *Polygonacea*).

III. Scheinbar markständige Bündel bei manchen *Nyctagineen, Amarantaceen* und *Chenopodiaceen.*

IV. Markbündel, welche die Fortsetzung bilden von in höhern Internodien an der Markperipherie verlaufenden Phloëmsträngen. Hieher gehören nach Weifs[1]) die *Melastomaceen.*

V. Kleine oder gröfsere Phloëmbündel, die aber im Knoten aus der äufseren secundären Rinde einbiegen, also nicht gleichwertig sind mit intraxylärem Phloëm: *Melianthus maior* L. *(Sapindacea);* die Mehrzahl der Weichbastinseln der *Cichoriaceen* und *Lobeliaceen* nach Weifs[2]).

7. Intraxyläres Phloëm.

Das Auftreten des sogenannten innern (im Gegensatz zum äufsern) oder intraxylären, nach innen vom Holze gelegenen Weichbastes ist von grofsem systematischen Werte. Vesque[3]) und namentlich Petersen[4]) haben bereits die systematische Bedeutung und Verbreitung desselben dargelegt. Durch meine Untersuchungen bin ich im stande, Petersens Angaben teils zu bestätigen, teils auch zu vermehren.

---

[1]) Das markständige Bündelsystem einiger Dicotylen in seiner Beziehung zu den Blattspuren. Sep.-Abdr. Bot. Centralblatt Bd. XV 1883 S. 43 ff.

[2]) a. a. O. S. 35 ff.

[3]) Anatomie comparée de l'écorce. Ann. des sc. nat. 6. sér. T. II 1875 p. 137 sq.

[4]) Über das Auftreten bicollateraler Gefäfsbündel in verschiedenen Pflanzenfamilien und über den Wert derselben für die Systematik, Engler, Bot. Jahrbücher Bd. III 1882 Heft IV S. 381 ff.

Die folgende Tabelle führt die Familien auf, bei welchen Bicollateralität der Gefäfsbündel auftritt; in der ersten Reihe sind jene Familien aufgezählt, bei denen der innere Weichbast nach den bisherigen Untersuchungen constant ist; in der zweiten jene, bei welchen dies nicht der Fall ist [1]).

I	II
Dialypetalae:	
Vochysiaceen (— *_Trigonieen_),	*_Combretaceen_ (—*_Gyrocarpeen_),
Melastomaceen (+ *_Astronieen_ + *_Memecyleen_),	
Myrtaceen (— *_Lecythideen_),	
Lythrarieen (+ _Puniceen_ + *_Olinieen_),	
Onagrarieen (+ _Trapaceen_ — _Halorrhageen_),	
Cucurbitaceen (— _Nandhirobeen_),	
Gamopetalae:	
Asclepiadaceen,	(_Cichoriaceen_),
Apocynaceen,	(_Campanulaceen_),
Solanaceen (+ _Cestrineen_ + _Salpiglossideen_),	*_Convolvulaceen_ (— _Cuscuteen_),
Gentianeen (— _Menyantheen_),	*_Barlerieen_ (_Acanthaceen_),
*Alle eigentlichen _Loganiaceen_ (— *_Gärtnereen_ Endl. und *_Buddleieen_),	
Apetalae:	
Thymelaeaceen (+ *_Aquilarieen_),	_Polygonaceen_ (_Emex_),
*_Penaeaceen_,	
*Subtrib. _Eucrotoneen_ (_Euphorbiaceen_).	_Euphorbiaceen_ (_Alchornea_).

Bezüglich der _Combretaceen_ ist beizufügen, dafs der innere Weichbast, wie ich durch ausgedehntere Untersuchungen nachwies, meist vorhanden ist; doch erfolgt eine Rückbildung desselben

[1]) Die von Petersen gemachten Angaben haben in den mit Sternchen bezeichneten Familien oder Triben wesentliche Ergänzungen gefunden.

bei *Laguncularia* und *Lumnitzera*. Es darf dieser Umstand nicht befremden, da ja bei den morphologischen Charakteren auch Ausnahmen in gröſseren und kleineren Verwandtschaftskreisen auftreten.

Bei der Verwertung des inneren Weichbastes für das System ist, was bisher wenig geschehen ist, der Verlauf desselben zu berücksichtigen. Weiss[1]) hat nachgewiesen, daſs das intraxyläre Phloëm in den Blattstiel (mitunter auch in die Blattspreite, wie z. B. bei den *Aquilarieen*) verfolgt werden kann und dadurch entsteht, daſs der äuſsere oder untere Weichbast allmählich auch nach innen und oben tritt; es ist dies ein wichtiges Charakteristikum für das innere Phloëm. Mit Hilfe der Untersuchungen von Weiſs erhellt deutlich, daſs das innere Phloëm der *Cichoriaceen* und *Lobeliaceen* systematisch nicht gleichwertig sein kann mit dem inneren Phloëm der *Asclepiadaceen* etc., da jenes mit diesem genetisch nicht gleichwertig ist. Diese inneren Phloëmbündel der beiden genannten Familien entstammen zwar auch dem äuſsern Phloëm; dieses dringt aber hier erst im Knoten in das Mark ein. Wir haben mithin genetisch dieselbe Erscheinung, wie sie Weiſs z. B. für die markständigen Gefäſsbündel von *Tecoma radicans*, *Aralien* u. s. w. dargelegt hat. Die Phloëmbündel der *Cichoriaceen* und *Lobeliaceen* haben also auch wohl den gleichen systematischen Wert; sie sind nicht einmal für das Genus im allgemeinen constant.

Für die *Convolvulaceen* gibt Petersen den inneren Weichbast constant an. Die Bicollateralität fehlt aber den von mir untersuchten Gattungen *Erycibe* und *Neuropeltis;* dafür kommt dort, wie bei *Tecoma radicans* ein umgekehrt orientierter markständiger Bündelring vor, welcher dieselbe Entstehung hat, wie sie für *Tecoma radicans* Weiſs angibt. Da nun bisher keine *Convolvulacee* bekannt ist, welcher der innere Weichbast und das anomale Verhältnis von *Neuropeltis* fehlt, so habe ich versucht, das Markbündelsystem der beiden Gattungen auf das innere Phloëm zurückzuführen. Das Einbiegen des äuſseren Weichbastes erscheint bei ihnen nur vom Blattstiel in die Achse (Knoten) verlegt; daſs Holzteile mit einbiegen, ist als natürliche

[1]) a. a. O. S. 40 ff.

Folge dieser Verlegung anzusehen. Wenn man nun auch andrerseits die Markbündel von *Tecoma radicans* etc. auf diese Weise auf inneren Weichbast zurückführen könnte, dieser aber den bezüglichen Familien fehlt, so scheint man doch bei *Neuropeltis* etc. mehr Berechtigung zu haben, da die Markbündel von *Neuropeltis* und *Erycibe* für das Genus constant zu sein scheinen, während sie dort auf Arten beschränkt sind.

Die *Barlerieen* könnte man auch in die erste Colonne setzen, da die systematische Stellung von *Crabbea* und *Periblema*, denen das intraxyläre Phloëm fehlt, angezweifelt werden kann.

Im allgemeinen ist also der innere Weichbast constant für gröfsere und kleinere Verwandtschaftskreise, wie schon Petersen dargelegt hat. Das intraxyläre Phloëm liefert wertvolle Resultate für systematische Fragen. Näher verwandten Familien ist dasselbe gemeinsam, so den *Asclepiadaceen* und *Apocynaceen*, oder den *Melastomaceen, Myrtaceen, Lythrarieen* und *Onagrarieen*; der letztern Gruppe schliefsen sich auch hierin die *Vochysiaceen* an, welche früher in die Nähe der *Onagrarieen* gestellt wurden, seit Lindley aber in der Nähe der *Polygaleen* belassen worden sind. Der Mangel der Bicollateralität bei den *Trigonieen* entfernt diese Gruppe von den *Vochysiaceen*, ebenso die *Lecythideen*, denen auch die Secretlücken fehlen, von den *Myrtaceen*. Auf die systematische Verwendung des inneren Weichbastes bei den *Salpiglossideen* und *Trapaceen* hat schon Petersen aufmerksam gemacht. Ich glaube ferner, dafs man unter Zugrundelegung des inneren Weichbastes im stande ist, eine natürliche Abgrenzung der *Loganiaceen* zu erhalten, indem die *Buddleieen* eliminiert werden und ebenso die *Gaertnereen*, welche auch nach anderen anatomischen und ebenso nach morphologischen Merkmalen als Mittelglied von *Rubiaceen* und *Loganiaceen* anzusehen sind. *Aquilarieen* und *Penaeaceen* bezeugen durch das Vorkommen des inneren Weichbastes ihre Verwandtschaft mit den *Thymelaeaceen*.

Bemerken möchte ich noch, dafs, wie aus den Arbeiten von Petersen und Pax[1]) hervorgeht, man sehr geneigt ist, in

[1]) Die Anatomie der *Euphorbiaceen* in ihrer Beziehung zum System derselben. Engler, Bot. Jahrbücher Bd. V 1884 Heft IV.

Fällen, wo der innere Weichbast für einen Verwandtschaftskreis nicht constant ist, das Vorkommen von einem saftführenden, dünnwandigen Gewebe, sog. »Cambiform«, als ein Rudiment des inneren Weichbastes zu deuten. Ich halte es für geraten, nur auf einen deutlichen inneren Weichbast, welcher Siebröhren enthält, systematischen Wert zu legen, da dünnwandiges Gewebe nicht allein zwischen den Spiralgefäfsen, sondern nach innen von diesen bei sehr vielen Dicotyledonenhölzern auftritt.

Noch einige Worte über die Ausbildung des inneren Weichbastes. Er kann entweder concentrisch oder nur kuppenförmig nach innen von den Bündeln und zwar bei allen oder nur einigen Bündeln auftreten; endlich findet er sich in Gruppen im Marke zerstreut oder nur an der Markperipherie. Markständige Weichbastinseln tief im Marke finden sich z. B. bei *Antonia* und *Norrisia* (*Loganiaceen*). Wille[1]) gibt markständige Weichbastinseln bei allen untersuchten Arten von *Vochysia* (11) und *Erisma* (4) an; doch finden sie sich nicht bei allen Arten von *Qualea*. Das Auftreten von Sklerenchymelementen als Stütze des inneren Weichbastes ist, soweit untersucht, für die Gattung im allgemeinen ohne Wert. In manchen Familien treten sie indessen häufiger und reichlicher auf, z. B. bei den *Solanaceen*. Mitunter kommt es vor, dafs der innere Weichbast durch ein Cambium secundären Zuwachs erhält, wie Vesque für *Lycium barbarum Capsicum bicolor*, *Cynanchum monspeliacum*, *Cerbera Manghar* angibt; Vesque nennt dieses Cambium »faux cambium«, da es ausschliefslich Phloëm, nie Xylem produciert.

Bemerkenswert ist auch das Vorkommen von einem sog. »inneren Hartbast«, von Sklerenchymfasern nach innen vom primären Holze. Die Bezeichnung »innerer Hartbast« ist, insofern diese Fasern nur mechanische Elemente sind, mit ihrem Vorkommen sich aber keineswegs die Ausbildung eines innern Weichbastes verbindet, unzweckmäfsig. Eichler[2]) hat für die

[1]) On Stammens og Bladenes Bygning hos *Vochysiaceerne*. Oversigt over det kongelige danske Videnskabernes Selskabs Forhandlinger. 1882 Nr. 2 p. 182.

[2]) Versuch einer Charakteristik der natürlichen Pflanzenfamilie: *Menispermaceae*. Denkschrift der k. bayer. bot. Gesellschaft zu Regensburg Bd. V Heft I 1864.

Menispermaceen diesen inneren Hartbast als constanten Charakter hervorgehoben, welcher Ansicht ich nach meinen Untersuchungen nicht beipflichten kann. Systematische Bedeutung scheinen diese Sklerenchymfasern bei den *Proteaceen* nach meinen orientierenden Untersuchungen zu haben; bei den neun untersuchten Arten von *Grevillea* sind sie stets vorhanden.

8. Interxyläres Phloëm.

Darunter bezeichne ich nur jene holzständigen Weichbastinseln, welche von einem normalen Cambium eines normalen Bündelkreises stellenweise nach innen produciert werden. Sie waren bisher durch verschiedene Forscher, die im speciellen Teile dieser Arbeit genannt sind, bei acht Gattungen bekannt geworden. Diesen kann ich weitere sechzehn Genera[1]) beifügen.

Vochysiaceen: Erisma (4);
Malpighiaceen: Dicella (2);
*Olacineen: *Sarcostigma;*
*Combretaceen: *Getonia (2); *Guiera; *Thiloa (2);*
*Melastomaceen: *Kibessia; *Memecylon (14); *Mouriria;*
Salvadoraceen: Salvadora (3); Dobera;
*Loganiaceen: Strychnos (12); *Antonia; *Norrisia;*
*Gentianeen: Chironia (2); *Orphium;*
*Acanthaceen: Barleria (27); *Barleriola; *Lepidagathis (3); *Neuracanthus; *Lophostachys; Hexacentris (4);*
*Thymelaeaceen: *Aquilaria (3); *Gyrinops.*

Aus dieser Übersicht geht hervor, dafs, soweit reichlicheres Material untersucht wurde (manche Genera, wie *Orphium, Antonia*, *Norrisia*, bestehen nur aus einer Art), der interxyläre Weichbast stets Constanz für das Genus oder doch wenigstens für das Subgenus, wie bei *Hexacentris*, hat. In manchen Fällen findet er sich bei verwandten Genera, wie bei *Norrisia* und *Antonia*, bei *Aquilaria* und *Gyrinops*, bei *Chironia* und *Orphium*, bei *Salvadora* und *Dobera*, bei *Memecylon* und *Mouriria*. Ebenso kommt derselbe vielen Genera der Subtribus der *Barlerieen (Acanthaceen)* zu. Keineswegs findet sich der interxyläre Weichbast

[1]) Diese 16 Genera sind in der folgenden Tabelle mit Sternchen versehen.

nur bei Lianen; schon De Bary macht aufmerksam, dafs die von ihm darauf untersuchten Arten von *Strychnos* sowohl Lianen, als Bäume und Sträucher sind.

Namentlich verbreitet sind die holzständigen Weichbastinseln in jenen Familien, wo zugleich auch Bicollateralität der Gefäfsbündel stattfindet. Seltener treten sie in einfach collateralen Bündeln auf; es ist das der Fall bei den Gattungen: *Dicella*, *Sarcostigma*, *Salvadora*, *Dobera*, *Hexacentris*.

Die interxylären Weichbastgruppen sind oft mehr oder minder concentrisch angeordnet oder sie sind zerstreut. Sie bestehen aus Parenchym und Siebröhren. Das Vorkommen von Bastfasern in denselben war bisher nicht bekannt; ich kann Bastprosenchym für die Weichbastinseln der untersuchten Arten von *Aquilaria* und *Gyrinops* angeben. Die Markstrahlen laufen nicht selten durch das holzständige Phloëm und werden dabei dünnwandig. Die Weichbastinseln sind mitunter sehr klein, so z. B. bei den meisten untersuchten *Barlerieen*. Sie sind oft sehr reichlich im ganzen Holzkörper vorhanden und können schon in sehr jungen Zweigen nachgewiesen werden, z. B. bei den *Memecyleen*; wenn sie spärlich, wie mitunter bei *Strychnos* oder bei *Barleria flava* vorkommen, so sind sie oft am Herbarmaterial nicht vorhanden.

Schon De Bary gibt bezüglich *Strychnos* an, dafs der äufsere Weichbast im Falle des Vorkommens von Weichbastinseln im Holze sehr wenig oder nicht entwickelt ist; seine Ausbildung erscheint oft auf den primär angelegten Weichbast beschränkt. Ich habe beizufügen, dafs in den meisten von mir untersuchten Fällen nach aufsen vom Cambium kein oder nur wenig secundäres Phloëm gebildet wird. Bei wenigen Pflanzen mit interxylärem Weichbast, z. B. den *Aquilarieen* ist der secundäre Weichbast entwickelt; er ist hier sogar durch Bastfasern mehr oder minder deutlich geschichtet.

In diesem letzteren Falle ist natürlich sehr leicht ersichtlich, dafs man es mit typischen Weichbastinseln im Holze zu thun hat; die reichlich nach aufsen entwickelte secundäre Rinde läfst auf ein normales Cambium schliefsen, das nach innen Holz, nach außen Bast produciert. Mithin ist alles, was vom Cambium nach innen liegt, zu einem einzigen Bündelring gehörig; die Weichbastinseln sind also holzständig. Viel schwieriger ist aber der Fall, wenn nach außen kein reichlicher Weichbast sich vorfindet. Es ist dann der Querschnitt oft dem mancher *Nyctagineen*, *Amarantaceen* und *Chenopodiaceen*, bei welchen nach Bildung eines primären Bündelringes eine extrafasciculare Cambiumzone nach innen Gefäßbündel und Zwischengewebe bildet, ähnlich, zumal wenn bei diesen Familien im Zwischengewebe Markstrahlen und auch Gefäße auftreten. Entwicklungsstadien ergeben dann auch am trockenen Material die gewünschte Auskunft.

9. Vollständig oder unvollständig concentrische Bündelringe.

Das successive Auftreten und Erlöschen von vollständig oder unvollständig concentrischen Cambiumzonen und damit die Ausbildung von mehreren vollständig oder unvollständig concentrischen Gefäßbündelringen ist für manche Gattungen der Dicotyledonen[1]) charakteristich; für größere Verwandtschaftsgruppen ist dieser Charakter in der Regel nicht constant. Ich gebe im folgenden zunächst eine Übersicht der bisher bekannten Fälle.

Dilleniaceen: Doliocarpus, Tetracera;

Menispermaceen: Abuta, Cocculus (5), Chondodendron, Cissampelos;

Capparideen: Forchhammeria (2), Cadaba, Maerua (2), Roydsia;

Polygaleen: Securidaca, Comesperma;

Malpighiaceen: Banisteria (?);

Olacineen: Phytocrene;

Celastrineen: Tontelea (?);

Ampelideen: Cissus;

Plumbagineen: Acantholimum;

Leguminosen: Wistaria, Rhynchosia, Mucuna;

Bignoniaceen: Haplolophium, Glaziovia, Callichlamys;

Verbenaceen: Avicennia (4);

---

[1]) Unter den Gymnospermen finden sich analoge Verhältnisse kekanntlich bei *Gnetum scandens*, *Cycas*- und *Encephalartos*-Arten.

Convolvulaceen: Convolvulus (2), Ipomaea, Argyreia, Porana (?);
Illecebraceen: Pollichia;
Phytolaccaceen: Phytolacca, Ercilla, Seguieria;
Aristolochiaceen: Aristolochia (biloba);
Santalaceen: Myzodendron;
Euphorbiaceen (Buxeen): Simmondsia[1]).

Mit Ausnahme von *Pollichia*, *Seguieria* und *Simmondsia* waren alle diese Fälle bereits durch verschiedene Autoren bekannt, deren Arbeiten im speciellen Teile citiert sind. Soweit die Untersuchungen zur Zeit reichen, scheint das Auftreten von mehreren Zuwachsringen für Holzpflanzen einer Gattung constant zu sein; der Nachweis ist oft unmöglich, da die nicht dicken Zweige des Herbarmaterials dieses Verhältnis häufig nicht zeigen. Die secundären Zuwachsringe entstehen entweder extrafascicular, aufserhalb der vorhergehenden Bündelringe oder intrafascicular, im Weichbast der vorausgehenden Bündelzone. Mitunter entsteht der neue Zuwachsring innerhalb einer Sklerenchymscheide, welche aber nicht als die äufsere Grenze des primären Bündelringes anzusehen ist, da innerhalb der Sklerenchymscheide noch eine parenchymatische Gewebszone, unterschieden von dem weiter nach innen liegenden Weichbast, vorhanden ist, in welcher das Meristem des neuen Bündelringes auftritt, so bei *Seguieria*; die Entstehung ist hier also auch extrafascicular. Wenn innerhalb einer Familie bei verschiedenen Gattungen secundäre Zuwachsringe auftreten, so kann die Art der Entstehung wechseln, wie beispielsweise Radlkofer bei den *Capparideen* angibt oder sie kann constant sein, z. B. extrafascicular bei den untersuchten *Menispermaceen*.

Aus den bisherigen Untersuchungen, vermehrt durch meine eigenen, dürfte ferner der Schlufs zu ziehen sein, dafs bei allen holzigen *Ficoideen*, *Nyctagineen*, *Chenopodiaceen* und *Amarantaceen* anomale Structurverhältnisse sich finden, deren Gemeinsames

[1]) Hierher gehören auch die von mir untersuchten Gattungen *Bosea*, *Celosia (?)*, *Chamissoa* von den *Amarantaceen*, ferner von den *Chenopodiaceen* *Camphorosma* (*3*) und *Echinopsilon* (*3*). Dasselbe hält auch De Bary von *Tetragonia* und *Glinus* unter den *Ficoideen*, denen ich noch *Aizoon* und *Sesuvium* anschliefse.

darin besteht, dafs der Querschnitt des Holzkörpers mehrere Gefäfsbündel in radialer Richtung aufweist. Entwicklungsgeschichtlich verhält sich die Zweigstructur in den genannten Familien verschieden, wie in der speciellen Untersuchung näher auseinandergesetzt wird. Meist erzeugt ein am Rande des primären Bündelringes entstehender, extrafascicularer und dauernd thätiger Cambiumring nach innen secundäre Bündel und Zwischengewebe oder aber es treten successive Cambiumringe auf.

10. Einige andere anomale Verhältnisse.

Einen sog. »zusammengesetzten Holzkörper«, bei welchem ein gröfserer Holzkörper von kleineren Holzkörpern umgeben ist und die kleineren peripherischen Bündelringe mit dem centralen primär angelegt werden, gibt Radlkofer[1]) für Arten der *Sapindaceen*-Gattungen *Paullinia* und *Serjania* an. Diese Anomalie ist zwar für die genannten Gattungen nicht constant, wohl aber für bestimmte Arten. Modificationen kommen vor und es sind auch diese für bestimmte Arten wieder constant. Bureau[2]) spricht bei *Anisostichus (Bignoniacea)* von rindenständigen Bündeln (ob primär angelegt?), ähnlich wie bei *Serjania*. Vollkommene Bündelringe, welche in geringer Anzahl einen gröfseren centralen Bündelring umgeben, fand ich ferner an Herbarmaterial von *Jaccaranda filicifolia* Don. *(Bignoniacea)* vor.

Der »geteilte Holzkörper«, bei welchem der centrale Bündelring des »zusammengesetzten« Holzkörpers fehlt, ist von Radlkofer bei fünf Arten der Gattung *Serjania* nachgewiesen worden und ist für dieselben constant. Auch hier werden sämtliche Holzkörper primär angelegt.

---

[1]) Radlkofer, Über die Entstehung der secundären Holzkörper im Stamme gewisser *Sapindaceen*, Berichte der Vers. deutscher Ärzte und Naturforscher zu München 1877 S. 194; Id., Monographie der Gattung *Serjania*, München 1875; Id., Sopra i varii tipi delle anomalie dei tronchi nelle *Sapindacee*, in Atti del Congresso internazionale botanico tenuto in Firenze nel mese di Maggio 1874 p. 60; Id., On the structural pecularities of certain Sapindaceous plants, in Report of the British Association for the Advancement of Science 1868 p. 109.

[2]) Bulletins de la Societé botanique de France T. IX 1872 p. 14—20.

Den Fall, dafs im Umfang eines Holzkörpers erst in späteren Jahren neue secundäre Holzkörper auftreten, hat Radlkofer als »umstrickten Holzkörper« bezeichnet. Solche secundäre Holzkörper finden sich nach seiner Angabe nicht selten an älteren Stämmen jener Arten von *Paullinia* und *Serjania*, welchen ein »zusammengesetzter« oder auch »geteilter« Holzkörper zukommt, ferner vielleicht constant für die Gattung *Thinouia*. Daran dürften sich die zahlreichen (15—18), sehr kleinen Holzkörper anschliefsen, welche Krüger[1]) in der verhältnismäfsig dünnen Rinde von *Hippocratea scandens* (untersuchte Zweige von 2,5 cm Dicke) angibt; bemerkenswert ist, dafs die rindenständigen Holzkörper hier in ihrem Längsverlaufe anastomosieren.

Nachträgliche Zerklüftung des ursprünglich normalen Holzkörpers ist bekannt: bei *Urvillea laevis* Radlk. *(Sapindacea)*; bei Arten von *Stigmaphyllum (Malpighiacea)*; bei *Acantophyllum (Caryophyllacea)*; bei *Melloa*, *Anisostichus*, *Bignonia (Bignoniaceen)*; bei *Caulotretus (Leguminose)*; bei *Pseudocalyx* und *Mendoncia (Acanthaceen)*. Die verschiedenen Autoren, durch welche diese Fälle bekannt geworden sind, werden im speciellen Teile genannt. Jussieu[2]) gibt dieses Verhältnis bei vier Arten von *Stigmaphyllum* an; bei einer fünften fehlt es.

11. Mark.

Die systematische Verwertung der Anatomie des Markes ist durch Gris[3]) begründet worden. In seinem Resumé sagt er: »Par la constance de la structure la moelle peut servir à caractériser des familles et des genres naturels comme à décider de la valeur de certains groupes discutés«. Gris unterscheidet im Marke: I. active Zellen (cellules actives) mit dickeren Wandungen und Stärke führend; II. leere Zellen (cellules inertes) mit in der

---

[1]) Beitrag zur Kenntnis der sog. anomalen Holzbildungen; Diss. Leipzig, Nauen 1884.

[2]) Monographie de la Famille des *Malpighiacées*; Archives du Muséum d'Hist. nat. T. III Paris 1843 p. 100 sq.

[3]) Mémoire sur la Moelle des plantes ligneuses. Nouvelles Archives du Mus. d'hist. nat. T. VI Paris 1870 p. 201—302 mit Tab. XII—XX.

Regel dünneren Wandungen, keine Stärke, aber Luft führend; III. Krystallschläuche (cellules crystalligènes). Das Mark ist nun homogen, wenn es aus activen Zellen mit oder ohne Krystallschläuchen besteht, heterogen, wenn es aus activen und leeren Zellen gebildet wird, endlich leer (inerte), wenn es nur aus leeren Zellen besteht. So besitzen z. B. unter den *Caprifoliaceen* die *Lonicereen* ein heterogenes Mark, ein eben solches mit Reihen von activen Zellen die *Viburneen*, die *Sambuceen* ein leeres Mark. Das Mark der *Betulaceen* ist homogen, der *Corylaceen* heterogen; heterogen ist auch das Mark der *Magnoliaceen*. In anderen Familien, z. B. den *Ericaceen*, tritt hingegen keine Constanz auf und zwar erstreckt sich hier auch die variable Zusammensetzung des Markes auf die Unterabteilungen dieser Familie. Auch Engler[1]) schreibt diesen Verhältnissen systematischen Wert zu; in seiner Abhandlung über *Rhus* hebt er hervor, dafs das Mark aller *Anacardiaceen* und *Burseraceen* heterogen sei.

Aus allen diesen Angaben geht hervor, dafs das homogene, heterogene und leere Mark einen Gruppencharakter abgeben kann. Die systematische Verwertung dieser Verhältnisse ist aber schwierig. Es ist ja eine bekannte Thatsache, dafs der Stärkegehalt in dem parenchymatischen Gewebe, je nach der Vegetationsperiode, in welcher sich die Pflanze befindet, wechselt, ja dafs bei manchen Pflanzen zeitweise die Stärke im Marke fehlen kann. Das zu verschiedenen Zeiten des Jahres gesammelte Herbarmaterial gestattet wohl meist nicht, mit Sicherheit über diese Verhältnisse zu entscheiden.

Bemerkenswert ist die Fächerung des Markcylinders ohne Sklerose; sie tritt schon sehr frühzeitig bei *Pterocarya* auf, erst an älteren Zweigen bei *Jasminium officinale*. Die Constanz derselben für das Genus habe ich bei *Juglans* (5 Arten) und *Pterocarya* (4 Arten) nachgewiesen. Auch in andern Familien habe ich vereinzelt dieses Verhältnis angetroffen, so bei *Halesia tetraptera*. L. *(Styracea)*, *Fouquiera splendens* Englm. *(Tamaris-*

---

[1]) Engler, bot. Jahrbücher I 1881 S. 395.

cinea), Jasminium tetraphis Wight und *officinalis* L., aber keineswegs bei allen Arten von *Jasminium.*

Das Auftreten von Steinzellen im Marke hat nicht generische Bedeutung. So finden sie sich nur bei wenigen Quercus-Arten, z. B. *Qu. Beccariana* Benth. und *Qu. annulata* Smith et Wall. Auch die gestreckten sklerenchymatischen Elemente, wie sie bei manchen *Combretum-* und *Lycium*-Arten im Marke vorkommen, sind nicht constant für die Gattung. Ferner sind Steinzellenbinden im Marke zu erwähnen, welche oft ganze Scheiben bilden und wenn das dünnerwandige Gewebe austrocknet, eine Fächerung des Markes bedingen. Sie haben mitunter gröſsere systematische Bedeutung, indem sie allen untersuchten *Magnolieen* (Tribus der *Magnoliaceen*) zukommen; auch bei *Anonaceen* und *Ternstroemiaceen* finden sich solche Steinzellengruppen vor. Endlich kommen mitunter im Marke verzweigte Sklerenchymzellen vor, welche bei den *Magnolieen* in Bezug auf Mark und Rinde constant sind. Die sog. inneren Haare, welche schon lange im Blatte der *Nymphaeaceen* bekannt sind, fand ich im Marke von *Trochodendron (Magnoliacea), Rhizophora* (hier H-förmig, ähnlich wie bei den *Aroideen*), bei den nahe verwandten Genera *Fagraea* (5 Arten) und *Potalia* unter den *Loganiaceen.* An dieser Stelle sind auch die für die *Schizandreen* charakteristischen Spicularfasern, in deren Wandungen, ähnlich wie bei den Sklerenchymfasern von *Welwitschia mirabilis* Krystalle von oxalsaurem Kalke eingelagert sind, zu erwähnen; sie können in Mark und Rinde vorkommen.

Alle die besonderen Krystallelemente und Secretbehälter[1]), welche in Blatt und Rinde sich finden, können auch im Marke auftreten. Jedoch muſs man in diesem Falle stets auch das übrige Grundgewebe, die primäre Rinde und ferner den Weichbast

---

[1]) Bezüglich der Verbreitung dieser Elemente in Blatt und Rinde vergleiche man namentlich die Angaben von Vesque in Nouvelles Archives du Muséum d'hist. nat. Sér. 2 T. IV 1881 p. 1, l. c. Sér. 2 T. V 1882—1883 p. 291, und in Annales des sciences nat., Botanique Sér. 6 T. I 1885 p. 183, von Bokorny und Blenk in Flora 1882 und 1884, von Möller in Anatomie der Baumrinden, Berlin 1882.

mit berücksichtigen, da die betreffenden Verhältnisse mitunter im Marke zu fehlen scheinen oder wirklich fehlen, reichlicher hingegen in den anderen genannten Geweben auftreten. Es kann auch der Fall vorkommen, dafs die genannten Elemente in den Zweigen fehlen und nur auf das Blattparenchym beschränkt sind.

Krystalle im Marke.

1. Von den Rhaphidenschläuchen [1]) ist bereits bekannt, dafs dieselben Constanz für gröfsere Verwandtschaftskreise, mindestens für das Genus besitzen. Sie finden sich in Mark, primärer und secundärer Rinde, bald in diesem, bald in jenem, oder in mehreren Geweben, selten im Holze selbst. So kommen sie beispielsweise in den Holzzellen von *Galipea simplicifolia* Mart. oder in den Markstrahlen bei *Norontea brasiliensis* Chois. vor. In den Achsenteilen fand ich sie bei einigen *Dilleniaceen (Davilla, Hibbertia)*, constant bei den untersuchten *Marcgravieen* und *Saurayjeen* (excl. *Stachyurus*) aus der Familie der *Ternstroemiaceen*, bei den *Ampelideen, Onagrarieen*, den *Euphytolaccaceen*, den *Nyctagineen* (wo sie mitunter ganz oder teilweise durch die gypsähnlichen, säulenförmigen Krystalle ersetzt sind), bei *Mesembryanthemum* unter den *Ficoideen* und bei *Hydrangea* unter den *Saxifragaceen* vor. Bei allen diesen sind die Rhaphiden durch verschiedene, im speciellen Teile genannte Autoren im Blatte oder auch den Achsenteilen bekannt gewesen. Diesen Angaben füge ich bei das Vorkommen der Rhaphiden bei den *Gaertnereen (Loganiaceentribus)*, bei *Galipea (Rutacea)* und zahlreichen holzigen *Rubiaceen*-Gattungen. Ferner sind Rhaphiden noch bekannt nach Gulliver bei *Thelygonum (Urticacea)* und den krautigen *Balsamineen*, sowie nach Blenk [2]) bei folgenden Genera: *Pelliciera (Gordoniea), Erythrochiton (Rutacea?), Giesekia (Ficoidea), Decumaria (Saxifragacea)*. Bemerkenswert ist, dafs Rhaphiden bei Gamopetalen nur in der Familie der *Rubiaceen* bekannt sind,

[1]) Unter den Monocotyledonen sind Rhaphiden bei den *Dioscoraceen, Taccaceen* und *Smilaceen* bekannt.

[2]) Die durchsichtigen Punkte der Blätter in anatomischer und systematischer Beziehung. Abdr. aus Flora 1884 S. 93.

welchen ich noch die *Gaertnereen* anschliefsen kann. Auch Vesque gibt in seiner jüngst publicierten Arbeit über die Blattanatomie der Gamopetalen, Rhaphiden nur bei *Rubiaceen* an. Es ist dieser Umstand, wie der Mangel der Bicollateralität bei den *Gaertnereen* eine wichtige Stütze für die Trennung dieser Tribus von den *Loganiaceen* und ihre nähere Verwandtschaft mit den *Rubiaceen*.

2. Dafs langgestreckte prismatische Einzelkrystalle aus oxalsaurem Kalk, die ich kurz Säulenkrystalle nennen will und die oft auch die Schwalbenschwanzhemitropieen des Gypses zeigen, die Rhaphiden ersetzen können, hat schon Gulliver bei zahlreichen Monocotyledonen angegeben. Blenk zeigt dies auch bei den *Sauraujeen*; ich habe bei den *Nyctagineen* Gelegenheit gehabt, dieses Verhältnis zu beobachten. Solche Säulenkrystalle gibt Radlkofer [1]) im Blatte von *Phaeoptilum* und *Neea*-Arten, Blenk in den Blättern der *Rivinieen (Phytolaccaceen)* und *Gouanieu (Rhamnaceen)* constant an; sie kommen bei den *Rivinieen* auch in den Achsenteilen vor. Abgesehen von den *Nyctagineen* sind nach meinen Untersuchungen folgende Gattungen und Gruppen durch diese Krystallelemente ausgezeichnet: *Melianthus (Sapindacea)*; *Escallonia (Saxifragacea)*; *Memecyleen*; *Astronia (Melastomacea)*; *Gujacum (Zygophyllacea)*; *Pittosporaceen*; *Chamaelaucium (Myrtacea)*; viele *Rubiaceen*; *Carissa, Allamanda, Rauwolfia (Apocynaceen)*; *Gnidia (Thymelaeacea)*; alle *Aquilarineen*, bei welchen sie auch in den Blättern vorkommen und pellucide Punkte bedingen.

3. Rhaphidenähnlich werden mitunter auch die Krystallnädelchen, auf welche ich nun zu sprechen komme; das ist z. B. bei *Illigera* oder *Crossandra* der Fall. Sie finden sich in Mark und Rinde, häufig auch in den Markstrahlen; mitunter sind sie ganz oder theilweise ersetzt durch kleine meist spindelförmige Kryställchen, welche nicht mehr nadelartig sind. Ich habe diese Nädelchen bei allen untersuchten *Gyrocarpeen* in den Blattlamina nachgewiesen; ich fand sie bei den 27 auf den inter-

[1]) Beitrag zur afrikanischen Flora. Abh. Naturw. Ver. in Bremen Bd. VIII 1883 S. 440 Anm.

xylären Weichbast untersuchten Arten von *Barleria*, den untersuchten Arten von *Fagraea (Loganiacea)* und *Lepidagathis (Acanthacea)* constant vor. Solche Krystallnädelchen gibt d'Arbaumont auch bei den *Ampelideen* an; ferner finden sie sich bei den *Gyrocarpeen*, bei *Labiaten (Prasium, Sideritis, Stachys)*, *Acanthaceen (Ruellia, Strobilanthes, Blepharis, Crossandra, Lepidagathis, Barleriola, Phlogacanthus, Periblema, Barleria, Rhinacanthus communis* N. ab Es. und *Daedalacanthus Griffithii* Th. A.*)*, *Verbenaceen (Lantana, Aegiphila, Symphonema)*, *Compositen (Leucomeris)*, *Piperaceen (Piper)*, *Myristicaceen*, *Laurineen (Persea, Laurus, Hernandia)*, einigen *Monimiaceen* (z. B. *Atherosperma)*.

4. Krystallsand wurde nachgewiesen bei allen unten citierten Arten von *Lycium*[1]); die Körnchen erscheinen oft tetraëtrisch (»sable tétraédrique« nach Vesque). Krystallsand[2]) kommt zu: *Gomphostigma (Olacinea)*; *Cotyledon* und *Sedum (Crassulaceen)*; *Aucuba (Cornacea)*; vielen *Rubiaceen*; *Cordieen (Boragineen)*; vielen *Solanaceen (Solanum, Acnistus, Solandra, Datura, Anthocercis* auch nach Vesque der Rinde von *Vestia lycioides, Lycium barbarum, Sarracha, Lycopersicum esculentum, Capsicum, Brugmansia candida, Anisodus luridus, Atropa Belladonna, Scopolia)*; vielen *Amarantaceen* und *Chenopodiaceen*; *Lachnaea (Thymelaeacea)*.

5. Die Cystolithen finden sich stets reichlicher im Blatte; sie scheinen nach den bisherigen Untersuchungen oft in den Achsenteilen zu fehlen, während sie im Blatte vorhanden sind. Sie können aber in Mark und Rinde jener Familien vorkommen, welche Cystolithen besitzen; es sind dies bekanntlich die *Cucurbitaceen*, *Acanthaceen* und *Urticaceen*, welchen ich noch die *Gyrocarpeen s. str.* (Tribus der *Combretaceen*) beifüge.

---

[1]) *Lycium Andersoonii* Gray, Fl. of California, Arizona Coll. Palmer Nr. 421; — *L. Berlandierii* Dun., Fl. Calif. Nr. 425; — *L. elongatum* Miers, Fl. Argentin. Nr. 30 Coll. Lorentz; — *L. Edgeworthii* Dun.; — *L. cestroides* Schlechtdl., Fl. Arg. Nr. 32; — *L. chinense* Mill.; — *L. Martii* Sendtn.; — *L. pallidum* Miers; — *L. tenue* Willd.

[2]) Vergl. die Angaben in Möller, »Anatomie der Baumrinden« S 422 und S. 433.

Secretbehälter.

Secretzellen fand ich in Mark und Rinde der Achsenteile bei *Magnoliaceen*, *Calycanthaceen*, *Anonaceen*, *Canellaceen*, *Meliaceen*, *Myristicaceen*, *Chloranthaceen*, *Laurineen*, *Piperaceen*, *Monimiaceen*, in welchen Familien sie nach Blenk[1]) und Bokorny[1]) in den Blättern constant auftreten; sie scheinen mitunter in den Achsenteilen zu fehlen. Secretzellen kommen auch bei *Aristolochiaceen* und *Gyrocarpeen*, bei letzteren constant vor.

Milchsaftschläuche finden sich in den Achsenteilen der *Convolvulaceen* und *Sapotaceen*; ihre systematische Bedeutung ist noch weiter zu verfolgen. De Bary[2]) gibt diese Secretschläuche auch bei *Cinchona* und *Ladenbergia* an der Markperipherie an und zwar kommen sie nach Karsten allen Arten zu. Ferner finden sie sich bei einer grofsen Anzahl von *Vernoniaceen* und *Cynareen*, endlich bei *Acer*-Arten (hier nur in der Rinde).

Gegliederte Milchsaftröhren sind unter den Dicotyledonen bei *Cichoriaceen*, *Campanulaceen*, *Papaveraceen* und *Papayaceen* bekannt; bei letzteren kommen sie auch im secundären parenchymreichen Holze vor.

Ungegliederte Milchsaftröhren treten bei *Apocynaceen*, *Asclepiadaceen* und *Urticaceen* auf; unter den *Urticaceen* habe ich sie im Marke nur bei *Artocarpus*, *Sloetia* und *Ficus* (20 Arten) vorgefunden; für die *Apocynaceen* und *Asclepiadaceen* scheint ihr Auftreten im Marke constant zu sein. — Die Verteilung von gegliederten und ungegliederten Milchröhren bei den *Euphorbiaceen* hat neuerdings durch Pax[3]) Bearbeitung gefunden.

Secretlücken finden sich in Mark oder Rinde oder in beiden Geweben bei den *Rutaceen*, *Myoporineen*, *Myrsineen*, *Samydaceen*, *Myrtaceen*, wo sie nach Blenk und Bokorny constant in den Blattlamina auftreten. Den von ihnen und De Bary erwähnten Einzelvorkommnissen habe ich *Gonystylus (Thymelaeacea?)* anzuschliefsen. Den in den Blättern vorkommenden

---

1) Die durchsichtigen Punkte etc., Flora 1882 u. 1884.

2) Vgl. Anatomie S. 156.

3) Anatomie der *Euphorbiaceen* in ihrer Beziehung zum System. Engler, bot. Jahrbücher Bd. V Heft IV 1884 S. 384.

Secretlücken bei den *Hypericineen* entsprechen in den Achsenteilen Harzgänge.

Die Harzgänge zeigen in den Achsenteilen eine verschiedene Verbreitung. Ich erwähne die Fälle, bei welchen sie im Marke allein oder in Mark und Rinde vorkommen. Es gibt Familien und Gattungen, bei welchen die Harzgänge im Mark und nicht in der Rinde auftreten, so bei den *Balsamifluae (Liquidambar* und *Altingia)* und den untersuchten *Dipterocarpeen.* Bei den *Burseraceen* sind sie hingegen nach den bisherigen Untersuchungen ausschliefslich nur in der Rinde zu finden. Die Verteilung der Harzgänge wechselt aber auch häufig innerhalb der Familie und auch der Gattung; ich verweise in dieser Beziehung auf die Tabelle, welche K. Müller[1]) in seiner Abhandlung für die *Clusiaceen* gibt; während bei sämtlichen *Clusia*-Arten (auch bei *Clusia alba* neuerdings nach Van Tieghem) die Harzgänge in Mark und primärer Rinde vorkommen, treten grofse Differenzen bezüglich der Verteilung derselben bei *Garcinia* auf. Nach den Untersuchungen von Engler[2]) können die markständigen Harzgänge bei nächstverwandten Arten von *Rhus* vorkommen und fehlen; doch finden sie sich in letzterem Falle stets in der Rinde. Hervorgehoben mufs werden Van Tieghem's Angabe[3]), dafs bei *Bonnetia (Ternstroemiacea)* die Harzgänge nicht constant sind.

Holzständige Secretgänge, welche Van Tieghem zuerst bei *Dipterocarpus* beobachtete, habe ich bei den von mir untersuchten sechs Gattungen der *Dipterocarpeen,* allerdings in verschiedener Reichlichkeit nachweisen können.

Nach den bisherigen Untersuchungen kommen Secretgänge folgenden Familien und Gruppen[4]) constant zu: *Anacardiaceen,*

---

[1]) Vergleichende Untersuchungen der anatomischen Verhältnisse der *Clusiaceen, Hypericineen, Dipterocarpeen, Ternstroemiaceen.* Engler, Bot. Jahrbücher Bd. II Heft V 1882.

[2]) Bot. Jahrb. Bd. I 1881 S. 386.

[3]) Sur la disposition des canaux sécréteurs dans les *Clusiacées,* les *Hypericacées,* les *Ternstroemiacées* et les *Dipterocarpées.* Bulletin de la Societé botanique de France 1884 p. 141—151.

[4]) Bei den eingeklammerten Familien sind Harzgänge im Marke nicht bekannt.

Araliaceen, *Balsamifluae*, *(Burseraceen)*, *tubiflore Compositen*, *Dipterocarpeen*, *Guttiferen*, *Hypericineen* (constant?), *(Pittosporaceen)*, *Umbelliferen;* nur vereinzelt bei *Cichoriaceen*, *Myrsineen*, *Simarubaceen*, *Ternstroemiaceen*.

Schleim, mitunter auch mit Gummi gemengt, selten harzhaltig, kommt in Gängen oder Lücken häufig vor. Mitunter scheinen diese Gänge für die Gattung constant zu sein; so habe ich sie bei den untersuchten Arten von *Bixa* und *Cochlospermum (Bixaceen)*, *Moringa (Moringea)*, *Hedyosmum (Chloranthacea)* stets constatieren können; hingegen kommen sie nicht allen Arten von *Terminalia* (*Combretacea*) zu und ebensowenig sind sie bei den von Wille[1]) untersuchten Arten von *Erisma (Vochysiacea)* constant. Ich gebe die Familien an, in welchen diese intercellularen Secretbehälter vorkommen; bezüglich des Näheren verweise ich auf den speciellen Teil: *Bixaceen*, *Chlaenaceen*, *Chloranthaceen*, *Combretaceen*, *Malvaceen*, *Moringeen*, *Rhamnaceen*, *Sterculiaceen*, *Tiliaceen*, *Vochysiaceen*.

---

[1]) l. c.

II. Specieller Teil.

1. Dialypetalae.

Ranunculaceen.

Unter den *Ranunculaceen* finden sich bekanntlich meist krautartige und nur wenige holzige Pflanzen vor. Da die vorliegende Arbeit sich auf holzige Pflanzen beschränkt, so konnten bei den *Ranunculaceen* nur Arten der Gattungen *Naravelia* und *Clematis* untersucht werden.

Breitere Markstrahlen lassen bei beiden untersuchten Arten die einzelnen Bündel deutlich erkennen. Das Xylem besitzt grofslumige (bis 0,12 und mehr Millimeter Durchmesser) bis kleinlumige, mitunter in Tracheiden übergehende Gefäfse, deren Wandung durch grosse (bis 0,006 mm Dm.) Hoftüpfel ausgezeichnet ist. Die Wandungen der engerlumigen Gefäfse und Tracheiden von *Clematis Vitalba* sind spiralig verdickt. Die Perforierung der Gefäfse ist stets einfach, rund oder auch elliptisch, die Scheidewand der Gefäfszellen in den weiteren Gefäfsen horizontal und ganz durchbrochen. Parenchymatisches Gewebe ist auf die Umgebung der Gefäfse beschränkt, das Prosenchym einfach getüpfelt. Die einfache Gefäfsperforierung[1]) und das ungehöft getüpfelte Prosenchym dürften für die *Ranunculaceen* von systematischem Werte sein.

Naravelia zeylanica Dec. — *Clematis Vitalba* L.

---

[1]) Dieselbe wird auch von Tangl (Beitrag zur Kenntnis der Perforationen an Pflanzengefäfsen. Sitzungsber. der kais. Akad. d. Wiss. zu Wien, Math.-Naturw. Kl. Bd. LXIII I 1871 S. 537 ff.) für *Anemone Pulsatilla* und *Thalictrum minus* angegeben.

Dilleniaceen.

Die meist zerstreuten, mitunter sich tangential berührenden Gefäſse zeigen sehr verschiedene Lumengröſse (Maximal-Durchmesser bei *Hibbertia* 0,048, bei *Davilla* 0,12 mm). Ebenso wechselt die Breite der Markstrahlen; bis sechsreihige weist der Querschnitt von *Davilla* auf, ein- bis zweireihige *Hibbertia*, 15reihige nach Möller [1]) *Curatella americana* L. Den Gefäſsen der *Dilleniaceen* kommt im allgemeinen leiterförmige Perforierung zu, welche ich ausschlieſslich bei *Dillenia* und *Hibbertia* mit verschieden reichlicher Speichenanzahl vorfand; bei *Davilla rugosa* hingegen tritt neben der leiterförmigen und in der Regel mit Ausnahme der Umgebung des primären Holzes wenigspangigen Perforation häufiger die einfache, elliptische auf. Bei *Hibbertia trachyphylla* löst sich nicht selten die Leiterperforierung durch Anastomosen der Sprossen in einzelne Löcher auf. Auch *Curatella* besitzt nach Möller Leiterperforierung Die Scheidewand der Gefäſszellen ist bei den *Dilleniaceen* in der Regel geneigt. Nicht besonders entwickelt fand ich bei den untersuchten Arten das Holzparenchym; hingegen gibt Möller für *Curatella* tangentiale Binden von Parenchym an. Das Holzprosenchym besitzt (auch bei *Curatella)* an Radial- und Tangentialwandungen typische Hoftüpfelung, ein Merkmal, das schon Baillon [2]) für die von ihm untersuchten *Dilleniaceen* hervorhebt.

Bemerkenswert ist noch das häufige Auftreten von Rhaphidenschläuchen in Mark und Rinde (*Hibbertia, Davilla*), welche auch in den Blättern gewisser *Dilleniaceen* zu finden sind. Bei *Davilla rugosa* kommen auſserdem im Marke zerstreut langgestreckte sklerenchymatische Zellen mit weiſslichem Secrete vor, dieselben, welche Crüger [3]) als »eigene Gefäſse« für *Doliocarpus Rolandri* beschreibt und abbildet. Groſslumige Zellen mit ähnlichem Inhalte finden sich auch an der Markperipherie von *Dillenia aurea.*

[1]) Beiträge zur vergleichenden Anatomie des Holzes. Denkschr. d. Akad. d. Wiss. zu Wien. Math.-naturw. Kl. Bd. XXXVI. 1876. S. 368.

[2]) Adansonia VII 1866—1867 p. 88 und Comptes rendus de l'Académie des sciences T. LXIV. p. 297.

[3]) Botanische Zeitung 1850 S. 166.

Schon Crüger[1]) hat für die Gattung *Doliocarpus* und *Tetracera (?)* das Vorkommen von mehreren Bündelringen angegeben. Eichler[2]) hat dieselben eingehend bei *Doliocarpus Rolandri* untersucht. Im vierten Jahre, bei anderen *Dilleniaceen* früher oder später erlischt die Thätigkeit des ursprünglichen Cambiums; es kommt ein zweiter Bündelring zur Ausbildung, welcher in der secundären Rinde und zwar in der äusseren Partie derselben entsteht; es kann noch ein dritter Bündelring angelegt werden. Die secundären Bündel entstehen also hier nicht, wie bei den *Menispermaceen* extrafascicular, sondern intrafascicular.

Das Vorkommen von Hoftüpfelprosenchym und von vorherrschender Leiterperforierung ist hervorzuheben, ferner das Auftreten von Rhaphiden im Marke bestimmter Dilleniaceen, endlich mehrerer Bündelringe bei *Doliocarpus* und *Tetracera*.

Hibbertia trachyphylla Steud. Nov. Holl. Preiss. — *Davilla rugosa* Poir., Martii Herb. Flor. Brasil. Nr. 98. — *Dillenia aurea* Poir.

Calycanthaceen.

Der Querschnitt zeigt bei den beiden Gattungen, welche diese Familie bilden, keine breiten, 1—2reihige Markstrahlen, zahlreiche, radial und tangential sich berührende Gefäſse, welche gröſser- oder kleinerlumig (bis 0,06 mm Dm.) sind; mitunter kommen auch Tracheiden vor. Gegen das Markstrahlparenchym findet sich an der Gefäſswand einfache Tüpfelung vor. Die Hoftüpfelung ist da, wo die Gefäſse sich berühren, keine dichte, sondern eine lockere; der Hofdurchmesser erreicht eine Gröſse von 0,006 mm. In den engeren Gefäſsen und Tracheiden, mitunter auch in den weiteren tritt bei beiden Gattungen spiralige Wandverdickung auf. Die Gefäſsperforation ist stets einfach, häufiger elliptisch als rund bei verschiedener Neigung der Scheidewand.

Das Holzparenchym ist nicht besonders entwickelt. Das Prosenchym besitzt Spalttüpfel mit kleinem, aber oft deutlichem Hofe.

---

[1]) Botanische Zeitung 1850 S. 166 Tab. IV Fig. 9—13.

[2]) Eichler in Martius, Flora brasil. Vol. XIII P. I 1863 p. 116.

Bemerkenswert ist noch das Vorkommen von Secretzellen im Marke, welche nach Blenk[1]) constant in den Blättern auftreten.

Für ältere Achsenteile der *Calycanthaceen* ist charakteristisch das von Mirbel[2]) bei *Calycanthus floridus* entdeckte Auftreten von vier rindenständigen Bündeln. Diese Bündel, welche durch ein Cambium auch in die Dicke wachsen, sind in Bezug auf den Hauptbündelring verkehrt orientiert; das Holz lagert nach aufsen, der Weichbast nach innen. Diese Rindenbündel sind Blattspuren, wie die des normalen Bündelkreises; jedes der opponierten und decussierten Blätter hat nämlich drei Fibrovasalstränge, deren mittlerer, stärkerer in den Bündelring tritt, während die seitlichen und schwächeren in der primären Rinde verlaufen und die Rindenbündel darstellen[3]). Ich verweise namentlich auf Mirbels Abbildung[4]). Von der übrigen reichhaltigen Litteratur sei nur Lindley[5]) erwähnt, welcher auch die andern Arten von *Calycanthus*, sowie das Genus *Chimonanthus* untersucht hat und zum Schlusse kommt, dafs das geschilderte Verhältnis für die *Calycanthaceen* constant ist.

Das Auftreten der vier rindenständigen, in Bezug auf Xylem und Phloëm verkehrt orientierten Bündel, die einfache Gefäfsperforierung, die einfache Tüpfelung der Gefäfswand bei angrenzendem Markstrahlparenchym, das nicht typisch hofgetüpfelte Prosenchym, wahrscheinlich auch die spiralige Verdickung der Gefäfswandung haben für die *Calycanthaceen* systematischen Wert.

Chimonanthus fragrans Lindl. — *Calycanthus floridus* L.

---

[1]) Flora 1884 S. 55.

[2]) Note sur l'organisation de la tige d'un très-vieux *Calycanthus floridus* du Potager royal de Versailles. Ann. des sc. nat. Sér. 1. T. XIV p. 367 tab. XIII.

[3]) Nach Gaudichaud (Archives de Botan. 1833 T. II p. 493) und Woronin, Botan. Zeitung 1860 S. 177 u. Tab. V.

[4]) Siehe auch Treviranus, Physiologie der Gewächse 1835 I Tab. I.

[5]) Vegetable Kingdom 1846 p. 541 und Introduction to Botany I. London 1848, p. 209.

Magnoliaceen.

Die verschiedenen Triben dieser Familie zeigen, wie im Blütenbau, so auch in der anatomischen Beschaffenheit des Holzes Verschiedenheiten, weshalb wir die Triben zunächst getrennt behandeln wollen.

Die Tribus der *Magnolieen* umfaſst die Genera *Magnolia*, *Manglietia*, *Michelia*, *Talauma* und *Liriodendron*. Constant für dieselben erscheint zunächst die Gefäſsperforation; sie ist leiterförmig oder mitunter auch einfach und dem Umfang nach elliptisch. Es können beide Hauptformen der Perforation, die leiterförmige und die einfache, zugleich ein und derselben Art zukommen, oder nur die leiterförmige; nie findet sich hingegen die einfache allein vor. Die einfache und leiterförmige Perforierung [1]) wurde beobachtet bei *Magnolia acuminata*, die leiterförmige allein bei *Magnolia Campbellii*; das gemeinsame Vorkommen ist also nicht für das Genus constant. Die Leiterperforierung besitzt verschiedene Speichenanzahl (1—15); die durchbrochenen Stellen sind in Richtung der Achse der Perforierung in der Regel breit; an die Perforation schlieſsen sich nicht selten gleichsinnig Treppenhoftüpfel an. Solche Treppenhoftüpfel finden sich namentlich bei *Magnolia*, *Manglietia* und *Michelia*, weniger entwickelt bei *Talauma* und *Liriodendron*, auch an jenen Wänden, mit welchen sich die Gefäſse gegenseitig berühren. Stets fehlt bei den *Magnolieen* die so reichspangige Gefäſsperforation von *Illicium* oder *Euptelea*. Die Lumengröſse der am Querschnitt mehrseitigen Gefäſse ist nicht beträchtlich; der beobachtete Maximaldurchmesser beträgt bei *Michelia* 0,045 mm. Bezüglich des reichlichen Auftretens der Gefäſse lassen sich zwei Gruppen unterscheiden; im Verhältnis zu *Liriodendron*, *Magnolia* und *Manglietia*, bei welchen das Frühjahrholz fast ganz aus Gefäſsen besteht, sind die Gefäſse weit weniger reichlich bei *Talauma* und *Michelia* entwickelt. Diese Einteilung erscheint minder construiert, da *Michelia* und *Talauma* allein durch spiralige

---

[1]) Das Vorkommen von leiterförmig und einfach perforierten Querwänden wird schon von Sanio (Botan. Zeitung 1863) für *Magnolia tripetala* und *acuminata* angegeben.

Verdickung ihrer Gefäſswandungen, besonders deutlich gegen angrenzendes Prosenchym ausgezeichnet sind. Der Anatomie nach wären also *Michelia* und *Talauma* einander näher verwandt innerhalb der Tribus der *Magnolieen*; den morphologischen Verhältnissen der Blüte nach ist dies aber keineswegs der Fall; *Michelia* ist das einzige Genus der Tribus mit einem Gynophorum stipitatum und in den Carpellen differieren gerade *Michelia* und *Talauma* unter allen *Magnolieen* am bedeutendsten. — Gegen die Markstrahlzellen tritt an der Gefäſswand meist einfache groſse elliptische Tüpfelung auf. Die Markstrahlen zeigen am Querschnitt eine Breite bis 3—6 Reihen. Wie bei sämtlichen Angehörigen der Familie sind die Wandungen des Prosenchyms stets hofgetüpfelt; die Tüpfelung ist vorwiegend eine nicht reichliche; der Hof ist mitunter kleiner als der Spalt, aber stets deutlich. Das Prosenchym fand ich mit Ausnahme von *Talauma*, bei welchem es durch seine dickeren Wandungen an das Prosenchym der *Schizandreen* erinnert, weitlumig und nicht dickwandig. Bei allen *Magnolieen* fand ich endlich im Marke Gruppen von Steinzellen vor, bald mehr, bald minder deutlich in Querbinden senkrecht zur Richtung der Achse entwickelt, welche im älteren Stamme eine Fächerung des Markes bedingen dürften; auf die systematische Verwendung dieses Verhältnisses hat bereits Baillon[1]) hingewiesen. Verzweigte Sklerenchymzellen kommen nur vereinzelt im Marke vor, aber constant in der primären Rinde.

Die zweite Tribus der *Wintereen* vereinigt die Gattungen *Drimys* (incl. *Tasmannia*) und *Illicium*. Ein sehr bedeutender Unterschied zwischen beiden Genera in der Zusammensetzung des Holzes findet sich darin, daſs bei *Drimys*, wie seit Göppert[2]) bekannt ist, dem secundären Holze die Gefäſse fehlen; ich möchte diesen Satz dahin modificieren, daſs die Gefäſse überhaupt fehlen;

---

[1]) Histoire des plantes T. I 1867—1869 p. 137; siehe auch Comptes rendus T. LXVI p. 698 und Adansonia VIII 1867—1868 p. 155: Recherches histologiques sur la moelle, le pollen et les graines des *Magnoliacées*.

[2]) Über die anatomische Structur einiger *Magnoliaceen*. Linnaea XVI 1842 S. 135.

denn die »Vasa spiralia et scalariformia« [1]) der Markkrone sind keine Gefäſse, da wirkliche Perforierungen [2]) fehlen. Das Holz von *Drimys* besteht auſserdem nur aus hofgetüpfeltem Prosenchym; die Zellen sind am Querschnitt radial angeordnet und quadratisch; in der Herbstholzgrenze ist das quadratische Lumen etwas in radialer Richtung verkürzt. Die Hoftüpfel des Prosenchyms mit kreisrundem Hof und schiefem Innenspalt befinden sich in groſser Anzahl fast ausschlieſslich an den Radialwänden, fehlen hingegen an den Tangentialwänden fast ganz. Die Hoftüpfel stehen zumeist in einer Reihe; nur mitunter treten bei *Drimys Winteri* und *axillaris* zwei Tüpfelreihen auf; 2—3 Reihen sind häufiger bei den weiterlumigen Prosenchymzellen von *Dr. granatensis.* Gegen die Markstrahlen, deren breitere, bis fünfreihige und einreihige der Querschnitt aufweist, sind an der Prosenchymwand einseitige Hoftüpfel vorhanden. Das Holz von *Drimys* erinnert an das der *Coniferen.* Das gemeinschaftliche wesentliche Moment ist, daſs hier wie dort die Gefäſse fehlen; auch besitzt das Prosenchym bei *Drimys* und den *Coniferen* im allgemeinen Hoftüpfel nur an den den Markstrahlen parellelen Wänden; ähnliche Tüpfelung wie *Drimys* besitzen unter den *Coniferen* die *Araucarien.* Indessen ist das Holz von *Drimys* leicht dadurch vom Coniferenholz zu unterscheiden, daſs bei *Drimys* in der Richtung der Achse gestreckte Markstrahlzellen vorkommen.

Der Gattung *Drimys* gegenüber besitzt *Illicium* Gefäſse mit nicht groſsem, mehrseitigem Lumen (bis 0,03 mm Maximaldurchmesser). Gegen das Markstrahlparenchym finden sich an

---

[1]) Eichler in Flora brasiliensis Vol. XIII Pars I 1864 p. 140 und Tab. XXXII.

[2]) Ich habe bei Maceration des primären Holzes mit chlorsaurem Kali und Salpetersäure nichts von einer wirklichen Perforierung wahrnehmen können; allerdings kann man die Andeutung einer solchen annehmen. Die aneinanderstoſsenden Enden der Treppenzellen besitzen auch Treppenhoftüpfel, welche mitunter perforationsähnlich angeordnet sind; auch habe ich eine Spiralzelle beobachtet, deren an eine andere Spiralzelle stoſsendes Ende mit Treppenhoftüpfeln versehen war; es war indessen hier das ganze Ende der Zelle, nicht allein die Zwischenwand der Spiralzellen durch Treppenhoftüpfel ausgezeichnet. Eine deutliche Perforation zeigen auch die Figuren Eichlers in der Flora brasiliensis nicht.

der Gefäſswand meist einseitige Hoftüpfel von der Treppenform, mitunter undeutlich durch Breiterwerden des Spaltes. Die stark geneigten Scheidewände der Gefäſse sind leiterförmig durchbrochen; die Perforierungen sind durch ihre groſse Speichenzahl ausgezeichnet. Das ziemlich dickwandige und nicht englumige Prosenchym ist hofgetüpfelt. Der Querschnitt zeigt nur 1—2reihige Markstrahlen, deren Zellen in Richtung der Achse gestreckt und hoch sind.

In der Tribus der *Trochodendreen*, deren Zugehörigkeit zu der Familie der *Magnoliaceen* noch nicht sichergestellt ist, verhält sich die Gattung *Trochodendron* zu *Euptelea* ebenso wie *Drimys* zu *Illicium* in der vorhergehenden Tribus. Der Gefäſsmangel von *Trochodendron* ist durch Eichler[1]) bekannt geworden. Der Querschnitt zeigt, abgesehen von den Spiralzellen des primären Holzes, Prosenchymzellen von quadratischem Lumen, welche zwischen den breiteren, bis vierreihigen primären, und den secundären einreihigen Markstrahlen in radialen Reihen angeordnet sind; dieselben, im Frühjahrholz weitlumig, sind im Herbstholz in radialer Richtung zusammengedrückt. Auch bei *Trochodendron* sind die Hoftüpfel fast immer nur an den Radialwandungen des Prosenchyms vorhanden. Einen Unterschied, *Drimys* gegenüber, bietet die Tüpfelung des Frühjahr- und Herbstholzes; die Zellen des ersteren besitzen Treppenhoftüpfelung, während die Tüpfelhöfe des Herbstholz-Prosenchyms mehr rund sind. Die einreihigen secundären Markstrahlzellen, in Richtung der Achse gestreckt, dienen bei *Trochodendron*, wie bei *Drimys*, zur leichten Unterscheidung vom Coniferenholze.

Euptelea zeigt, wie *Illicium*, nicht groſslumige (— 0,036 mm) und zahlreiche Gefäſse, welche am Querschnitt meist zerstreut zwischen dem ziemlich dickwandigen, doch weitlumigen hofgetüpfelten Prosenchym liegen. Gegen die Markstrahlen kommen an der Gefäſswand in der Regel spaltenförmige einfache Tüpfel vor. Die Perforierung ist leiterförmig und zwar sehr reichspangig. Markstrahlen habe ich bis vierreihige beobachtet.

---

[1]) Flora 1864 S. 449; Flora 1865 S. 12.

Die vierte Tribus der *Schizandreen* endlich umfafst die Genera *Schizandra* und *Kadsura*. Der Querschnitt zeigt hier bis vierreihige Markstrahlen und gegenüber allen übrigen *Magnoliaceen* gröfserlumige (bis 0,11 mm), meist isolierte Gefäfse. An der Gefäfswand treten gegen das angrenzende Markstrahlparenchym einfache Tüpfel oder einseitige Hoftüpfel auf, deren Innenporus dem Hofumfang beinahe gleichkommt. Bezüglich der Gefäfsperforierung schliefsen sich die *Schizandreen* an *Magnolia acuminata* an; neben einfacher, meist elliptischer und oft langgezogener Perforierung kommt leiterförmige, ein- bis reichspangige vor. Das ziemlich dickwandige, doch nicht englumige Prosenchym ist hofgetüpfelt. Sehr charakteristisch ist bei *Kadsura Roxburghiana* das Vorkommen von spindelartig gestalteten Spicularzellen im Marke, in deren Wandung, ähnlich wie bei *Welwitschia mirabilis* nach Hooker, Krystalle von oxalsaurem Kalke eingebettet sind; löst man die Krystalle mit Salzsäure, so sind die Höhlungen, in welchen sich die Krystalle befanden, ersichtlich. Am Querschnitt beobachtet man nichts von einem Lumen der Zelle, sehr schön aber die Einlagerung der Krystalle. Diese Spicularzellen fand ich auch bei *Schizandra nigra* und *Kadsura Roxburghiana* in der Rinde, und zwar können sie in primärer und secundärer Rinde auftreten. Diese Sklerenchymfasern sind bereits von Vesque[1]) im Marke von *Schizandra japonica* beschrieben und abgebildet worden.

Für sämtliche *Magnoliaceen* ist nach dem vorausgehenden das hofgetüpfelte Prosenchym, sowie die leiterförmige Perforierung der Gefäfse (abgesehen *Drimys* und *Trochodendron*) constant; bezüglich letzterer ist beizufügen, dafs daneben eine einfache auftreten kann (*Magnolia*, *Schizandreen*). *Drimys* (mit *Tasmannia*) und *Trochodendron* sind ausgezeichnet durch den Mangel der Gefäfse im Holzkörper. Charakteristisch, wenn auch nicht constant, ist ferner für alle *Magnoliaceen* mit Ausnahme der *Trochodendreen* das Vorkommen von Secretzellen im Marke;

---

[1]) Anatomie comparée de l'écorce. Ann. des sc. nat. Sér. 6. T. II 1875 p. 114 und Tab. IX Fig. 5.

dieselben, welche auch in der primären und secundären Rinde auftreten können, sind nach Blenk[1]) in den Blättern aller untersuchten *Magnoliaceen* vorhanden. Das Holzparenchym ist im allgemeinen nicht besonders entwickelt. Die übrigen Verschiedenheiten nach Triben und Gattungen hinsichtlich ihrer systematischen Verwertung faſst in Kürze folgende Tabelle zusammen.

I. Leiterformige, sehr reichspangige Perforierung oder keine Perforierung infolge Gefäſsmangels: *Wintereen, Trochodendreen.*
  1. Gefäſse fehlen.
     Holzprosenchym des Frühjahrholzes:
     a) mit Treppenhoftüpfelung (keine Secretzellen; verästelte Sklerenchymzellen im Marke und in der primären Rinde) — *Trochodendron,*
     b) ohne Treppenhoftüpfelung (Secretzellen in Mark und Rinde) — *Drimys.*
  2. Gefaſse vorhanden:
     a) nur 1—2reihige Markstrahlen — *Illicium,*
     b) breitere Markstrahlen — *Euptelea.*

II. Leiterförmige, nicht sehr reichspangige Perforierung (1—15 Sprossen), daneben auch mitunter einfache Perforierung. *Schizandreen, Magnolieen.*
  1. Gröſserlumige Gefäſse (Maximaldurchmesser 0,09—0,11 mm); stets dickerwandiges, doch nicht englumiges Prosenchym (von den *Magnolieen* nur so *Talauma*); Vorhandensein der Spicularfasern mit in die Membran eingelagerten Einzelkrystallen in Rinde und Mark oder Rinde allein — *Schizandreen (Schizandra, Kadsura).*
  2. Kleinerlumige Gefaſse (Maximaldurchmesser 0,045 mm); abgesehen von *Talauma* weitlumiges und nicht dickwandiges Prosenchym; Fehlen der Spicularzellen der *Schizandreen*; Steinzellengruppen im Marke, mehr oder minder deutlich eine Fächerung desselben bedingend: *Magnolieen.*
     a) Weniger reichliche Gefäſsentwicklung als bei *Magnolia* etc.; spiralige Verdickung der Gefäſswandung vorhanden — *Talauma, Michelia.*
     b) Sehr reichliche Gefaſsentwicklung, spiralige Verdickung der Gefaſswand fehlt — *Magnolia, Manglietia, Liriodendron.*

Untersucht wurden:

Tribus *Magnolieen: Magnolia acuminata* L.; — *M. Campbellii* Hook. fil. et Thoms., Herb. Hort. Ind. Or. Hook. fil. et Thoms. — *Manglietia insignis* Bl., Herb. Ind. Or. Hook. fil. et Thoms. — *Michelia Cathcartii* Hook. fil. et Thoms., Herb. Ind. Or. Hook. fil.

---

[1]) Flora 1884 S. 52.

et Thoms.; — *Michelia Punduana* Wall. — *Liriodendron tulipifera* L. — *Talauma Rumphii* Bl.

Trib. *Wintereen: Tasmannia aromatica* Brn., ex Herb. Hooker. — *Drimys axillaris* Forst., legt. Forster; — *Dr. Winteri* Forst.; — *Dr. granatensis* L. — *Illicium floridanum* L.; — *Ill. Griffithii* Hook. fil. et Thoms.; — *Ill. religiosum* Sieb. et Zucc., from the Herb. of the Royal Gardens, Kew.

Trib. *Trochodendreen: Trochodendron aralioides* Sieb. et Zucc. — *Euptelea polyandra* Sieb. et Zucc.

Trib. *Schizandreen: Kadsura Roxburghiana* Arnt., Herb. of the late East India Company Nr. 73. — *Schizandra nigra* Maxim.

Anonaceen.

Der Querschnitt des Holzkörpers gewinnt bei den untersuchten Vertretern dieser Familie durch das Auftreten von in radiärer Richtung verschieden breiten, tangentialen Parenchymbändern ein charakteristisches Aussehen. Nicht nur konnte ich dieselben bei den von mir unten angegebenen Arten finden, Molisch[1]) gibt sie bereits an für *Anona-* und *Xylopia*-Arten, Möller[2]) für *Xylopia* und *Uvaria*. Die Markstrahlen zeigen eine Breite von 3—6 Reihen. Die Gefäſse, entweder vereinzelt oder zu wenigen oder mehreren radial angeordnet, zeigen verschiedenen Durchmesser (0,045—0,075 mm Max.; nach Möller bei *Xylopia* bis 0,15 mm). Gegen die Markstrahlzellen tritt an der Gefäſswand stets einseitige Hoftüpfelung auf. Die Hofgröſse an der Gefäſswand ist eine verschiedene; es genüge, die bis 0,006 mm groſsen Höfe von *Anona* mit den kleinen von *Miliusa* oder *Mitrephora* zu vergleichen. Constant für die *Anonaceen* dürfte sein die einfache Gefäſsperforierung, dem Umfang nach rund oder elliptisch; die Scheidewände sind häufig horizontal, mitunter mehr oder weniger geneigt. Das im allgemeinen nicht englumige Prosenchym ist wenigstens nicht typisch hofgetüpfelt; seine Spalttüpfel besitzen einen kleinen, aber häufig auch undeutlichen Hof.

---

[1]) Vergleichende Anatomie des Holzes der *Ebenaceen* und ihrer Verwandten. Sitzungsber. der k. Akad. der Wiss. zu Wien LXXX. Bd. I. Abt. 1879 S. 78: *Anona manirote* Kth.; *An. reticulata* L.; *An. laevigata* Mart.; *Xylopia frutescens* A. Deo.

[2]) a. a. O. S. 366: *Uvaria parviflora* Hook. und *Xylopia aethiopica* A. Koch.

Die Secretzellen, nach Blenk in den Blättern constant, treten mitunter auch, wie z. B. bei *Uvaria brasiliensis*, im Marke auf. Hingegen fand ich bei allen untersuchten Gattungen mehr oder minder ausgebildete Diaphragmen von Steinzellen, ähnlich wie bei den *Magnolieen*. Dieselben bedingen eine Fächerung des Markcylinders, so bei *Uvaria brasiliensis*. Baillon[1]) gibt solche Steinzellengruppen bereits als charakteristisch für die *Anonaceen* an. Bemerkenswert ist noch, dafs der Wechsel von Prosenchym und Parenchym in radiärer Richtung im Holzkörper bei den von mir untersuchten Pflanzen einen Ausdruck auch in der secundären Rinde findet, indem hier Weich- und Hartbast ähnlich wie bei der Linde alternieren.

Für die *Anonaceen* dürfte die einfache Gefäfsperforierung, das nicht typisch hofgetüpfelte Prosenchym constant sein, ferner die Parenchymbänder des Holzes; ebenso sind zu erwähnen die Steinzellengruppen und Secretzellen im Marke.

Untersucht wurden: *Unona dasymaschala* Bl. et Hook., Herb. Hort. bot. Calcutt. — *Anona crassiflora* Mart. — *Uvaria brasiliensis* Nell. — *Miliusa Wallichiana* Hook. fil. et Thoms., Herb. of the late East India Comp. Nr. 384. — *Mitrephora obtusa* Bl.

Menispermaceen.

Seit Decaisne sind für einige *Menispermaceen* anomale Verhältnisse des Holzkörpers bekannt, welche im Auftreten von successiven Zuwachsringen bestehen. Dieselben beschreibt und bildet ab Eichler[2]) für *Cocculus laurifolius* Dec., *Cissampelos Pareirae* L. und *Abuta refuscens* Aubl.; ferner finden sie sich nach O. Krüger[3]) bei *Cocculus Leaeba* und einer nicht näher bestimmten Art von *Chondodendron*, nach Jussieu[4]) bei *Cocculus*

[1]) Hist. des pltes. I 1867—1869 p. 265 Anm. 2: *Anona muricata, Cherinolia, Artabotrys uncata* und *intermedia, Xylopia aethiopica.*

[2]) Flora brasiliensis Vol. XIII Pars I 1864 p 207 sq., Tab. L u. LI.

[3]) Beitrag zur Kenntnis der sog. anomalen Holzbildungen. Diss. Leipzig. Nauen 1884 S. 23.

[4]) Monographie de la Famille des *Malpighiacées*. Archives du Muséum d'hist. nat. T. III, Paris 1843, p. 125.

platyphylla und *Martii*, aufserdem bei *Cocculus domingensis* Dec. (Egger'sche Sammlung, St. Thomas).

Das Mark wird bei den genannten *Menispermaceen* ursprünglich von einem normalen Bündelring umgeben mit normalem und normal thätigem Cambium. Breite Markstrahlen scheiden die Bündel von einander; jedes Bündel besitzt nach aufsen entwickelten Hartbast. Eichler[1]) bemerkt, dafs auch dem äufsern Hartbast analoge Fasern am Innenrande der Bündel vorkommen, ein sog. »innerer Hartbast«; derselbe unterscheide sich von dem äufseren, aber nicht immer durch geringere Dickwandigkeit seiner Zellen und seine geringere Entwicklung. »Das Vorhandensein des Innenbastes«, sagt Eichler, »ist ein constanter Charakter dieser Familie und unterscheidet sie von den verwandten Ordnungen mit Ausnahme der *Lardizabaleen*, bei denen sich dieses Gewebe ebenfalls findet.« Ich kann die Constanz des innern Hartbastes nicht bestätigen; allerdings kommt z. B. bei *Cocculus recisus* noch an der Innenseite der Bündel Gewebe vor, das meist aber aus parenchymatischen, in Richtung der Achse gestreckten Zellen besteht, welche nur mitunter durch das Auftreten von Spalttüpfeln und durch stärkere Schrägstellung der aufserdem horizontalen Zwischenwände einen Übergang zum Prosenchym andeuten; mitunter aber, wie bei *Cissampelos andromorpha*, tritt auch dieses Verhältnis zurück.

An den älteren Achsenteilen der genannten Gattungen folgt auf dem Querschnitte nach aufsen von dem ersten Bündelring nach einer concentrischen Parenchymzone (markähnliches Parenchym) der zweite Bündelring; an den Weichbast desselben schliefst sich ein Steinzellenring an (bastfaserähnliches Parenchym). Es können noch mehrere vollständig oder unvollständig concentrische Bündelzonen folgen. Bezüglich der Entstehung der successiven Bündelzonen ist zu erwähnen, dafs sie extrafascicular, in der primären Rinde entstehen. Nachdem das Cambium des ersten Bündelkreises eine Zeit lang normal thätig gewesen ist, beginnt Parenchym in der

[1]) Versuch einer Charakteristik der natürlichen Pflanzenfamilie: *Menispermaceae*. Denkschrift der k. bayr. bot. Gesellschaft zu Regensburg V. Bd. Heft I 1864.

primären Rinde sich durch Tangentialwände zu teilen; innere dieser neu gebildeten Zellen bilden sich in den continuierlichen Steinzellenring um, während noch innerhalb desselben der neue Meristemring auftritt.

Welche systematische Bedeutung haben nun die anomalen Verhältnisse der *Menispermaceen*? Hooker und Thomson haben in der mir leider nicht zugänglich gewesenen Flora indica (I p. 177) nach Baillons[1]) Angabe die Zweigstructur von 16 Genera von verschiedenem Alter im allgemeinen untersucht und kommen zum Schlusse, dafs die Structur der nächstverwandten Gattungen differieren kann, während die am entferntesten von einander stehenden Genera dieselbe histologische Organisation zeigen können. Ebenso gibt Decaisne[2]) an, dafs das der Gattung *Cocculus* nächstverwandte Genus *Menispermum*, von welcher er ein zwanzigjähriges Achsenstück (*Menisp. canadense*) untersuchte, normal gebaut ist. Nach den bisherigen Untersuchungen und nach Analogieschlufs dürfte aber das Auftreten von concentrischen Bündelringen für die Gattung constant sein und soll daher nochmals für die Genera *Cissampelos*, *Cocculus*, *Abuta* und *Chondodendron* hervorgehoben werden.

Das Xylem zeichnet sich bei den untersuchten Arten durch sehr grofslumige (bis 0,3 mm Maximaldurchmesser), meist isolierte oder sich auch mitunter berührende Gefäfse aus. Die Gefäfsperforierung ist einfach, rund oder elliptisch, die Scheidewand wenigstens in den grofslumigen Gefäfsen horizontal und ganz durchbrochen. Aufserdem bildet namentlich hofgetüpfeltes Prosenchym den Holzkörper.

Untersucht wurden: *Cocculus recisus* Miers., Herb. of the late East India Comp. Nr. 89, Herb. Griffith. — *Cissampelos andromorpha* Dec. — *Tinospora Bakis* Miers., Kotschyi iter nubicum Nr. 244. — *Pachygone Pluckenetii* Miers.

---

[1]) Histoire des plantes III p. 26.

[2]) Mémoire sur les *Lardizabalées*. Archives du Muséum d'histoire naturelle I 1839 Tab. X Fig. 18.

Berberideen.

Die Familie der *Berberideen*, welche bei Bentham-Hooker auch die *Lardizabaleen* umfaſst, zeigt im histologischen Bau des Holzes wenig Charakteristisches. Das Auftreten der von Agardh[1]) bei den *Podophylleen Podophyllum* und *Diphylleia* hervorgehobenen monocotyledonischen Bündelanordnung, welche später noch bei *Leontice* gefunden wurde und wahrscheinlich auf markständige Bündel zurückzuführen ist, findet bei Holzpflanzen dieser Familie nicht statt. Bei den untersuchten Gattungen *Nandina*, *Lardizabala* und *Holbollia* trennen im allgemeinen breite primäre Markstrahlen die einzelnen Fibrovasalstränge; breite Markstrahlen besitzt aber auch *Berberis*, wo die Markstrahlzellen in der Regel stark radial gestreckt sind. Constant ist ferner die einfache, elliptische oder runde Gefäſsperforation bei verschieden geneigter, mitunter horizontaler Scheidewand; bei *Holbollia latifolia* kommen daneben, wenn auch spärlich, armspangige Leiterperforierungen vor. Bemerkenswert ist auch das Auftreten spiraliger Wandverdickung, besonders in den engeren Gefäſsen und Tracheiden von *Berberis*, *Nandina*, *Holbollia*; eine Andeutung derselben findet sich auch nicht undeutlich bei *Lardizabala*. Gröſse des Gefäſslumens (0,036 bis 0,093 mm Maximaldurchmesser) und Gefäſsanordnung wechseln. Das Holzparenchym ist wenig oder nicht entwickelt. Sehr verschieden verhält sich hingegen die Tüpfelung des Prosenchyms. Dasselbe ist bei *Berberis* einfach getüpfelt und besitzt mitunter Scheidewände. Bei *Holbollia* und *Nandina* kommt neben dem Hoftüpfelprosenchym noch einfach getüpfeltes Prosenchym oder solches mit kleinem Hof mehr oder weniger deutlich entwickelt vor, während letzteres bei *Lardizabala* zu fehlen scheint.

Berberis Schiediana Schlechtdl. — *Berberis vulgaris* L. — *Nandina domestica* Thbg. — *Lardizabala biternata* R. et Pav. — *Holbollia latifolia* Wall., Herb. Ind. Or. Hook. fil. et Thoms.

---

[1]) Agardh, Theoria Systematis plantarum. Lund 1858.

Papaveraceen.

Durch die einfache Gefäfsperforierung bei verschieden geneigter Scheidewand schliefsen sich die *Papaveraceen* an die *Cruciferen* an. Markstrahlen wurden bis 3-, resp. 5reihige beobachtet. Das ziemlich dickwandige Prosenchym ist einfach getüpfelt. Spiralige Verdickung findet sich in den engerlumigen Gefäfsen von *Dendromecon*.

Dendromecon rigidum Benth. — *Bocconia frutescens* L.

Cruciferen.

Anordnung und Lumengröfse der rundlichlumigen Gefäfse (Maximaldurchmesser 0,06 mm *Dipterygium*; 0,021 mm *Vella Pseudocystus*) kommen bei der verhältnismäfsig geringen Anzahl von untersuchten Gattungen nicht in Betracht. Sehr verschieden verhält sich das Markstrahlparenchym. Nicht selten fehlen wirkliche primäre Markstrahlen, welche vom Marke ausgehen *(Vella spinosa, Matthiola, Farsetia, Mathewsia)*, oder es fehlt das Markstrahlparenchym völlig *(Iberis, Crambe, Lepidium)*. Ein bemerkenswertes Verhältnis weist der Querschnitt von *Vella spinosa* auf, das aber nur für die genannte Art constant ist; concentrische Holzringe sind getrennt durch schmälere Zonen dünnwandigen Gewebes, so dafs der Querschnitt bei schwacher Vergröfserung den Anschein gewinnt, als seien concentrische Bündelzonen vorhanden; das dünnwandige Gewebe ist indessen nicht Phloëm, sondern unverholztes Parenchym, in welchem zahlreiche spiralig bis netzartig verdickte Gefäfse zerstreut liegen. Die spiralige Verdickung kommt auch den Hoftüpfelgefäfsen des Holzkörpers zu. In älteren Achsenteilen trocknet das dünnwandige Gewebe zusammen und die einzelnen Holzringe lösen sich von einander ab. Bei *Vella Pseudocystus* ist dieses Verhältnis nicht mehr deutlich; das dünnwandige Gewebe fehlt; hingegen sind die spiralig verdickten Gefässe noch vorhanden. Die Gefäfsperforation habe ich stets einfach, kreisrund oder elliptisch vorgefunden; die Scheidewand kann verschiedene Neigung zeigen; mitunter ist sie horizontal. Die Entstehung der Perforation aus Hoftüpfelung findet sich selten vor;

häufiger scheint sie aus einfacher Tüpfelung hervorzugehen. Das Prosenchym ist stets einfach getüpfelt.

Dipterygium glaucum Decaisne. — *Vella spinosa* Boiss.; — *Vella Pseudocystus* L. — *Matthiola incana* R. Brn. — *Farsetia aegyptiaca* Turra. — *Mathewsia foliosa* Hook., Herb. Bertero Nr. 1296. — *Iberis Durandi* Lorcy et Duret. — *Crambe pinnatifida* R. Brn. — *Lepidium maius* Darr. —

Capparideen.

Die *Capparideen* schliefsen sich in der anatomischen Structur des Holzes an die *Cruciferen* an. Die Markstrahlen zeigen verschiedene Breite; bei *Capparis, Cleome, Cadaba* wurden bis zweireihige, bei *Atamisquea* und *Isomeris* bis vierreihige beobachtet. Bemerkenswert ist, dafs die Zellen derselben in der Regel, *Cleome rosea* ausgenommen, in radiärer Richtung gestreckt sind. Die Gefäfse stehen isoliert oder sie sind radial angeordnet; sie besitzen verschiedenen Lumendurchmesser (Maximaldurchmesser 0,036 bis 0,078 mm). Verschieden grofs ist auch die Hoftüpfelung der Gefäfswände; sehr klein ist der Hof bei *Capparis* und *Cadaba.* Gegen die Markstrahlzellen habe ich stets an der Gefäfswand einseitige Hoftüpfelung vorgefunden. Spiralige oder netzartige Wandverdickung tritt mitunter an den Gefäfsen von *Cleome rosea* auf. Die Gefäfsperforation ist stets einfach, rund oder elliptisch; häufig ist dabei die Zwischenwand der Gefäfszellen horizontal oder wenig geneigt und ganz resorbiert. Die Entstehung der Perforation ist fast ausschliefslich bei allen untersuchten Arten auf einfache Tüpfelung zurückzuführen. Das Parenchym steht namentlich in Beziehung zu den Gefäfsen, ist hier mitunter aber reichlich entwickelt. Das meist ziemlich dickwandige Prosenchym ist stets einfach getüpfelt.

Bei einigen *Capparideen* kommen anomale Verhältnisse des Holzkörpers vor. Das Auftreten von concentrischen Bündelzonen ist nach De Bary [1]) bei *Maerua uniflora* bekannt; es entstehen hier die secundären Bündelringe in der »Bastzone selbst«, also in

---

[1]) Vergl. Anatomie S. 606.

der secundären Rinde. Analoges hat Radlkofer[1]) für *Maerua oblongifolia* und *Roydsia* nachgewiesen. Auch die vom genannten Autor aufs neue zu den Capparideen gestellte Gattung *Forchhammeria* (*F. pallida* und *apiocarpa*) besitzt dieselben Structurverhältnisse des Holzkörpers, nur mit dem Unterschiede, dafs hier die secundären Bündelringe, wie bei den *Menispermaceen*, in der primären und nicht in der secundären Rinde entstehen. Wie bei den *Menispermaceen*, so besitzt auch bei *Forchhammeria* nur der erste Bündelring nach aussen Hartbast. An *Forchhammeria* endlich reiht sich nach O. Krüger[2]) *Cadaba glandulosa* Forsk. an. Genannte Art verbindet mit einem aufserordentlichen excentrischen Wachstum die Bildung von successiven Zuwachsringen; die secundären Bündelzonen entstehen in der Aufsenrinde.

Die einfache Gefäfsperforierung, meist aus einfacher Tüpfelung entstanden, und das einfach getüpfelte Prosenchym dürften für die *Capparideen* constant sein. Für die Genera *Maerua, Forchhammeria, Roydsia* und *Cadaba* ist das Auftreten concentrischer Bündelzonen charakteristisch.

Capparis jamaicensis Jacq. — *Cadaba farinosa* Forsk. — *Atamisquea marginata* Miers., Flora Argentina Nr. 102, Coll. Lorentz. — *Cleome rosea* Vahl var. — *Isomeris arborea* Nutt., Plants of California Nr. 28, Coll. Parish, San Bernardino.

Die von den *Resedaceen* untersuchte Gattung *Ochradenus* *O. baccatus* Dec.) stimmt mit den *Capparideen* überein. Beschaffenheit der Gefäfswand gegen das Markstrahlparenchym, Gefäfsperforierung, Entwicklung von Parenchym, Tüpfelung des Prosenchyms verhalten sich wie bei den *Capparideen*.

Cistineen.

Durch die einfache Gefäfsperforierung schliefsen sich die Cistineen an die vorhergehende Familie an; die Form der Durch-

---

[1]) Über die Zurückführung von *Forchhammeria* zur Familie der *Capparideen*. Sitzungsberichte der math.-physik. Kl. der k. bayer. Akad. der Wiss. Bd. XIV Heft I 1884 S. 90—91.

[2]) a. a. O. S. 21.

brechung ist rund oder elliptisch. *Cistus* und *Lechea* besitzen 1—2reihige Markstrahlen; dieselben fehlen bei *Hudsonia*. Die rundlichlumigen Gefäſse sind am Querschnitt zerstreut und nicht groſslumig. Gegen die Markstrahlen findet sich an den Gefäſswänden von *Cistus* und *Lechea* Hoftüpfelung. Das Prosenchym ist hofgetüpfelt; doch ist der Hof verschieden groſs; klein, aber deutlich ist er bei *Hudsonia*.

Das Hoftüpfelprosenchym und die einfache Gefäſsperforierung mögen nochmals erwähnt werden.

Hudsonia ericoides L., Torr. et Gray, Flora N. Amer., C. A. Gray legt. — *Cistus creticus* L. — *Lechea maior* Michx., Torr. et Gray, Fl. N. Am.

Violarieen.

Die Markstrahlen besitzen verschiedene Breite; oft sind sie mehrreihig, die der untersuchten *Sauvagesieen* hingegen z. B. nur 1—2reihig. Anordnung und Lumengröſse der Gefäſse wechseln (Maximaldurchmesser 0,018 mm bei *Schweiggeria*, 0,082 bei *Anchietia*). Auch die Tüpfelung der Gefäſse ist eine verschiedene; da, wo die Gefäſse sich gegenseitig berühren, finden sich bei *Paypayrola* typische Treppenhoftüpfel; hingegen fehlen dieselben im allgemeinen bei *Amphirrhox* aus derselben Tribus.

Gegen das Markstrahlparenchym treten an der Gefäſswand einseitige Hoftüpfelung, einfache Tüpfelung oder Uebergänge zwischen beiden auf.

Bemerkenswerte Unterschiede zeigen die Triben der *Violarieen* bezüglich der Gefäſsperforierung. Es stimmen in diesem Punkte einerseits die Triben der *Violeen* und *Sauvagesieen*, andrerseits die der *Alsodeieen* und *Paypayroleen* überein. Die untersuchten Vertreter der beiden ersten Triben besitzen vorzugsweise einfache, runde oder elliptische Gefäſsperforation; die Scheidewände der Gefäſszellen haben dabei eine verschiedene Neigung; neben der einfachen Perforation kommen aber bei allen untersuchten Pflanzen bald spärlicher, bald häufiger leiterförmige, armspangige Perforierungen oder Krüppelformen von solchen vor.

Mit diesem Verhältnis ist bereits das Vorkommen von reicher- oder reichspangiger leiterförmiger Durchbrechung angedeutet, welche in den beiden andern obengenannten Triben constant aufzutreten scheint. Erwähnenswert ist, dafs die von Bentham und Hooker unter den *Alsodeieen* angeführte Gattung *Hymenanthera* durch die Beschaffenheit der Perforation sich an die *Violarieen* und *Sauvagesieen* anschliefst, indem hier die einfache, abgesehen von vereinzelten Krüppelformen ausschliefslich auftritt; es sei darauf hingewiesen, dafs *Hymenanthera* von einigen Autoren zwischen *Violaceen* und *Polygaleen* gestellt wird, dafs auch nach Baillon die Stellung der Gattung innerhalb der Tribus der *Alsodeieen* nicht feststeht. Der Mangel der Leiterperforation ist hiefür eine weitere Stütze. Hingegen findet sich bezüglich der übrigen anatomischen Verhältnisse des Holzkörpers nichts von Belang, was eine Entfernung von *Hymenanthera* aus der Familie der *Violarieen* erfordern würde; die spiralige Verdickung der Tracheenwandungen, wie sie bei *Hymenanthera* stattfindet, ist im allgemeinen nur ein Gattungscharakter. Baillon vereinigt die *Alsodeieen* und *Paypayroleen* als näher verwandt in eine Tribus, was dem gemeinsamen Vorkommen der Leiterperforierung entspricht.

Das Holzparenchym ist wenig entwickelt. Das nur zum Teile typisch hofgetüpfelte Prosenchym von *Anchietia* und *Corynostylis* dürfte als Tracheiden aufzufassen sein, zumal bei *Anchietia* in diesen Zellen kleine Perforierungen mitunter vorkommen. Aufserdem besitzen die Spalttüpfel des Prosenchyms mitunter einen kleinen bald deutlichen, bald undeutlichen Hof; das Zelllumen ist nicht selten durch die Gallertschichte ausgefüllt; endlich kommt meist Fächerung (auch bei *Hymenanthera*) des Prosenchyms, aber nicht bei allen untersuchten Arten vor.

Noch einmal möge betont werden, dafs bei den *Violeen* und *Sauvagesieen* vorzugsweise einfache Perforierung neben armspangiger leiterförmiger, bei den *Alsodeieen* und *Paypayroleen* leiterförmige reicherspangige Perforation vorkommt. Bei allen *Violarieen* ist also die Neigung zur Bildung von Leiterperforierung vorhanden. Ferner stellt nie ausschliefslich typisch hofgetüpfeltes Prosenchym das mechanische Gewebe des Holzkörpers dar.

I. Violeen: *Corynostylis Hybanthus* Mart. — *Noissetia longifolia* Kth. — *Jonidium Ipecacuanha* St. Hil. — *Schweiggeria floribunda* St. Hil. — *Anchietia pyrifolia* St. Hil. — II. Paypayroleen: *Paypayrola grandiflora* Tulasne. — *Amphirrhox longifolia* Spr., Martii Herb. Flor. brasil. Nr. 470. — *Gloeospermum Spruceanum* Eichl., Coll. Spruce. — III. Alsodeieen: *Alsodeia falcata* Mart.; — *Alsodeia echinocarpa* Kth. — *Hymenanthera angustifolia* R. Brn. — *Leonia glycycarpa* Ruiz et Pav. — IV. Sauvagesieen: *Lavradia glandulosa* St. Hil. — *Sauvagesia deflexiflora* Good.

Canellaceen.

Charakteristische Verhältnisse der Zweigstructur, das Auftreten von Secretzellen in Mark und primärer Rinde [auch in den Blättern] [1]), einer leiterförmigen, reichspangigen Gefäſsperforierung, endlich des hofgetüpfelten Prosenchyms erinnern an die Familie der *Magnoliaceen*, mit welchen die *Canellaceen* bereits durch Miers [2]) und neuerdings durch Baillon [3]) in Beziehung gebracht wurden. Zu den genannten histologischen Charakteren kommt noch, daſs nach Baillon [4]) der Pollen der *Canellaceen* wie bei den Vertretern der Tribus der *Magnolieen* die einem Getreidekorn vergleichbare Form zeigt, welche bekanntlich auch den meisten Monocotyledonen zukommt. Der Querschnitt des Holzkörpers zeigt bei beiden Gattungen isolirte, rundlichlumige Gefäſse (Maximaldurchmesser 0,04—0,066 mm) und 1—3reihige Markstrahlen, deren Zellen oft Krystalle enthalten. Die leiterförmig durchbrochene Scheidewand ist stark geneigt. Das Holzparenchym ist wenig entwickelt. *Cinnamodendron axillare* Endl. — *Canella alba* Murr.

Bixaceen.

Breite der Markstrahlen, Gefäſsanordnung und Gefäſslumen (Maximaldurchmesser 0,04—0,093 mm) bieten nichts gemeinsames. Gegen die Markstrahlen tritt entweder einseitige Hoftüpfelung an

---

[1]) Blenk in Flora 1884 S. 106.

[2]) Annals of Natural History Ser. 3. I p. 348.

[3]) Hist. des plantes T. I 1867—1869 p. 164 sq.

[4]) Adansonia VIII 1867—1868 p. 157.

der Gefäſswand auf (*Bixa, Aberia, Flacourtia*) oder es finden sich Uebergänge von der Hoftüpfelung zur einfachen Tüpfelung vor. Bezüglich der Gefäſsperforation ist zu erwähnen, daſs sie meistens einfach ist, rund oder elliptisch; bei den untersuchten Vertretern aus den Triben der *Oncobeen, Flacourtieen* und *Pangieen* hingegen finden sich neben dieser mehr untergeordnet leiterförmige, aber nicht reichspangige (bis neunspangige beobachtet) Perforierungen vor, und zwar sowohl in der Umgebung des primären Holzes, als auch im secundären Holze; die Scheidewand der Gefäſszellen ist in diesem Falle oft stärker geneigt. Das Holzparenchym ist verschieden entwickelt, reichlicher bei *Bixa*, wo es nicht allein in Beziehung zu den Gefäſsen, sondern auch zwischen dem Prosenchym auftritt. Nicht constant für die ganze Familie ist die Tüpfelung des Prosenchyms; doch findet sich Hoftüpfelung, analog wie an der Gefäſswand, ausschlieſslich nirgends vor. Bei *Bixa* erweitern sich die Spalttüpfel des Prosenchyms in einen gröſseren Hof, ähnlich wie bei *Betula;* eben solche Hoftüpfel finden sich bei *Cochlospermum* aus derselben Tribus, mit Übergängen zu einfachen Tüpfeln. Bei den übrigen *Bixaceen* ist nicht selten ein kleiner, aber oft undeutlicher Hof der Prosenchymtüpfel vorhanden. Bei allen untersuchten *Bixaceen*, abgesehen von den Repräsentanten der *Bixeen*, kommt Fächerung des Prosenchyms vor. Das Prosenchym der untersuchten *Bixeen* ist namentlich noch durch seine Dünnwandigkeit und Weitlumigkeit ausgezeichnet; bei den übrigen *Bixaceen* tritt nicht selten die Gallertschichte auf.

Constant für die Gattungen *Bixa* und *Cochlospermum* ist vielleicht das Vorkommen von Schleimgängen im Marke, welche in der Peripherie, mitunter auch im Centrum desselben, z. B. bei *Bixa Orellana* auftreten. Ich wies diese Schleimbehälter auſser bei den unten citierten Arten beider Genera noch bei *Cochlospermum Gossypium* Dec. (Herb. Ind. Or. Hook. fil. et Thoms.) und *Cochl. orinocense* Dec. (Coll. Spruce) nach.

Bixeen: *Bixa Orellana* L., Hort. bot. Calcutt.; — *Bixa Texeirana* Mart. — *Cochlospermum insigne* St. Hil. — Oncobeen: *Oncoba spec.*, Afrikanische Gesellsch., Soyaux Nr. 167. — *Carpotrocha brasiliensis* Endl. — Flacourtieen: *Flacourtia obtusa* Hochst., Schimperi iter abyssinicum Sectio II Nr. 534. — *Aberia verrucosa* Hochst., Schimperi iter abyssin. Sectio III Nr. 1594. — Pangieen: *Kigellaria africana* L., Ecklon. 447.

Pittosporaceen.

Der Querschnitt zeigt keine breiten Markstrahlen und Gefäſse von verschieden groſsem Lumen (Maximaldurchmesser 0,033 bis 0,063 mm). Gegen die Markstrahlen finden sich an der Gefäſswand Hoftüpfel. Auſserdem sind die Gefäſswandungen ausgezeichnet durch deutliche spiralige oder netzartige Verdickung, welche bald dichter (*Billardiera*), bald lockerer (*Pittosporum*) gewunden erscheint; dieselbe ist besonders deutlich da, wo die Gefäſshoftüpfelung zurücktritt, nämlich bei angrenzendem Prosenchym; sie ist aber in der Regel auch an den Wänden entwickelt, welche an Gefäſse oder Markstrahlparenchym stoſsen. Die spiralige Verdickung kommt auch den Tracheiden zu. Sie scheint in der Familie der *Pittosporaceen* allgemeinere Verbreitung zu besitzen, da ich sie nicht nur bei den unten angegebenen Arten von *Billardiera*, *Bursaria* und *Pittosporum*, sondern auch bei den andern mir vorliegenden Genera nachwies (*Marianthus procumbens* Puttl.; *Cheiranthera linearis* A. Cunningh.; *Sollya heterophylla* Lindl.; *Proraya elegans* Hügel; *Citriobatus multiflorus* A. Cunningh.); bei *Hymenosporum flavum* F. v. Müll. ist hingegen nur mehr eine Andeutung derselben vorhanden, welche sich in einer deutlichen Streifung der Gefäſswand kundgibt. Ferner dürfte für die ganze Familie das Auftreten von einfacher, runder oder elliptischer Gefäſsperforierung constant sein. Die Entstehung derselben aus Hoftüpfelung ist deutlich. Das Holzparenchym nimmt keinen hervorragenderen Anteil an der Bildung des Holzkörpers. Die Prosenchymwände sind einfach getüpfelt oder es besitzen die Spalttüpfel doch nur kleine, oft undeutliche Tüpfelhöfe; bei den drei näher untersuchten Arten fand ich mitunter gefächertes Prosenchym.

Noch einmal sollen die einfache Gefäſsperforierung, das im allgemeinen einfach getüpfelte, mitunter gefächerte Prosenchym und die spiralige Verdickung der Gefäſswand hervorgehoben werden.

Billardiera mutabilis Salisb. — *Bursaria spinosa* Cav. — *Pittosporum Tobira* Ait.

Tremandreen.

Die drei Gattungen der *Tremandreen* stimmen überein durch die ein- bis zweireihigen Markstrahlen, deren Zellen in Richtung der Achse gestreckt sind, sowie durch die nicht groſslumigen (Maximaldurchmesser 0,02—0,04 mm), am Querschnitt zerstreuten Gefäſse. Die Gefäſswandungen besitzen vorzugsweise gegen die Markstrahlen groſse einfache Tüpfel oder Hoftüpfel mit groſser Innenmündung. Bei *Platytheca galioides* kommt spiralige Verdickung der Gefäſswandung vor. Die Gefäſsperforation ist einfach, meist elliptisch, mitunter auch rund; in der Umgebung des primären Holzes kommen besonders langgezogene elliptische Formen vor, bei *Tremandra* sogar unregelmäſsig leiterförmige, zweispangige vereinzelt. Bezüglich der Prosenchymtüpfelung verhält sich *Tetratheca* anders als *Platytheca* und *Tremandra*; während bei *Tetratheca* ausschlieſslich hofgetüpfeltes und oft auch fein spiralig verdicktes Prosenchym aufzutreten scheint, ist dasselbe bei den beiden andern Gattungen (abgesehen von den Tracheiden) im allgemeinen einfach getüpfelt.

Tremandra stelligera R. Brn., Nov. Holl. occ. austr. legt. Preiss Nr. 1669. — *Platytheca galioides* Steetz., Nov. Holl. occ. austr. Preiss. Nr. 1330. — *Tetratheca glandulosa* Labill.

Polygaleen.

Die untersuchten Arten besitzen ein- bis zweireihige Markstrahlen, deren Zellen in Richtung der Achse gestreckt sind. Die rundlichlumigen, am Querschnitt zerstreuten Gefäſse sind bei den untersuchten Arten von *Muraltia* und *Polygala* kleinlumiger (Maximaldurchmesser 0,018—0,036 mm) als bei *Securidaca* (Maximaldurchmesser 0,084 mm). Gegen das Markstrahlparenchym findet sich an der Gefäſswand einseitige Hoftüpfelung.

Spiralige Verdickung zeigen die Gefäſswände von *Polygala Eckloniana* und *Muraltia ononidifolia*. Die Gefäſsperforierung ist stets einfach, rund oder elliptisch, bei verschiedener Neigung der Scheidewand. Das Prosenchym ist in allen Fällen typisch hofgetüpfelt.

Das Auftreten mehrerer concentrischer Bündelzonen[1]) ist seit Decaisne[2]) bei *Securidaca volubilis* bekannt; De Bary[3]) gibt sie auch für *Comesperma* an. Aus Crügers[4]) Abbildung (Fig. 8) kann man schlieſsen, daſs die Entstehung der secundären Zonen extrafascicular stattfindet.

Polygala javana Dec.; — *Pol. Eckloniana* Presl. — *Muraltia ononidifolia* Eckl. et Zhr. — *Securidaca scandens* Wall.

Vochysiaceen.

Constant für die ganze Familie ist das Auftreten von innerem Weichbast. Es ist bereits über diesen Gegenstand eine umfangreichere Untersuchung von Wille[5]) erschienen, welche 26 Arten der Gattungen *Salvertia*, *Vochysia*, *Erisma*, *Qualea*, *Callisthene* behandelt. Den intraxylären Weichbast besitzen auch die von mir untersuchten Arten, abgesehen von *Trigonia*, worauf ich später zurückkomme. Das innere Phloëm ist bei den *Vochysiaceen* verschieden entwickelt; es ist dasselbe entweder in Form von im Marke zerstreuten Inseln oder in Form eines concentrischen, markscheideständigen Weichbastes ausgebildet oder drittens es kommt beiderlei vor. Nur Weichbastinseln im Marke besitzen alle bisher untersuchten Arten von *Vochysia*, sowie *Salvertia*. Bei den einen Arten von *Qualea*, z. B. *Qu. Glaziovii* Warm. findet sich nur ein markscheideständiger Weichbastring; bei andern Arten derselben Gattung, z. B. *Qu. Gestasiana* St. Hil., kommen neben

---

[1]) Siehe die Abbildung: Fritz Müller in Bot. Zeitung 1866 Tab. III Fig. 6.

[2]) Archives du Muséum d'hist. nat. 1839 T. I p. 205 Tab. X Fig. 20.

[3]) Vergl. Anatomie S. 606.

[4]) Bot. Zeitung 1850 S. 161 Tab. IV A Fig. 1—8.

[5]) »On Stammens og Bladenes Bygning hos *Vochysiaceerne*«. Oversigt over det kong. Danske Videnskabernes Selskabs Forhandlinger. Kjöbenhavn 1882 p. 180 sq. Tab. VII—XI. Französisches Resumé siehe Bogliste 1882 p. 13.

dem Weichbastring Weichbastinseln im Marke vor. Bei *Callisthene maior* Mart. gibt Wille nur den Weichbastring an, welcher auch der von mir untersuchten *Callisthene paniculata* Mart. ausschliefslich zukommt. Bezüglich der Gattung *Erisma* ist endlich zu bemerken, dafs Wille für *Erisma calcaratum* Warm. beide Verhältnisse angibt, hingegen für die beiden andern Arten *Er. uncinatum* Warm. und *micranthum* Spruce nur Weichbastinseln im Marke; die von mir untersuchte Art schliefst sich den beiden letztgenannten an.

Man kann die vorausgehenden Angaben kurz dahin zusammenfassen, dafs nach den bisherigen Untersuchungen keiner Art von *Vochysia*, *Salvertia* und *Erisma* die Weichbastgruppen im Marke fehlen, keiner Art von *Callisthene* und *Qualea* der Weichbastring abgeht.

Bemerkenswert ist noch, dafs Wille bei *Qualea* und *Callisthene* in den Fällen, wo ein Weichbastring vorkommt, secundären Zuwachs desselben constatiert hat.

Für die Gattung *Erisma* (die drei oben genannten Arten) gibt Wille bereits Weichbastinseln im Holze an, welche, wie bei *Salvadora* und *Strychnos* vom Cambium aus nach innen produciert werden; auch die von mir untersuchte Art besitzt interxylären Weichbast. Die Weichbastinseln im Holze sind für das Genus *Erisma* ein constanter anatomischer Charakter. Der äufsere Weichbast ist, wie ich bei *Er. violaceum* beobachtete, und auch nach Willes Abbildung [1]) zu urteilen im Gegensatz zu *Strychnos* nicht spärlich entwickelt.

Gummigänge (Schleim?) gibt Wille für *Vochysia, Salvertia* und *Erisma micranthum* an; aufserdem hat er das Auftreten von Gummi im Holze bei *Qualea Lundii* Warm. nachgewiesen. Ob diese Gänge systematisch wenigstens für das Genus Bedeutung haben oder nicht, läfst sich nicht sagen, da dieselben auch nachträglich entstehen können; ich habe sie bei *Vochysia divergens* Pohl auch gefunden, ferner bei *Voch. Tucanorum* Mart. und *vismiaefolia* Spruce.

---

[1]) l. c. Tab. XI Fig. 81.

Bentham und Hooker [1]) führen unter den *Vochysiaceen* die Gattung *Trigonia* auf, welche bei Endlicher die selbständige kleine Familie der *Trigonieen* bildete. Nach zahlreichen Controversen hat neuerdings Warming [2]), der Bearbeiter der *Vochysiaceen* und *Trigoniaceen* für die Flora brasiliensis zahlreiche Unterschiede der *Trigonieen* (*Trigonia* und *Lightia*) von den *Vochysiaceen* angegeben, welche ihn bestimmen, die Familie der *Trigoniaceen* aufrecht zu erhalten; Warming hält mit Payer die *Trigoniaceen* den *Sapindaceen* und *Malpighiaceen* am nächsten verwandt.

Die Ansicht, dass *Trigonia* aus der eigentlichen Familie der *Vochysiaceen* auszuscheiden habe, unterstützt nun in anatomischer Beziehung der Umstand, dafs nach meinen Untersuchungen die Bicollateralität bei *Trigonia* fehlt; bei *Lightia*, von der mir kein Material vorliegt, wird jedenfalls das Gleiche stattfinden.

Der Holzkörper der *Vochysiaceen* zeigt im übrigen, wie Wille bemerkt, die normale Dicotyledonenstructur. Am Querschnitt habe ich bis vierreihige Markstrahlen und Gefäfse mit einem gröfsten Lumendurchmesser von 0,05—0,09 mm beobachtet. An der Gefäfswand findet sich gegen die Markstrahlen Hoftüpfelung, wobei die innere Mündung der Hoftüpfel mitunter weiter wird; seltener geht die Hoftüpfelung wie bei *Erisma violaceum* in einfache Tüpfelung über. Die Perforierung der Gefäfse ist einfach, rund oder elliptisch bei meist geringer Neigung der Gefäfsscheidewände. Das Prosenchym ist einfach getüpfelt oder es besitzt der Spalt doch nur einen kleinen Hof; mitunter kommen Scheidewände im Prosenchym vor, wie bei *Qualea dichotoma*. Das Holzparenchym ist bei den *Vochysiaceen* stets reichlich, oft sehr reichlich (*Erisma*), entwickelt; die reichliche Entwicklung desselben findet aber mitunter auch nur stellenweise statt. Die Parenchymzellen sind mitunter gefächert und führen Krystalle (*Erisma violaceum, Qualea dichotoma*).

Die Holzstructur von *Trigonia* zeigt keine wesentlichen Differenzen von den *Vochysiaceen;* die Gefäfsperforation ist die ein-

---

[1]) Gen. plant. I p. 977.

[2]) Flora brasiliensis Vol. XIII Pars II 1875 p. 119.

fache, das Parenchym ist reichlich entwickelt; aufserdem bildet neben hofgetüpfeltem Prosenchym einfach getüpfeltes, mitunter auch gefächertes Prosenchym den Holzkörper.

Die *Vochysiaceen* besitzen sämtlich den inneren Weichbast[1]; ferner im allgemeinen einfach getüpfeltes Prosenchym, reichlicher entwickeltes Parenchym und einfache Gefäfsperforation. Charakteristisch sind aufserdem die Schleimgänge im Marke vieler *Vochysiaceen;* constant ist das Auftreten von Phloëminseln im Holze für die Gattung *Erisma.*

Trigonia besitzt keinen inneren Weichbast, schliefst sich aber im histologischen Bau des Holzes an die *Vochysiaceen* an.

Vochysia divergens Pohl. — *Erisma violaceum* Mart. — *Callisthene fasiculata* Mart. — *Qualea dichotoma* Mart. et Zucc. — *Trigonia crotonoides* Camb.

Frankeniaceen.

Die *Frankeniaceen* bestehen nur aus der einen Gattung *Frankenia.* Die beiden untersuchten Arten stimmen überein in den rundlich- und kleinlumigen Gefäfsen (Maximaldurchmesser 0,018 bis 0,03 mm), welche einfache Perforierung bei horizontaler oder wenig geneigter Scheidewand besitzen. Bei beiden Arten fehlt deutliches Markstrahlparenchym; ferner ist das Prosenchym im allgemeinen einfach getüpfelt.

Frankenia strigosa Presl., Sieber Herb. Fl. Aegypt. — *Beatsonia* (Subg. *Frankenia*) *portulacaefolia* Beats.

Portulaceen.

Von Hölzern konnte ich nur *Portulacaria Afra* Jacq. untersuchen. Die einzelnen Bündel sind hier am Querschnitt durch breitere Markstrahlen getrennt, deren Zellen durch ihre Dünn-

[1] Die *Vochysiaceen* schliefsen sich durch den inneren Weichbast näher an die *Onagrarieen* an, mit welchen sie früher in verwandtschaftliche Beziehung gebracht wurden, als an die *Polygaleen*, in deren Nähe sie nach Lindleys Vorgang auch von Bentham und Hooker und von Baillon gestellt werden.

wandigkeit ausgezeichnet sind. Dünnwandiges Gewebe, nicht Weichbast, findet sich auch mehr oder minder entwickelt in concentrischen Zonen; dasselbe umschliefst die Gefäfse. Auch die secundären Markstrahlen sind dünnwandig. Die rundlich- und nicht grofslumigen (Maximaldurchmesser 0,04 mm) Hoftüpfelgefäfse besitzen feine spiralige oder netzartige Wandverdickung; die Perforation ist einfach, rund oder elliptisch bei verschiedener Neigung der Scheidewand. Das Prosenchym ist einfach getüpfelt. Durch Zusammentrocknen der dünnwandigen Gewebsteile zerklüftet der trockene Holzkörper in radialer und tangentialer Richtung. An *Portulacaria Afra*, das durch seine Structur auch an gewisse *Crassulaceen*, welche aber keine hofgetüpfelten Gefäfse besitzen, erinnert, schliefst sich nach Regnault[1]) *Talinum speciosum* (Tab. VI Fig. 1 — 2) und *T. fruticosum* an. Bei den krautigen *Portulaceen*, *Anacampseros arachnoides* und *Claytonia acutifolia* hat ferner Regnault das völlige Zurücktreten des Prosenchyms constatiert. Ein anderer Modus findet sich bei *Portulaca grandiflora* vor, indem, abgesehen von den primären Gefäfsen, nur ein Ring von Holzprosenchym entwickelt ist.

Tamariscineen.

Schon bezüglich der Markstrahlen finden sich bei den untersuchten Vertretern Differenzen; 4—5reihige zeigt der Querschnitt von *Tamarix* und *Fouquiera*, während das Markstrahlparenchym bei *Reaumuria* fehlt. Auch die Gröfse der Gefäfstüpfelhöfe wechselt, wie das zur Genüge ein Vergleich von *Tamarix* und *Fouquiera* zeigt. Gemeinsam ist hingegen die einfache Gefäfsperforierung bei häufig horizontaler Scheidewand. Das Prosenchym von *Tamarix* und *Reaumuria* besitzt einfache Tüpfelung, *Fouquiera* deutliche, wenn auch nicht zahlreiche Hoftüpfel.

Tamarix gallica L. — *Reaumuria hypericoides* Willd. *var. latifolia* Trautv. — *Fouquiera splendens* Englm., Plants of Southern California Nr. 217, Coll. Parish.

---

[1]) Recherches sur l'anatomie de quelques tiges des *Cyclospermées*. Annales des sc. nat. Sér. 4. T. XIV 1860 p. 106 sq.

Elatineen.

Die von den *Elatineen* untersuchte Gattung *Bergia* (*B. suffruticosa* Fenzl., Kotschyi iter nubicum Nr. 39 β) zeigt am Querschnitt bis vierreihige Markstrahlen, deren Zellen in Richtung der Achse gestreckt sind und vierseitige, mitunter sich berührende, nicht groſslumige (Maximaldurchmesser 0,036 mm) Gefäſse. Die Gefäſse, welche gegen die angrenzenden Markstrahlen auch Hoftüpfelung besitzen, sind einfach perforiert. Das Prosenchym ist durch typische Hoftüpfelung ausgezeichnet.

Hypericineen.

Anordnung und Lumengröſse (Maximaldurchmesser 0,024 mm bei *Hypericum*, 0,081 bei *Vismia*) kommen nicht in Betracht. Nie habe ich aber breite Markstrahlen beobachtet, deren auch K. Müller [1]) keine angibt. Wie bei den nahe verwandten *Guttiferen*, so treten auch bei den *Hypericineen* tangentiale Parenchymbänder auf und zwar bei den untersuchten Arten aus den Triben der *Vismieen* und *Cratoxyleen*; Möller [2]) gibt diese Entwicklung des Parenchyms auch bei dem von ihm untersuchten *Ancistrolobus ligustrinum* Spach. an. Die Gefäſsperforierung ist rund oder elliptisch, stets einfach; die Gefäſsscheidewände sind dabei verschieden geneigt. Gegen das Markstrahlparenchym finden sich an der Gefäſswand Hoftüpfel oder mehr oder minder deutliche einfache Tüpfel vor. Die Tracheiden von *Hypericum Buckleyi* besitzen spiralige Wandverdickung. Abgesehen von dem Hoftüpfelprosenchym, das in die Gefäſsformation übergeht, sind die Prosenchymwandungen durch meist deutliche, kleinere Hoftüpfel untersuchte *Vismieen* und *Cratoxyleen*) oder durch meist einfache Tüpfel (*Hypericeen*) ausgezeichnet.

Den in den Blattlamina constant auftretenden intercellularen Secretlücken entsprechen in Mark und Rinde der Achsenteile Secretgänge [3]).

---

[1]) Vergleichende Untersuchungen der anatom. Verhältnisse der *Clusiaceen*, *Hypericineen*, *Dipterocarpeen* und *Ternstroemiaceen*. Botan. Jahrbücher von Engler Bd. II Heft 5. 1882.

[2]) a. a. O. S. 378.

[3]) Müller a. a. O.

Hypericeen: *Hypericum Buckleyi* Curtis. — *Ascyrum Crux Andreae* L. — Vismieen: *Vismia baccifera* Reichrdt. — *Psorospermum spec.*, Afrikan. Gesellsch. legt. Soyaux Nr. 164. — Cratoxyleen: *Cratoxylon coccineum* Planch., Herb. of the late East India Comp. Nr. 839, Herb. Griffith. — *Tridesmis formosa* Benth., From the Andamans Islands., Coll. Kurz.

Guttiferen.

Der Querschnitt zeigt in der Regel rundlichlumige, isolierte oder radial angeordnete Gefäfse von verschiedenem Lumendurchmesser (Maximaldurchmesser 0,036 bis 0,12 mm) und nie besonders breite Markstrahlen (1—4reihig). Charakteristisch ist für die untersuchten Vertreter der *Calophylleen*, *Monolobeen* und *Garcinieen* das Auftreten tangentialer Binden von Holzparenchym, ähnlich wie bei den *Anonaceen;* diese Binden besitzen in radialer Richtung verschiedene Breite; mitunter sind dieselben nicht an allen Teilen des Querschnittes vorhanden. Diese Parenchymbänder treten um so deutlicher hervor, als das Prosenchym durch Dickwandigkeit und Englumigkeit ausgezeichnet ist; sie werden von Möller[1]) auch für die von ihm untersuchten Arten (*Mesua ferrea* L. und *Mammea americana* L.) angegeben. Mitunter sind die Parenchymzellen gefächert und führen Krystalle, so bei *Mesua speciosa* und *Symphonia globulifera*. Die Gefäfse besitzen stets einfache, runde oder elliptische Perforierung bei verschiedener Neigung der Scheidewand. Gegen das Markstrahlparenchym fand ich an der Gefäfswand bei den untersuchten Gattungen der *Garcinieen* und *Monolobeen* Hoftüpfelung, bei den *Calophylleen* grofse einfache Tüpfel. Bezüglich der Tüpfelung des Prosenchyms ist zu bemerken, dafs dieselbe meist schwer wegen des engen Lumens zu beobachten ist; bei den untersuchten *Garcinieen* und *Calophylleen*, so namentlich recht deutlich bei *Calophyllum* sind die Wandungen des Prosenchyms durch kleingehöfte Spalttüpfel ausgezeichnet; die untersuchten *Monolobeen* scheinen einfache Prosenchymtüpfelung zu besitzen.

---

[1]) Möller a. a. O. S. 377.

Von grossem systematischen Werte sind die Secretgänge der *Guttiferen,* deren Verteilung in den Achsenteilen nach den früheren Arbeiten von Trécul und Van Tieghem neuerdings von K. Müller [1]) und wiederholt von Van Tieghem [2]) behandelt wurde; aufserdem sind diese Secretbehälter von Blenk bei zahlreichen Gattungen im Blattparenchym studiert worden. Nach den genannten Arbeiten dürfte ihr Vorkommen für die Achsenteile sämtlicher Gattungen constant sein mit Ausnahme der *Quiineen,* deren systematische Stellung schon K. Müller in Frage zieht. Die Gänge treten auf im Mark, in der primären und secundären Rinde, nie im Xylem; sie können sich in allen diesen Geweben finden oder dem einen oder andern Gewebe fehlen. Bezüglich der systematischen Verwertung der Verteilung der Gänge auf die einzelnen Gewebe ist beizufügen, dafs aus der Tabelle K. Müllers in Verbindung mit den neuesten Untersuchungen Van Tieghems hervorgeht, dafs die Verteilung mitunter, aber nicht immer für das Genus constant zu sein scheint: von 11 untersuchten *Clusia*-Arten ist das Auftreten der Gänge nur in Mark und primärer Rinde bekannt; die von K. Müller in der erwähnten Tabelle verzeichneten Arten von *Calophyllum* (3) und *Mesua* (2) besitzen Gänge in allen drei Geweben, wie auch die von mir untersuchten Arten beider Gattungen; hingegen finden sich bezüglich *Garcinia* nach Müller in dieser Beziehung grofse Differenzen. Hinsichtlich der von mir untersuchten Arten habe ich zu erwähnen, dafs ich bei *Hebradendron* die Secretbehälter nur in Mark und primärer Rinde, bei den übrigen Arten in allen drei Geweben nachwies.

Die einfache Gefäfsperforierung, die tangentialen Parenchymbinden, die Secretgänge dürften systematische Bedeutung besitzen.

---

[1]) a. a. O. Tabelle S. 437. Müller hat 20 Arten von *Clusia*, *Arruda*, *Tovomita*, *Symphonia*, *Alanblanckia*, *Garcinia*, *Ochrocarpus*, *Calophyllum*, *Mammea*, *Mesua*, *Kayea* untersucht.

[2]) Sur la disposition des canaux sécréteurs dans les *Clusiacées*, les *Hypéricacées*, les *Ternstroemiacées* et les *Dipterocarpées*. Bulletin de la Societé botanique de France 1884 p. 141—151.

Garcinieen: *Garcinia merguensis* Wall., Herb. of the late East India Comp. Nr. 855, Herb. Helfer. — *Hebradendron cambogioides* Grah., Sieber Flora Maur. Nr. 138. — Monolobeen: *Symphonia globulifera* L., Fl. von Westafrika, Mechow Exp. Nr. 549, comm. Rensch. — *Chrysopia spec.*, Flora von Madagaskar Nr. 3896, legt. Hildebrandt. — Calophylleen: *Calophyllum polyanthum* Wall. — *Mesua speciosa* Chois., Herb. Ind. Or. Hook fil. et Thoms.

Ternstroemiaceen.

Die rundlichlumigen oder mehrseitigen, isolierten oder radial angeordneten Gefäfse besitzen ein verschiedenes Lumen (Maximaldurchmesser 0,03—0,09 mm). Ebenso wechselt die Breite der Markstrahlen; sie sind bis sechsreihig bei den untersuchten *Marcgravieen*, nicht so breit (bis dreireihig) bei den übrigen untersuchten Arten. Auch die Art der Tüpfelung an der Gefäfswand bei angrenzendem Markstrahlparenchym ist eine verschiedene; bei den unten angegebenen *Ternstroemieen*, *Marcgravieen* und *Sauraujeen* tritt hier Hoftüpfelung auf; hingegen einfache Tüpfelung oder doch deutliche Uebergänge zu derselben bei den untersuchten *Gordonieen*, *Rhizoboleen* und *Bonnetieen*.

Die leiterförmige Gefäfsperforierung wird für die Ternstroemiaceen bereits durch Molisch [1]) als charakteristisch angegeben. Die von diesem Autor untersuchten Gattungen gehören aber nur den Triben der *Ternstroemieen* und *Gordonieen* an. Aus meinen Untersuchungen ergibt sich, dafs im allgemeinen für die Triben der *Ternstroemieen*, *Sauraujeen*, *Gordonieen* und *Marcgravieen* die Leiterperforierung, für die *Rhizoboleen* und *Bonnetieen* die einfache Perforierung charakteristisch zu sein scheint, dafs bei allen *Ternstroemiaceen* aber eine Neigung zur Bildung einer leiterförmigen Durchbrechung sich kundgibt. Die Gefäfsperforationen der untersuchten *Ternstroemieen*, *Sauraujeen* und *Gordonieen* sind durch eine

[1]) Vergleichende Anatomie des Holzes der *Ebenaceen* und ihrer Verwandten. Sitzungsberichte der kais. Akad. der Wiss. zu Wien. Mathem.-naturwiss. Kl. Bd. LXXX Abt. I Nr. XVII S. 54 ff. Untersucht sind sechs Arten von *Ternstroemia*, *Camellia*, *Thea*, *Eurya*.

reiche oder sehr reiche Speichenzahl ausgezeichnet; die durchbrochenen Teile sind in Richtung der Achse der Perforierung bald mehr, bald weniger breit. Von den untersuchten *Marcgravieen* besitzt *Marcgravia umbellata* einfache, aber elliptisch langgezogene Perforierungen; bei *Norantea brasiliensis* sind die Durchbrechungen der Gefäſse meist leiterförmig, aber nicht besonders reichspangig. Endlich ist noch zu bemerken, dass ich bei *Caryocar*, wie bei *Kielmeyera* auch spärlich in der Nähe des primären Holzes 1—2 spangige leiterförmige Perforierungen vorfand, während hier sonst nur einfache, elliptische oder runde Perforationen vorkommen. Mit der Ausbildung der Leiterperforierung verbindet sich eine stärker geneigte Scheidewand der Gefäſszellen; weniger geneigt ist sie mitunter bei *Caryocar* und *Kielmeyera*. Bei *Stachyurus praecox* kommt spiralige Verdickung der Gefäſswandung vor, ebenso am Prosenchym. Nicht selten sind die Enden der Gefäſszellen spiralig verdickt, was indessen nicht von gröſserem systematischen Wert zu sein scheint (die von mir untersuchten Arten von *Stuartia*, *Ternstroemia*, *Visnca*). Bei *Ternstroemia japonica* tritt auſserdem an der Gefäſswand breite spiralige Verdickung auf; bemerkenswert ist, daſs das Spiralband über den spärlichen Hoftüpfeln der Gefäſswand zur Ausbildung kommt, so dass am Längsschnitt die Hoftüpfel auf dem Spiralband sichtbar sind. Das Parenchym, welches in Beziehung zu den Gefäſsen und zwischen dem Prosenchym mitunter vorkommt, ist im allgemeinen wenig entwickelt,' etwas reichlicher bei den untersuchten Arten von *Stuartia*, *Gordonia* und *Kielmeyera*. Bezüglich der Tüpfelung des Prosenchyms ist folgendes zu bemerken. Eine typische Hoftüpfelung besitzt das Prosenchym der untersuchten *Terntsroemiecn*, *Sauraujeen* und *Gordonieen;* keine typische Hoftüpfelung, doch einen kleinen, in der Regel deutlichen Hof an der Prosenchymwand zeigen die *Marcgravieen*, Hoftüpfelung ähnlich wie bei *Betula*, doch nicht immer deutlich *Kielmeyera*, einfache Tüpfelung *Caryocar*. Im Prosenchym der untersuchten *Marcgravieen* und von *Caryocar* kommen Scheidewände vor.

Secretgänge sind innerhalb der Familie der *Ternstroemiaceen* nur für Gattungen der *Bonnetieen* bekannt und zwar für

Bonnetia, *Kielmeyera*, *Mahurea* und *Caraipa* nach K. Müller [1]) und Van Tieghem [2]). Diese Secretbehälter kommen im Marke, aber auch in primärer und secundärer Rinde vor, bald in allen diesen Geweben, bald nur in einem derselben. Nach den jüngsten Untersuchungen von Van Tieghem sind dieselben nicht constant für die Tribus, ja nicht einmal für die Gattung; *Bonnetia anceps* und *obovata* sollen im Gegensatz zu *Bonnetia tomentosa* gar keine Secretgänge besitzen.

Nach Blenk [3]) finden sich bei allen von ihm untersuchten Arten der *Marcgravieen* und *Saurauјeen* Rhaphiden in den Blättern. Diese Krystallelemente können auch in den Achsenteilen, wenn auch vielleicht nicht constant auftreten und zwar im Marke, in der primären und secundären Rinde, mitunter auch im Markstrahlparenchym, wie z. B. bei *Norontea brasiliensis*. Ich fand Rhaphiden bei *Marcgravia*, *Norontea*, *Saurauja*, [nicht aber bei *Stachyurus praecox* [4])] in den Achsenteilen in Übereinstimmung mit den Angaben K. Müllers vor; aufserdem erwähnt dieser noch Rhaphiden bei *Actinidia*, *Ruyschia* und *Souroubea*.

Ein bemerkenswertes Verhältnis zeigt noch das Mark von *Stuartia monodelpha*, und verdient dieses Verhältnis umsomehr Erwähnung, da es für das genannte Genus constant zu sein scheint. Das Mark besteht hier aus grösser- und kleinerlumigen Zellen; letztere erscheinen am Querschnitt in Form eines Netzes zwischen den gröfserlumigen angeordnet. Das Gleiche zeigen *Stuartia Pseudocamellia* Maxim., *St. serrata* Maxim. und *St. virginica* A. Gray.

Häufig treten auch in Mark und Rinde oder in Mark oder Rinde allein verästelte Sklerenchymzellen auf. Solche habe ich in den Achsenteilen bei den untersuchten Arten von *Ternstroemia*, *Visnea*, *Gordonia*, *Marcyravia* und *Norontea* nachgewiesen. Details hierüber, sowie über das Vorkommen von Steinzellenplatten im

---

[1]) a. a. O. S. 456.

[2]) Bull. de la Soc. bot. de France 1884.

[3]) Flora 1884 S. 206.

[4]) Die Rhaphiden fehlen nach meiner Untersuchung auch im Blatte von *Stachyurus praecox*.

Marke bestimmter *Ternstroemiaceen* gibt auch K. Müller in der citierten Abhandlung.

Ternstroemieen: *Ternstroemia japonica* Thbg. — *Visnea Mocanera* L. — Saurajeen: *Saurauja Reinwardtiana* Bl. — *Stachyurus praecox* Sieb. et Zucc. — Gordonieen: *Stuartia monodelpha* Sieb. et Zucc. — *Gordonia excelsa* Bl. — Rhizoboleen: *Caryocar brasiliensis* Camb. — Bonnetieen: *Kielmeyera coriacea* Mart. — Marcgravieen: *Marcgravia umbellata* L. — *Norontea brasiliensis* Chois., Martii Herb. Flor. Brasil. Nr. 1048.

Dipterocarpeen.

Rundlichlumige, meist isolierte, mitunter sich auch berührende Gefäfse von gröfserem Durchmesser (Maximaldurchmesser 0,07 bis 0,105 mm) und breitere 3—5reihige Markstrahlen zeigt der Querschnitt. Gegen die Markstrahlen finden sich an der Gefäfswand bei allen untersuchten *Dipterocarpeen* Übergänge von typischer Hoftüpfelung bis zur einfachen Tüpfelung. Die oft wenig geneigten oder auch fast horizontal stehenden Scheidewände der Gefäfszellen sind in der Regel völlig resorbiert; die Perforation ist einfach, rund oder elliptisch. Charakteristisch ist ferner die stets reichlichere, oft sehr reichliche Entwicklung des Holzparenchyms; bei *Vateria indica* und *Shorea robusta* kommt es in seiner Entwicklung dem Prosenchym gleich. Mitunter sind die Parenchymzellen gefächert und führen Krystalle, wie bei *Shorea robusta*. Bezüglich der Tüpfelung des mehr oder minder dickwandigen Prosenchyms können wir zwei Gruppen von Gattungen unterscheiden. Es besitzt *Vateria*, *Shorea* und *Hopea* an der Prosenchymwand sehr kleine, oft undeutliche Tüpfelhöfe; typische, mehr oder minder reichliche Tracheidenhoftüpfelung zeigt das Prosenchym von *Dipterocarpus, Dryobalanops* und *Vatica*; es dürften diese Verhältnisse für die betreffende Gattung constant sein.

Für die *Dipterocarpeen* ist endlich von systematischem Werte das Auftreten von Harzgängen. Dieselben hat K. Müller[1]) bei 21 Arten von *Dryobalanops*, *Dipterocarpus*, *Vatica*, *Shorea* und

[1]) a. a. O. S. 447.

Hopea nachgewiesen; sie kommen auch den von mir untersuchten Arten sämtlich zu. Diese Harzbehälter finden sich nach Müller im Marke, was Van Tieghem[1]) neuerdings dahin berichtigt, dafs sie dem primären Holze angehören. Ich möchte dem beifügen, dafs allerdings mitunter die Zugehörigkeit der Gänge zum primären Holze deutlicher erscheint, wenn auch nicht so deutlich wie bei *Liquidambar (Balsamifluae)*. Im Hinblick auf die Gänge von *Vateria indica* z. B. läfst sich über die Zugehörigkeit derselben zum Marke oder primären Holze streiten. Diese Controverse ist aber um so gleichgültiger, als die grofsen Gänge bei dem von mir untersuchten *Dryobalanops Beccarii* sicher im Marke liegen, und auch Müller solche Fälle anführt, während Van Tieghem behauptet, dafs den *Dipterocarpeen* die Gänge im Marke fehlen. Die Angabe Müllers und Van Tieghems, dafs die Gänge in primärer und secundärer Rinde fehlen, kann ich auch in Bezug auf die von mir untersuchten Arten bestätigen; in der primären Rinde kommen die Secretbehälter nur insofern vor, als sie Blattspuren begleiten, die mitunter *(Vateria, Dipterocarpus)* eine kurze Strecke in der Rinde verlaufen, bis sie in den Bündelkreis eintreten. Die intercellularen Secretbehälter treten bei den *Dipterocarpeen* aber auch im secundären Holze auf, wie Van Tieghem bei *Dipterocarpus* beobachtete; ich konnte sie bei den Arten der sechs untersuchten Genera stets auch im Holze nachweisen, allerdings in verschieden reichlicher Entwicklung, reichlich bei *Vateria* und *Vatica*, wo sie mit der Loupe schon als weifse Massen am Querschnitt zu erkennen sind, nicht so zahlreich oder spärlich bei *Dipterocarpus*, *Dryobalanops*, *Shorea* und *Hopea*. Die von Möller[2]) bei *Vatica laccifera* W. et Arn. im Holze beobachtete weifse Substanz ist auch auf diese Gänge zurückzuführen.

Die einfache Gefäfsperforierung, die reichliche Entwicklung des Parenchyms, das Vorkommen von Harzgängen im Marke und secundären Holze ist für die *Dipterocarpeen* von systematischer Bedeutung.

---

[1]) Bull. de la Société bot. de France 1884 l. c.
[2]) a. a. O. S. 376.

Vateria indica L. Wallich Cat. 3670c und Peninsula Indiae orientalis Nr. 157 Herb. Wight. — *Dipterocarpus crinitus* Dyer, O. Beccari, Piante bornensi Nr. 779. — *Hopea vasta* Wall. — *Dryobalanops Beccarii* Dyer, O. Beccari, Piante born. Nr. 2553. — *Vatica Roxburghiana* Bl. = *Vateria Roxburghiana* Wight, Peninsula Indiae orientalis Nr. 155 Herb. Wight. — *Shorea robusta* Roxb., Wallich Cat. Nr. 965c.

Chlaenaceen.

Diese kleine Familie schliefst sich in der Anatomie des Holzes nicht direct an die *Tiliaceen* an, mit welchen die *Chlaenaceen* in Verwandtschaft gebracht werden. Letztere differieren von den *Tiliaceen* durch die typische Hoftüpfelung des dickwandigen und ziemlich englumigen Prosenchyms. Der Querschnitt zeigt bei beiden untersuchten Arten 1—2 reihige Markstrahlen und meist isolierte, nicht grofslumige (bis 0,048 mm Maximaldurchmesser) Gefäfse. An der Gefäfswand treten gegen das Markstrahlparenchym Übergänge vom Hoftüpfel bis zum grofsen einfachen Tüpfel auf. Die Gefäfsperforation ist einfach, rund oder elliptisch. Das Holzparenchym ist nicht spärlich, sondern reichlicher entwickelt. Bemerkenswert ist noch, dafs bei *Sarcolaena multiflora* in Mark und primärer Rinde intercellulare Schleimbehälter vorkommen.

Leptolaena multiflora P. Thrs. — *Sarcolaena multiflora* P. Thrs.

Malvaceen.

Der Holzkörper besitzt verschieden breite, nicht selten sehr breite Markstrahlen z. B. bis neunreihige bei *Hoheria;* hingegen habe ich bei *Malvaviscus* und *Thespesia* nur bis dreireihige beobachtet. Anordnung der Gefäfse und Lumengröfse derselben (Maximaldurchmesser 0,036—0,105 mm) wechseln. An der Gefäfswand finden sich gegen das Markstrahlparenchym einseitige Hoftüpfel, seltener einfache Tüpfel (letztere bei *Adansonia, Hoheria, Plagianthus).* Spiralige Verdickung der Gefäfswand besitzen *Hoheria* und *Plagianthus*, ferner *Sida* nach Möller [1]). Die Perforation

[1]) Möller a. a. O. S. 371.

der Gefäfse ist bei allen untersuchten *Malvaceen* einfach, rund oder elliptisch; oft scheint dieselbe aus einfacher Tüpfelung entstanden zu sein. Die Scheidewände der Gefäfszellen sind dabei verschieden geneigt, häufig aber wenig geneigt oder selbst horizontal. Die Entwicklung des Holzparenchyms ist eine verschiedene; sehr reichlich ist dasselbe z. B. bei *Adansonia*, *Neesia*, *Durio* vorhanden, spärlich hingegen z. B. bei *Pavonia*. Ferner wechselt Dickwandigkeit und Lumen des Prosenchyms; es genüge das dickwandige und englumige Prosenchym von *Plagianthus* mit dem weitlumigen von *Malvaviscus* zu vergleichen. Die Tüpfelung des Prosenchyms ist im allgemeinen einfach oder es ist doch nur ein kleiner Hof vorhanden; auch kann Fächerung des Prosenchyms auftreten, wie bei *Adansonia*.

Charakteristisch, wenn auch nicht constant für die Familie ist das häufige Vorkommen von Schleimbehältern im Mark und mitunter auch in der primären Rinde (*Hoheria*, *Malvaviscus*, *Neesia*, *Pavonia*, *Plagianthus*, *Thespesia*). Bei *Thespesia* führen dieselben einen braunen harzhaltigen Inhalt; durch Alkohol wird das braune Harz ausgezogen und der Rest quillt mit Wasser auf. Dünnwandiges Gewebe zwischen den Spiralgefäfsen des primären Holzes tritt nicht selten, aber nicht immer auf. Ebensowenig ist für die Familie constant der sog. innere Hartbast, der z. B. bei *Plagianthus* und *Hoheria*, aber nicht an allen Bündeln entwickelt ist.

Malveen: *Plagianthus sidoides* Hook., ex Herb. Hook., Coll. Gunn. — *Hoheria populnea* A. Cunningh. — Ureneen: *Malvaviscus arboreus* Cav., Cult. et Herb. Hort. bot. Calcutt. — *Pavonia praemorsa* Willd. — Hibisceen: *Thespesia populnea* Corr., Cult. et Herb. Hort. bot. Calcutt. — *Hibiscus macranthus* Hochst., Schimperi iter abyssinicum Sectio I Nr. 362. — Bombaceen: *Adansonia digitata* L. — *Durio lanceolatus* Martens, Beccari piante-bornensi Nr. 6610. — *Neesia Griffithii* Planch., Herb. of the late East India Comp. Nr. 545 Herb. Griffith.

Sterculiaceen.

Die Markstrahlen der *Sterculiaceen* zeigen, wie die der *Malvaceen*, verschiedene Breite; bis zehnreihige findet man bei *Sterculia*, nur 1—2 reihige beispielsweise bei *Hermannia*. Anordnung und Lumen der Gefäſse (0,024—0,1 mm Maximaldurchmesser) wechseln. Gegen die Markstrahlzellen tritt in der Regel deutlich einseitige Hoftüpfelung auf; seltener geht sie wie bei *Sterculia* in einfache Tüpfelung über. Spiralig verdickt sind die Gefäſswände der untersuchten Arten von *Reevesia* und *Heritiera*. Die Gefäſsperforierung ist einfach, rund oder elliptisch; nur bei *Lasiopetalum* habe ich vereinzelt 1—2 spangige Leiterperforierungen angetroffen. Wie bei den *Malvaceen*, so ist auch hier das Holzparenchym verschieden entwickelt, oft nur wenig oder reichlich, mitunter sogar sehr reichlich, wie bei *Sterculia*, *Heritiera* und *Reevesia*. Typisch hofgetüpfeltes Prosenchym besitzen die beiden untersuchten Gattungen aus der Tribus der *Lasiopetaleen*; bei den übrigen *Sterculiaceen* finde ich nur einfach getüpfeltes oder doch nur klein und oft undeutlich behöftes Prosenchym vor. Das Prosenchym ist oft weitlumig und oft auch dünnwandig; doch wechselt die Weite des Lumens mitunter am selben Querschnitt. Dickerwandig und englumig ist hingegen das Holzprosenchym z. B. bei den untersuchten *Lasiopetaleen* oder bei *Hermannia*.

Intercellulare Schleimbehälter[1]) sind bei vielen *Sterculiaceen* vorhanden und oft als Gänge entwickelt (*Büttneria*, *Dombeya*, *Melhania*, *Heritiera*; *Commersonia*, *Helicteres*); dieselben haben kürzlich durch Van Tieghem[2]) in einer mir zur Zeit nicht zugänglichen Abhandlung Bearbeitung gefunden.

Sterculieen: *Sterculia coccinea* Roxb., Herb. Hort. Bot. Calcutt., Coll. Jenkins. — *Heritiera macrophylla* Hort. bot. Calcutt. — Helictereen: *Helicteres Ixora* L., Herb. et Cult. Hort. Bot. Calcutt. — *Reevesia Wallichii* Brn., Herb. of the late East India Comp. Nr. 548 Herb. Griffith. — Dombeyeen: *Dombeya ferruginea* Willd. — *Melhania didyma* Eckl. et Zeyh. — Hermannieen: *Hermannia chrysophylla* Eckl. — *Waltheria indica* L., Herb. Ind. Or. Hook. fil. et Thoms. — Büttnerieen: *Büttneria Jackiana* Wall., Wall.

---

[1]) Mitunter fehlte das Mark am Untersuchungsmaterial.

[2]) Sur les canaux à gomme des *Sterculiacées*. Bulletin de la Société botanique de France 1885 T. XXXII p. 11.

Cat. Nr. 1147. — *Commersonia platyphylla* Dec (= *javensis* G. Don). — Lasiopetaleen: *Lasiopetalum Gunnii* Steetz., ex Herb. Hook., Coll. Gunn. — *Thomasia rulingioides* Steud., Nov. Holl. occ. austr. legt. Preiss Nr. 1663.

Tiliaceen.

Wie in den beiden vorhergehenden Familien, so wechselt auch hier die Breite der Markstrahlen; sie sind oft sehr breit, mitunter aber wie bei *Elaeocarpus* nur bis dreireihig. Ebensowenig zeigt Anordnung der Gefäſse und Gröſse des Gefäſslumens (Maximaldurchmesser 0,03—0,12 mm) constante Verhältnisse. Da, wo Gefäſs- und Markstrahlwände sich berühren, tritt an der Gefäſswand entweder einfache Tüpfelung (*Elaeocarpus*, *Sloanea*, *Echinocarpus*) oder häufiger einseitige Hoftüpfelung, oft auch mit Übergängen zu der einfachen Tüpfelung, wie z. B. bei *Pentace* oder *Sparmannia* auf. Spiralige Verdickung zeigen die Gefäſswände von *Echinocarpus* und *Tilia*. Auch bezüglich der Gefäſsperforierung finden sich bei den *Tiliaceen* Unterschiede. Bei den untersuchten Vertretern aus den Triben der *Prockieen*, *Sloaneen*, *Elaeocarpeen* findet sich eine Neigung zur Bildung von Leiterperforierung; einfache elliptische langgezogene Perforationen kommen bei *Elaeocarpus* vor; hiezu kommen auſserdem bei *Prockia* und den untersuchten *Sloaneen* leiterförmige Durchbrechungen bald mehr bald minder reichlich; sie sind nicht immer auf die Umgebung des primären Holzes beschränkt. Auſserdem finden sich einfache, runde oder elliptische Perforierungen. Die Entwicklung des Holzparenchyms kann, wie bei den *Sterculiaceen* und *Malvaceen* eine sehr verschiedene sein; sehr reichlich habe ich dasselbe namentlich bei *Brownlowia* und *Pentace* beobachtet. Das Prosenchym der *Tiliaceen* ist in der Regel weitlumig und nicht dickwandig; doch wechseln diese Verhältnisse, wie ich bei *Grewia laevigata* nachwies, immerhin merklich genug bei verschiedenen Individuen derselben Art. *Pentace* besitzt dickwandiges und englumiges Prosenchym. Das Holzprosenchym ist im allgemeinen einfach getüpfelt; mitunter ist allerdings ein kleiner, oft aber auch undeutlicher Tüpfelhof zu constatieren; ich beobachtete auch bei *Tilia*, dafs dieser kleine Hof in ein und derselben Faser vorkommen und fehlen kann. Gefächertes Prosenchym tritt bei den untersuchten Arten von *Echinocarpus*, *Elaeocarpus*, *Prockia*, *Sloanea* auf. Auch bei manchen *Tiliaceen* kommen Schleimbehälter, z. B. bei *Apeiba* Schleimgänge im Marke vor.

Brownlowieen: *Brownlowia elata* Roxb., Herb. et Cult. Hort. Bot. Calcutt. — *Pentace triptera* Martens, Herb. of the late East India Comp. Nr. 622/1. — Grewieen: *Grewia laevigata* Vahl, Herb. Ind. Or. Hook. fil. et Thoms. — *Columbia celebica* Bl., Celebes, Coll. Riedel. — Tilieen: *Tilia parvifolia* L. — *Sparmannia africana* Thbg. — Apeibeen: *Apeiba laevis* Aubl. — Prockieen: *Prockia Crucis* L. — Sloaneen: *Sloanea australis* F. v. Müll., Phytologic Museum of Melbourne. — *Echinocarpus assamicus* Benth., Herb. of the late East India Comp. Nr. 675/1. — Elaeocarpeen: *Elaeocarpus robustus* Roxb., Herb. et Cult. Hort. bot. Calcutt.

Lineen.

Der Querschnitt zeigt verschieden breite Markstrahlen und nicht besonders grofslumige (Maximaldurchmesser bis 0,07 mm) Gefäfse. Die Gefäfswände besitzen gegen das Markstrahlparenchym entweder Hoftüpfelung, wie bei den untersuchten *Hugonieen*, oder einfache Tüpfelung, welche mitunter in Hoftüpfelung übergeht, wie bei *Ixonanthes*, *Hebepetalum* oder *Erythroxylon*. Feinspiralige, aber deutliche Streifung der Gefäfswand zeigt die untersuchte Art von *Roucheria*. Die Perforierung der Gefäfse ist in der Regel einfach, rund oder elliptisch; bei *Ixonanthes* treten daneben Leiterperforationen mit meist wenigen, mitunter aber auch zahlreichen Sprossen auf. Die Scheidewand der Gefäfszellen ist verschieden geneigt. Eine verschiedene Entwicklung zeigt auch das Holzparenchym. Meist ist dasselbe auf die Umgebung der Gefäfse beschränkt; reichlicher tritt es beispielsweise bei *Erythroxylon* auf; tangentiale Parenchymbänder besitzt *Ixonanthes;* bei *Erythroxylon* enthält das mitunter gefächerte Parenchym Krystalle. Ebenso verschieden verhält sich die Tüpfelung des Prosenchyms. Typische Hoftüpfelung zeigen die untersuchten *Hugonieen* und *Ixonanthes;* die Tüpfel des Prosenchyms von *Erythroxylon* haben einen meist deutlichen kleinen Hof; Hoftüpfelung scheint auch ausschliefslich dem Prosenchym von *Hebepetalum* zuzukommen. Das Prosenchym von *Reinwardtia* ist einfach getüpfelt und mitunter auch gefächert.

Hugonieen: *Hugonia Mystax* L. — *Roucheria Griffithiana* Hook., Herb. of the late East India Comp. Nr. 274. Herb. Griffith. — Erythroxyleen: *Erythroxylon Coca* Lam. — *Hebepetalum latifolium Spruce,* Coll. Spruce. — *Ixonanthes dodecandra* Jacq., Herb. of the late East India Comp. Nr. 784/1. Herb. Griffith. — *Reinwardtia tetragyna* Planch.

Humiriaceen.

Diese kleine Familie zeigt in der Holzanatomie übereinstimmende Merkmale. Die *Humiriaceen* besitzen keine breiten, nur 1—2 reihige Markstrahlen. Auch sind die Gefäfse (Maximaldurchmesser 0,072 mm) meist isoliert. Allen drei Gattungen sind leiterförmige und zwar reichspangige Gefäfsperforierungen eigen; die Scheidewände der Gefäfszellen sind dabei oft stark geneigt. Das Holzparenchym ist bald wenig, bald reichlicher entwickelt; einen Unterschied zeigen hierin schon die beiden untersuchten Arten von *Humiria*. Das dickwandige, mehr oder weniger englumige Prosenchym ist stets, doch verschieden reichlich hofgetüpfelt. Verschieden verhält sich die Gefäfswandung bei angrenzendem Markstrahlparenchym: *Humiria* und *Sacoglottis* zeigen hier Hoftüpfel, mitunter von der Treppentüpfelform, *Helleria* einfache Tüpfel, die mitunter in Hoftüpfel übergehen.

Humiria floribunda Mart.; — *Hum. macrophylla* Spr. — *Sacoglottis amazonica* Mart. — *Helleria oblongifolia* Mart.; — *Hell. obovata* Nees et Mart.

Malpighiaceen.

Der Querschnitt zeigt Gefäfse von verschieden grofsem Lumen (Maximaldurchmesser 0,036—0,11 und wohl auch mehr mm) und verschiedener Anordnung, aber nie breite, nur 1—3 reihige Markstrahlen. Die Gefäfsperforierung ist stets einfach, rund oder elliptisch; die Querwände der Gefäſse sind verschieden geneigt, sehr häufig horizontal. Gegen die Markstrahlen finden sich an den Gefäſswänden mehr oder minder deutliche Hoftüpfel, welche mitunter, wie bei *Burdachia prismatocarpa* in einfache Tüpfelung übergehen. Spiralige Verdickung zeigen die Gefäſse von *Peixotoa hispidula.* Verschieden verhält sich das Parenchym. Meist ist es auf die Umgebung des trachealen Systems beschränkt; mehr entwickelt ist es bei *Malpighia coccifera,* sehr reichlich bei der genannten Art von *Burdachia*; Krystalle führt dasselbe bei den untersuchten Arten von *Hiraea* und *Banisteria.* Das Prosenchym ist im allgemeinen einfach getüpfelt. Fächerung desselben kommt mitunter bei den citierten Arten von *Hiraea* und *Tetrapteris* vor, auch bei einer nicht näher bestimmten *Malpighia* nach Möller.

Noch einmal sollen die nicht breiten Markstrahlen, die einfache Gefäſsperforierung und das einfach getüpfelte Prosenchym hervorgehoben werden.

Isoliert in dieser Familie, bei der Gattung Dicella sind Weichbastinseln im Holzkörper bekannt. Sie sind mehr oder minder concentrisch angeordnet und werden vom Cambium nach innen produciert. Dieses interxyläre Phloëm wurde zuerst von Fritz Müller[1]) bei einer nicht näher bestimmten Art beschrieben; ich kann dasselbe für *Dicella holosericea* Juss. *var. argentea* und *Dicella macroptera* Juss. (Martii Herb. Flor. Brasil. Nr. 653) angeben. Das Auftreten der Weichbastinseln im Holze dürfte für die Gattung *Dicella* constant sein.

Den meisten Lianen unter den *Malpighiaceen* kommt nach Jussieu[2]) ein unregelmäſsig gefurchter Holzkörper zu; in diese Furchen treten Bastplatten ein. Diese Verhältnisse bildet bereits Jussieu von *Heteropterys* (Pl. III Fig. 4) und *Tetrapterys* (Pl. III Fig. 7—8) beispielsweise ab. Mitunter sind auch die Bastkeile, wie bei den *Bignoniaceen,* wenigstens am jungen Holzkörper regelmäſsig angeordnet, z. B. bei *Tetrapterys Guilleminiana* (Pl. III Fig. 5).

---

[1]) Botanische Zeitung 1866 S. 59.

[2]) Monographie de la Famille des *Malpighiacées.* Archives du Muséum d'Hist. nat. T. III Paris 1843 p. 100 sq.

Bei *Stigmaphyllum ciliatum* hat De Bary[1]) Dilatation im Mark und Parenchym des Holzes nachgewiesen, wodurch der Holzkörper zerklüftet wird; ferner das Auftreten neuer, nach aufsen auch neuen Bast bildender Cambienzonen an den einzelnen Holzpartien, endlich noch die Neubildung von Gefäfsbündeln im Marke. Dadurch kommt ein Querschnitt zustande, auf welchem das Holz von einem netzartigen anderen Gewebe (Parenchym und Rindengewebe) durchsetzt wird. Solche Querschnitte hat Jussieu von *Stigmaphyllum acuminatum* und *affine* abgebildet (Pl. III Fig. 2—3); dieselben Verhältnisse finden sich nach Jussieu auch bei *St. Finlayanum*, *Gayanum* und *ciliatum;* Ausnahme macht hievon nur *St. emarginatum.*

Bei *Banisteria nigrescens* scheinen, nach Jussieus Fig. 6 zu urteilen, secundäre unregelmäfsige Zuwachsringe aufzutreten.

Malpighieen: *Malpighia coccifera* L., Herb. et Cult. Hort. Bot. Calcutt. — *Burdachia prismatocarpa* Juss.-Mart. — Banisterieen: *Peixotoa hispidula* Juss., Martii Herb. Flor. Brasil. Nr. 1169. — *Banisteria grata* Grieseb. — Gaudichaudieen: *Gaudichaudia filipendula* Juss., Herb. de la Commission scientifique du Méxique par Bourgeau; Herb. Mus. Paris. — *Schwannia elegans* Juss. — Hiraeen: *Hiraea chrysophylla* Juss. — *Tetrapteris inaequalis* Cav., Flora Martin. Nr. 300.

Zygophylleen.

Die untersuchten Arten besitzen keine breiten, nur 1—2-reihige Markstrahlen, sowie nicht besonders grofslumige (Maximaldurchmesser 0,06 mm) Gefäfse. Die Gefäfswände zeigen da, wo sie an das Markstrahlparenchym grenzen, kleine einseitige Hoftüpfel. Die Gefäfsperforierung ist einfach und meist kreisrund; die Scheidewände der Gefäfszellen sind dabei horizontal oder wenig geneigt und ganz resorbiert. Das parenchymatische System zeigt schon bei den von Möller untersuchten Arten von *Guajacum* verschieden reichliche Entwicklung. Stärkehaltige Faserzellen sind reichlich bei *Larrea* und *Porlieria* vorhanden. Das

---

[1]) Vergl. Anatomie S. 621.

dickwandige Prosenchym ist hofgetüpfelt, der Hof mitunter aber schwer zu erkennen.

Guajacum officinale L. — *Larrea divaricata* Cav., Flora Argentina Nr. 105. Coll. Lorentz. — *Porlieria hygrometrica* R. et P., Flora Argentina Nr. 90.

Geraniaceen.

Das Markstrahlparenchym fehlt bei *Monsonia* und *Viviana*; aufserdem sind die Markstrahlen verschieden breit, nur 1—2-reihig bei *Averrhoea*. Die Gefäfswände zeigen, wenn sie an Markstrahlparenchym grenzen, einfache Tüpfelung mit Übergängen zur Hoftüpfelung. Die Gefäfswände von *Viviana* besitzen spiralige Verdickung. Die Gefäfsperforierung ist einfach, rund oder elliptisch. Das Holzparenchym ist nicht hervorragend entwickelt. Die Prosenchymwände zeigen im allgemeinen einfache Tüpfelung; bei *Viviana* ist ein meist deutlicher Hof vorhanden; das Prosenchym von *Averrhoea Carambola* ist mitunter gefächert.

Monsonia angustifolia E. M., Schimperi iter abyssinicum Sectio II Nr. 1222. — *Pelargonium divaricatum* Thbg., Burchell Cat. geogr., pl. Afr. austr. extratrop. Nr. 6294. — *Viviana marifolia* Cav.; — *Viv. grandifolia* Don. — *Averrhoea Carambola* L.

Rutaceen.

Verschiedene Breite besitzen die Markstrahlen — doch sind sie nie sehr breit —; verschiedene Lumengröfse (Maximaldurchmesser 0,03—0,15 mm) die Gefäfse. Angrenzendes Markstrahlparenchym beeinflufst die Gefäfstüpfelung nicht; alle untersuchten *Rutaceen* besitzen auch an diesen Gefäfswänden Hoftüpfelung. Spiralige Verdickung zeigen die Gefäfse der untersuchten Arten von *Choisya, Ptelea, Thamnosma, Zieria,* feine deutliche Streifung auch *Ruta.* Die Gefäfsperforierung ist stets einfach, rund oder elliptisch bei verschiedener Neigung der Scheidewand, mitunter auch langgezogen elliptisch, wie bei *Almeidea.* Das Holzparenchym ist entweder nicht hervorragend entwickelt oder auch reichlicher, wie bei *Boronia, Calodendron, Citrus* und *Diosma,* wo es auch mehr oder minder deutlich in tangentialen Reihen auftritt. Gefächert und mit Krystallen versehen ist dasselbe bei *Citrus* und *Murraya*; Krystallkammerfasern finden sich auch bei *Ptelea*. Das Prosenchym ist im allgemeinen einfach getüpfelt oder besitzt doch nie einen grofsen Tüpfelhof; Fächerung des Prosenchyms kommt mitunter vor (bei beiden untersuchten Arten von *Galipea*).

Die für die Abgrenzung der Familie so wichtigen lysigenen Secretlücken, welche in den Blattlamina durchsichtige Punkte bedingen, sind allgemein, wie schon durch Engler [1]) bekannt, auch in Mark oder Rinde oder in beiden Geweben vorhanden. Bei beiden untersuchten Arten von *Galipea* fand ich aufser den Secretlücken noch echte Rhaphidenschläuche in Mark und Rinde; bei *Galipea simplicifolia* finden sich typische Rhaphiden auch im Holze und zwar in dünnwandigen Zellen, so dafs es am Querschnitt scheint, als ob die Rhaphiden in Intercellularräumen liegen.

Cusparieen: *Almeidea longifolia* St. Hil. — *Galipea simplicifolia* Mart.; — *Gal. jasminifolia* St. Hil. — Ruteen: *Ruta macrophylla* Soland. — *Thamnosma montanum* Torr., Flora of Southern California. Nr. 38 Coll. Parry et Lemmon. — Diosmeen: *Diosma vulgaris* Schlechtdl. — *Calodendron capense* Thbg., Burchell Catal. geogr. pl. Afr. extratrop. Nr. 7253. — Boronieen: *Boronia ledifolia* Gay., Sieber Fl. Nov. Holl. Nr. 303. — *Zieria arborescens* Sims. — Zanthoxyleen: *Choisya ternata* Hook. Benth. et Knth. — *Zanthoxylon schinifolium* Sieb. et Zucc. — Toddalieen: *Toddalia floribunda* Wall., Herb. Ind. Or. Hook. fil. et Thoms. — *Ptelea trifoliata* L. — Aurantieen: *Citrus Aurantium* L. — *Murraya exotica* L.

Simarubaceen.

Der Querschnitt zeigt verschieden breite Markstrahlen, 1 bis 2reihige z. B. bei *Quassia*, bis achtreihige bei *Ailanthus* (nach Möller), ferner auch Gefäfse von verschieden grofsem Lumen (Maximaldurchmesser 0,042 — 0,11 mm). Hoftüpfelung tritt auch

---

[1]) Studien über die Verwandtschaftsverhältnisse der *Rutaceen*, *Simarubeen* und *Burseraceen*. Halle 1874.

an den Gefäfswänden auf, welche an Markstrahlparenchym stofsen. Spiralige Verdickung besitzt nach Möller die Gefäfswand bei *Ailanthus*. Die Gefäfsperforierung ist einfach, rund oder elliptisch. Das Parenchym kann untergeordnet oder auch reichlicher (*Quassia* z. B.) entwickelt sein; bei *Simaruba amara* enthält das mitunter gefächerte Parenchym auch Krystalle. Das Prosenchym ist im allgemeinen einfach getüpfelt.

Den eigentlichen *Simarubaceen* im Sinne Englers fehlen die für die *Rutaceen* charakteristischen Secretlücken in Blatt und Achsenteilen. Hingegen kommen bei den *Simarubaceen*, doch für die ganze Familie nicht constant, Secretgänge vor. Trécul[1]) und Engler haben bereits solche an der Markperipherie von *Ailantus* und *Brucea* angegeben; Blenk[2]) hat solche Gänge auch bei *Picrolemma Sprucei* Hook. fil. beobachtet; ich fand sie auch bei *Simaruba amara* Aubl., ferner *Simaruba versicolor* St. Hil. und *glauca* Dec. vor, während bei *Spathelia simplex* L. nur Secretzellen in Mark und Rinde vorkommen. Kürzlich haben die Secretgänge der *Simarubaceen*, welche wie die markscheideständigen von *Simaruba amara* mitunter auch zum primären Holze gerechnet werden können, eine Bearbeitung durch Van Tieghem[3]) gefunden, welcher die Gänge für *Aruba, Simaba, Simaruba, Samadera, Picrasma, Brucea, Picraena, Picrolemma, Soulamea* und *Amaroria* angibt. Aber keineswegs kommen die Gänge allen *Simarubaceen*-Gattungen zu; sie fehlen z. B. bei *Quassia*, ferner bei weiteren 16 von Van Tieghem angeführten Gattungen[4]).

Simaruba amara Aubl. — *Quassia amara* L. — *Spathelia simplex* L.

---

[1]) Des vaisseaux propres dans les *Térébinthinées*. Comptes rendus 1867 T. LXV p. 17.

[2]) Flora 1884 S. 295.

[3]) Sur les canaux sécréteurs des *Liquidambarées* et des *Simarubacées*. Bull. Soc. bot. de France 1884 p. 247—256.

[4]) Diese sind: *Hannoa, Rigiostachys, Castela, Cneorum, Eurycoma, Dictyoloma, Suriana, Brunellia, Irvingia, Harrisonia, Lasiolepis, Balanites, Spathelia, Picramnia, Picrodendron, Picrella.*

Ochnaceen.

Auf dem Querschnitt beobachtet man breitere Markstrahlen und nicht grofslumige (bis 0,045 mm Durchmesser) vorzugsweise isolierte (*Ochna*, *Gomphia*) oder radial angeordnete (*Luxemburgia*) Gefäfse. Die Gefäfswände besitzen auch Hoftüpfelung bei angrenzendem Markstrahlparenchym. Die Perforierung ist bei den drei untersuchten Gattungen einfach, rund oder elliptisch, mitunter auch elliptisch langgezogen; daneben kommen in der Umgebung des primären Holzes, bei *Luxemburgia speciosa* auch tiefer im secundären Holze Leiterperforierungen mit in der Regel nicht zahlreichen Speichen vor. Die Scheidewände der Gefäfszellen sind verschieden dabei geneigt. Das Holzparenchym ist bald spärlich (*Luxemburgia*), bald reichlich (*Ochna*, auch *Gomphia*), indem es auch zwischen dem Prosenchym auftritt, entwickelt. Hoftüpfelung zeigt das Prosenchym von *Ochna* und *Gomphia;* einen meist deutlichen kleinen, mitunter aber auch undeutlichen Hof das Prosenchym von *Luxemburgia.*

Ochna arborea Burch. — *Gomphia vaccinioides* Engl. — *Luxemburgia speciosa* St. Hil.

Burseraceen.

Der Querschnitt der untersuchten Arten zeigt keine breiten, bis dreireihige Markstrahlen und Gefäfse von verschieden grofsem Lumen (Maximaldurchmesser 0,045—0,126 mm), welche sowohl isoliert, als auch in radialer Anordnung auftreten. Grofse einfache Tüpfel finden sich an der Gefäfswand bei angrenzendem Markstrahlparenchym. Die Gefäfsperforation ist einfach, rund oder elliptisch bei verschiedener Neigung der Scheidewand. Das Holzparenchym tritt bald zurück, bald ist es reichlicher wie bei *Boswellia* entwickelt. Bei den untersuchten drei Gattungen findet sich einfache Tüpfelung und Fächerung des Prosenchyms vor.

In Kürze möge noch der schon von Van Tieghem und Marchand beschriebenen Harzgänge gedacht werden, welche im Marke nach den bisherigen Untersuchungen fehlen, hingegen dem primären und secundären Weichbaste, dem secundären oft in mehreren concentrischen Lagen zukommen. Diese Harzgänge sind nach Engler[1]) für die Abgrenzung der Familie von hohem Werte.

Den Arten der Gattung *Canarium* kommt endlich nach Radlkofer[2]) ein innerer markständiger Bündelkreis zu, welcher in Bezug auf Xylem und Phloëm verkehrt orientiert ist; der Weichbast der Markbündel enthält je einen grofsen Balsamgang, wie der Weichbast der normal orientierten Bündel des Hauptkreises.

Bursera bicolor Willd. — *Protium pubescens* Spruce. — *Boswellia papyrifera* Hochst.

Meliaceen.

Die untersuchten *Meliaceen* besitzen bis 3reihige Markstrahlen und Gefäfse von verschieden grofsem Lumen (Maximaldurchmesser 0,036—0,11 mm). Die Gefäfshoftüpfelung persistiert auch bei angrenzendem Markstrahlparenchym. Spiralige Verdickung besitzen namentlich die engerlumigen Gefäfse von *Melia Azadrach*. Die Gefäfsperforierung ist einfach, rund oder elliptisch bei verschiedener Neigung der Scheidewand. Das Holzparenchym ist bald wenig, bald auch reichlicher, wie bei *Melia*, *Swietenia* und *Trichilia* entwickelt; bei *Trichilia Claussen*i findet es sich auch gefächert und enthält Krystalle in den Fächern. Das Prosenchym ist im allgemeinen einfach getüpfelt.

Die nach Blenk[3]) bei den *Melieen*, *Trichilieen* und *Swietenieen* constant in den Blattlamina auftretenden Secretzellen können auch im Marke und Rinde der Achsenteile vorkommen, z. B. bei *Trichilia Clausseni*; bei *Melia Azadrach* habe ich Secretlücken im Marke beobachtet.

Trichilia Clausseni C. Dec. — *Cedrela paraguariensis* Mart., Martii Herb. Flor. Bras. Nr. 78. — *Melia Azadrach* L. — *Swietenia Mahagoni* L.

---

[1]) Studien über die Verwandtschaftsverhältnisse der *Rutaceen* etc. 1874 S. 34.

[2]) Beitrag zur afrikanischen Flora. Abhandlungen des naturw. Vereines in Bremen Bd. VIII 1883 S. 429 Anm.

[3]) Flora 1884 S. 339.

Chailletiaceen.

Der Holzkörper beider untersuchter Genera zeigt bis vierreihige Markstrahlen, deren Zellen in Richtung der Achse gestreckt sind, und nicht grofslumige (bis 0,048 mm Durchmesser) Gefäfse. An der Gefäfswand findet sich auch bei angrenzendem Markstrahlparenchym Hoftüpfelung vor. Spiralige Verdickung besitzen mitunter die engerlumigen Gefäfse von *Chailletia gelomnoides.* Die Gefäfsperforierung ist einfach elliptisch, öfters langgezogen, seltener rund; bei beiden Genera beobachtete ich besonders in der Umgebung des primären Holzes leiterförmige Perforierungen mit nicht zahlreichen (bis 8) Spangen. Das Parenchym ist in der Umgebung der Gefäfse vorhanden. Deutliche, wenn auch nicht grofse Hoftüpfel (Hof $<$ Spalt) besitzt das Prosenchym von *Chailletia.*

Chailletia gelomnoides Hook. fil. — *Tapura guianensis* Aubl., A. Kappler pl. Surinam., ed. Hohenacker Nr. 2114.

Olacineen.

Bezüglich der Breite der Markstrahlen und der Gröfse des Gefäfslumens läfst sich allgemeines nicht angeben; die Gefäfsweite ist meist eine mittlere (bis 0,078 mm Durchmesser); viel gröfseres Gefäfslumen (bis 0,22 mm Durchmesser) zeigt *Phytocrene.* Auch die Tüpfelung der Gefäfse verhält sich verschieden an jenen Wänden, welche an Markstrahlen stofsen. Die Hoftüpfelung persistiert hier bei den untersuchten Arten von *Olax, Cansjera, Opilia, Gomphandra, Desmostachys, Apodytes, Sarcostigma*; einfache Tüpfelung waltet hier namentlich bei *Heisteria* vor; einfache und gehöfte Tüpfel finden sich hier bei *Paraguaiba.* Neben Hoftüpfeln treten bei *Cathedra rubricaulis* an den an die Markstrahlen angrenzenden Gefäfswänden grofse, runde einfache Tüpfel (Tüpfelmembrane wenigstens nicht immer perforiert) auf. Verschieden verhält sich auch die Gefäfsperforierung. Von den untersuchten *Olaceen* besitzen *Olax* und *Cathedra* runde oder elliptische einfache, *Heisteria*[1]) ausschliefslich leiterförmige, nicht armspangige Gefäfs-

[1]) Auch *Heisteria cyanocarpa* Poepp.

durchbrechungen. Die Gefäſse der unten angegebenen Vertreter der *Opilieen* und *Phytocreneen* sind einfach perforiert. Die untersuchten *Icacineen* haben durchweg leiterförmige, oder leiterförmige und einfache Perforierung; stets kommt Leiterperforierung vor, wenn sie auch mitunter, wie bei *Desmostachys Renschii* auf die Umgebung des primären Holzes beschränkt zu sein scheint; bei *Paraquaïba* und *Apodytes* habe ich nur Leiterperforierung beobachtet; bei *Gomphandra* tritt die einfach elliptische Durchbrechung gegen die leiterförmige zurück. Deutliche spiralige Verdickung der Gefäſswand habe ich nirgends beobachtet, wohl aber häufiger mehr oder minder deutliche Streifung, z. B. bei *Opilia amentacea.* Das Holzparenchym ist verschieden reichlich entwickelt, so z. B. sehr reichlich bei *Cathedra* zwischen dickwandigem Prosenchym, nicht hervorragend hingegen z. B. bei *Opilia amentacea.* Hofgetüpfelt ist das Prosenchym aller untersuchten *Olacineen*; bei *Cathedra rubricaulis* ist die Tüpfelung des dickwandigen und englumigen Prosenchyms nicht sicher zu erkennen.

Anomale Verhältnisse des Holzkörpers treten in der Gruppe der *Phytocreneen* auf. Bekannt ist bei *Phytocrene* das schon so oft beschriebene Auftreten von Bastplatten im Holzkörper, ähnlich wie bei bestimmten *Bignoniaceen.* Ohne auf die genauere histologische Structur einzugehen, bezüglich welcher ich auf De Barys[1]) Angaben verweise, will ich nur erwähnen, da ich nirgends Speciesangaben finde, daſs die Bastkeile sowohl bei der unten citierten Art, als bei *Phytocrene hirsuta* Bl. (Coll. Riedel) in Zahl von 5—13[2]) vorkommen. Im späteren Alter treten bei *Phytocrene* erneute Zuwachszonen auf, welche nach De Bary[3]) in der Bastzone (secundäre Rinde) entstehen. Bei *Sarcostigma Kleinii* fand ich im Holze Weichbastinseln analog *Strychnos*; der äuſsere Weichbast ist dabei nicht besonders reduciert.

[1]) Vergl. Anatomie S. 592 Fig. 227.

[2]) Bei einem jungen Zweigstück von *Phytocrene bracteata* fand ich fünf, bei einem älteren acht Bastkeile.

[3]) a. a. O. S. 606.

Krystallsand habe ich in Mark, primärer und secundärer Rinde von *Gomphandra* beobachtet, krystallinische Ablagerungen von kohlensaurem Kalke in den Markzellen von *Cansjera*; die systematische Bedeutung der letzteren Gebilde in den Blattlamina der *Opilieen* wird von anderer Seite bearbeitet, weshalb ich auf diese Verhältnisse nicht näher eingehe.

Olaceen: *Olax scandens* Roxb., Herb. Ind. Or. Hook. fil. et Thoms. — *Heisteria flexuosa* Mart. — *Cathedra rubricaulis* Miers, ex Herb. bot. Petropolit. — Opilieen: *Cansjera parvifolia* Kurz, Herb. of the late East India Comp., Herb. Helfer. — *Opilia amentacea* Roxb., Peninsula Indiae orientalis Nr. 426, Herb. Wight. — Icacineen: *Gomphandra axillaris* Wall., Herb. Ind. Or. Hook. fil. et Thoms. — *Desmostachys Renschii* Hoffm., Flora v. Madagaskar Nr. 3197, Hildebrandt. — *Paraquaiba sericea* Tul. — *Apodytes acutifolia* Hochst., Schimperi iter abyssinic. Sectio II Nr. 1315. — Phytocreneen: *Sarcostigma Kleinii* Wight, Herb. Ind. Or. Hook. fil. et Thoms., Coll. Stocks, Law. — *Phytocrene bracteata* Wall., O. Beccari piante-bornensi Nr. 925.

Ilicineen.

Die Gattung *Ilex* besitzt breite [6—7reihige][1]) Markstrahlen. Die Wandungen der Gefäfse und des Prosenchyms zeigen in der Regel spiralige Verdickung. Die Gefäfswände sind hofgetüpfelt auch bei angrenzendem Markstrahlparenchym. Die Perforierungen der Gefäfse sind leiterförmig und reichspangig bei stärkerer Neigung der Scheidewände. Die Behauptung Möllers[2]), dafs perforierte Gefäfse bei *Ilex Aquifolium* nicht vorkommen, ist unrichtig; auch bei dieser Art sind leiterförmige Durchbrechungen vorhanden, welche hier indessen bereits richtig von Mohl angegeben wurden. Das Holzparenchym ist nicht spärlich entwickelt; es tritt sowohl in Beziehung zu den Gefäfsen, als zerstreut zwischen dem Prosenchym auf. Das Prosenchym

1) Das Herbarmaterial von *Ilex Gardneriana* zeigte nur bis 3reihige Markstrahlen.

2) a. a. O. S. 387.

ist neben spiraliger Verdickung seiner Wandungen durch Hoftüpfelung ausgezeichnet.

Ilex mucronata L.; — *Il. Aquifolium* L.; — *Il. Gardneriana* Wight, Pl. Ind. Or. ed. Hohenacker Nr. 1454.

Cyrilleen.

Der Querschnitt zeigt bei den beiden untersuchten Gattungen 1—4reihige Markstrahlen und zahlreiche zerstreute, nicht besonders grofslumige Gefäfse (Maximaldurchmesser 0,03—0,054 mm). Die an der Gefäfswand gegen die anstofsenden Markstrahlzellen auftretenden Hoftüpfel sind nicht immer deutlich. Die Gefäfsperforierung drückt die verwandtschaftlichen Beziehungen der *Cyrilleen* zu den *Ilicineen* aufs deutlichste aus; sie ist leiterförmig, oft sehr reichspangig. Mitunter löst sie sich auch in einzelne Löcher auf *(Cliftonia)*. Die Scheidewände der Gefäfszellen sind in der Regel sehr stark geneigt. Das Holzparenchym ist nicht spärlich entwickelt; es nimmt auch an der Jahrringbildung teil. Wie bei den *Ilicineen* so sind auch bei den *Cyrilleen* die Prosenchymwandungen durch typische Hoftüpfelung ausgezeichnet.

Cyrilla caroliniana Jacq. — *Cliftonia ligustrina* Gaert. = *Mylocaryum ligustrinum* Willd., Alabama, C. A. Gray.

Celastrineen.

Die *Celastrineen* zeigen in der Holzstructur wenig constante Verhältnisse. Sehr verschiedene Breite besitzen die Markstrahlen, bis 6reihige z. B. *Celastrus*, bis 2reihige *Evonymus*. Ebenso verschieden verhält sich die Lumengröfse der Gefäfse (Maximaldurchmesser 0,027 mm *(Frauenhofera)* bis 0,075 mm). An der Gefäfswand persistiert stets die Hoftüpfelung auch bei angrenzendem Markstrahlparenchym. Spiralige Verdickung tritt an der Gefäfswand von *Evonymus* auf. Verschieden verhält sich bei den *Celastrineen* die Gefäfsdurchbrechung. Sie ist meist einfach, rund oder elliptisch. Bei *Elaeodendron glaucum* tritt neben der einfachen elliptischen Durchbrechung leiterförmige Perforierung auf, welche in Umgebung des primären Holzes reicherspangig (bis 10 Speichen) ist; auch bei *Celastrus mono-*

sperma ist die leiterförmige Perforation im primären Holze, wenn auch nur vereinzelt, zu finden. Die einfache Perforierung fehlt bei *Elaeodendron croceum*, *capense* und *orientale*, wo leiterförmige, doch nicht reichspangige Gefäſsdurchbrechung ausschlieſslich vorzukommen scheint. Leiterförmige Gefäſsperforation kommt auch nach Möller[1]) *Dulongia acuminata* Kth. zu. Das Holzparenchym ist meist wenig entwickelt und auf die Umgebung der Gefäſse beschränkt; reichlicher, in einreihigen tangentialen Bändern tritt es bei *Microtropis* auf. Das die Grundmasse des Holzes bildende Prosenchym ist in der Regel deutlich hofgetüpfelt; daneben kommt dann weiterlumiges und nicht so dickwandiges, einfach getüpfeltes, oft auch gefächertes Prosenchym vor; mitunter besitzen auch dessen Tüpfel einen wenig deutlichen Hof (beiderlei Prosenchym bei *Hippocratea*, *Salacia*, *Frauenhofera*, *Elaeodendron*, *Maytenus*). Bei *Evonymus* tritt das einfach getüpfelte Prosenchym zurück gegen das Hoftüpfelprosenchym, ebenso bei *Microtropis*, nur daſs hier die Hoftüpfelung weniger typisch ist.

Bei einigen *Celastrineen* ist das Vorkommen von in den Holzkörper einspringenden Bastplatten bekannt, so nach Jussieu[2]) bei einer *Celastrus*-Art, nach Lindley[3]) bei *Evonymus tingens*.

Successive Zuwachsringe finden sich ferner nach Fritz Müller[4]) bei *Tontelea*. Ein anderes anomales Verhältnis hat kürzlich Krüger[5]) bei einer andern *Hippocrateacee*, *Hippocratea scandens*, beschrieben; in der Rinde kommen hier zahlreiche, 15 bis 18 kleine Holzkörper vor, ähnlich wie bei *Serjania*. Diese unterscheiden sich von den Holzkörpern bei *Serjania* auſser durch ihren kleinen Umfang dadurch, daſs sie in ihrem Längsverlaufe anastomosieren. Bei *Hippocratea arborea* konnte ich an dem Herbarmaterial diese rindenständigen Holzkörper nicht beobachten; *Hippocratea scandens* lag mir zur controlierenden Untersuchung leider nicht vor.

---

[1]) a. a. O. S. 386.

[2]) Archives du Mus. d'hist. nat. T. III 1843 p. 117.

[3]) Introduction to botany 1848. Vol. I p. 213 Fig. 40.

[4]) Botanische Zeitung 1866,

[5]) a. a. O. Diss. S. 34.

Hippocrateen: *Hippocratea arborea* Roxb., Wallich Cat. Nr. 4212. — *Salacia flavescens* Kurz, Wall. Cat. Nr. 4338 b. — Elaeodendreen: *Frauenhofera multiflora* Mart. — *Elaeodendron glaucum* Pers.; — *El. croceum* Dec.; — *El. orientale* Jacq.; — *El. capense* Eckl. et Zeyh., Burchell Cat. geogr. pl austr. extratrop. Nr. 6080. — Celastreen: *Celastrus monosperma* Wall., Herb. of the late East India Comp. Nr. 1992. — *Maytenus rigida* Mart. — *Evonymus europaeus* L. — *Microtropis bivalvis* Wall., Wall. Cat. Nr. 4340.

Rhamneen.

Verschieden breit sind die Markstrahlen; verschiedene Lumengröfse (Maximaldurchmesser 0,03—0,15 mm) besitzen die Gefäfse. Spiralige Verdickung tritt an den Gefäfswänden von *Colletia* und *Rhamnus* (auch bei *Rh. cathartica* nach Möller) auf. Hoftüpfelung findet sich meist auch an der Gefäfswand bei angrenzendem Markstrahlparenchym; mitunter *(Gouania)* wird hier allerdings stellenweise die Innenmündung des Hoftüpfels weiter. Die Gefäfsperforierung ist meist einfach, rund oder elliptisch; bei *Zizyphus* habe ich auch vereinzelt wenigspangige leiterförmige Perforationen beobachtet. Das Holzparenchym ist wenig entwickelt; das Prosenchym besitzt stets einfache Tüpfelung.

Im Marke von *Ventilago maderaspatana* kommen Schleimgänge (Secret in heifsem Wasser wenigstens nicht ganz löslich) vor; solche finden sich auch bei den untersuchten Arten von *Paliurus* und *Zizyphus.*

Ventilago maderaspatana Gaertr. — *Paliurus australis* Gaertr. — *Zizyphus calophylla* Wall. — *Colletia spinosa* L. — *Discaria febrifuga* Mart. — *Gouania glandulosa* Bon. — *Reissekia cordifolia* Steud. — *Rhamnus Frangula* L.

Ampelideen.

Der Querschnitt des Holzkörpers der *Ampelideen* (*Vitis* und ebenso nach Möller *Ampelopsis*) ist durch sehr breite Markstrahlen und grofslumige Gefäfse (bis 0,33 mm Dm.) ausgezeichnet. An der Gefäfswand findet sich gegen angrenzendes Markstrahlparenchym einfache Tüpfelung vor. Wo die Gefäfse sich gegenseitig berühren, trifft man bei den beiden angegebenen Arten von *Vitis* und *Leea*[1]) Treppenhoftüpfel an. Das Vorkommen von Treppengefäfsen ist aber nach d'Arbaumonts[2]) Untersuchungen nicht einmal für das Genus, geschweige denn für die Familie constant. Die Gefäfsperforation ist einfach, dem Umfang nach elliptisch, oder auch rund; bei *Leea hirta* beobachtete ich aufserdem spärlich leiterförmige Perforationen in Umgebung des primären Holzes; bei *Vitis vinifera* sind solche bereits von Sanio[3]) sogar in den Spiralgefäfsen nachgewiesen worden. Das Parenchym ist, wie auch d'Arbaumont angibt, auf die Umgebung der Gefäfse beschränkt. Das Holzprosenchym ist einfach getüpfelt und besitzt oft Scheidewände. Die Fächerung des Prosenchyms wird auch von d'Arbaumont hervorgehoben; doch führt er einige Arten von *Cissus* an, bei welchen die Fächerung zurücktritt.

Von grofsem systematischem Werte sind die Rhaphiden, welche, wie in den Blättern, so auch in Mark, primärer und secundärer Rinde der Achsenteile auftreten können, so z. B. bei *Vitis vinifera* und *Leea hirta*. D'Arbaumont hat Rhaphidenzellen bei allen von ihm untersuchten *Ampelideen* in den Achsenteilen nachgewiesen. Nicht damit zu verwechseln sind kleine Krystallnädelchen, welche auch bei einigen *Ampelideen* vorkommen.

Zu bemerken ist noch die Angabe Kunths[4]), dafs bei *Cissus* der Holzkörper aus mehreren Bündelringen besteht.

Vitis vinifera L. — *Leea hirta* Hornem., Herb. of the late East India Comp. Nr. 1281/2 Herb. Griffith.

---

[1]) Auch bei *Leea hirta* waren am Herbarmaterial breitere Markstrahlen und gröfserlumige Gefäfse (Durchmesser bis 0,07 mm) vorhanden.

[2]) La tige des *Ampélidées*. Annales des sc. nat. Sér. 6. T. XI 1881 p. 186; d'Arbaumont hat die Anatomie von Holz und Rinde bei 80 Arten der Genera *Ampelopsis*, *Vitis*, *Cissus*, *Leea* und *Pterosanthes* studiert.

[3]) Botanische Zeitung 1863.

[4]) Lehrbuch der Botanik I S. 149.

Sapindaceen.

Die *Sapindaceen* im Sinne von Bentham-Hookers Gen. Plant. umfassen mehrere Triben, von denen ich die *Staphyleaceen* gesondert zunächst betrachten will, weil sie in der Holzanatomie von den übrigen bedeutend abweichen.

Die *Staphyleaceen,* welche von den *Sapindaceen* schon durch den intrastaminalen Discus und die eiweifshaltigen Samen sich unterscheiden, sind durch leiterförmige, reichspangige Gefäfsperforationen und durch typisches Hoftüpfelprosenchym gegenüber den übrigen *Sapindaceen* ausgezeichnet. Die untersuchten Genera besitzen bis 4reihige Markstrahlen und nicht besonders grofslumige (bis 0,06 mm Durchmesser) Gefäfse. Die Tüpfelung der Gefäfswand wird durch angrenzendes Markstrahlparenchym beeinflufst; es tritt hier einfache Tüpfelung auf. Die Scheidewände der Gefäfszellen sind meist stark geneigt. Das Holzparenchym nimmt keinen besonderen Anteil an Bildung des Holzkörpers. Bei *Staphylea pinnata* kommt lockere spiralige Verdickung der Gefäfswand vor.

Den übrigen *Sapindaceen* ist hingegen eine einfache, runde oder elliptische Gefäfsperforation und der Mangel typischer Hoftüpfelung des Prosenchyms gemeinsam. Die übrigen histologischen Verhältnisse wechseln. Die Markstrahlen sind verschieden breit; 1—2reihig sind sie bei *Aesculus,* bis 5reihig bei *Acer.* Bei *Melianthus* fehlen die primären Markstrahlen; erst in älteren Achsenteilen treten bis 3reihige, secundäre auf. Ebenso wechselt die Gröfse des Gefäfslumens. An der Gefäfswand tritt auch gegen das Markstrahlparenchym Hoftüpfelung auf. Spiralig verdickt sind oft die Gefäfswände der untersuchten Arten von *Acer*, *Negundo*, *Dodonaea*, *Aesculus*, mehr gestreift die Gefäfswände von *Sapindus Saponaria* und *Melianthus maior.* Das Holzparenchym ist meist wenig entwickelt; reichlicher beispielsweise bei *Sapindus Saponaria,* wo es auch gefächert und mit Krystallen in den Fächern auftritt; solche Krystallschläuche finden sich auch bei *Acer* und *Dodonaea.*

Ohne auf die reichhaltige Litteratur, welche die anomalen Achsenteile der *Sapindaceen* behandelt, und auf die näheren histologischen Verhältnisse einzugehen, will ich nur in folgendem die einzelnen Anomalien, welche Radlkofer[1]) unterscheidet, in Beziehung zu ihrer systematischen Verwertung anführen.

I. Die erste Anomalie ist Radlkofers »zusammengesetzter Holzkörper«: ein gröfserer Bündelring wird hier von kleineren gesonderten Bündelringen umschlossen; der centrale Holzkörper und die peripherischen Holzkörper werden primär angelegt. Der »zusammengesetzte Holzkörper« findet sich bei 84 von 145 Arten von *Serjania* und bei 12 Arten von *Paullinia*; er ist für bestimmte Arten constant und ferner sind verschiedene Modificationen desselben für bestimmte Arten charakteristisch.

II. Kann ein Hauptring nicht unterschieden werden, so hat man den »geteilten Holzkörper«, welcher 5 Arten von *Serjania* zukommt; auch hier werden sämmtliche Bündelringe primär angelegt.

III. Allen Arten von *Thinouia* ist vielleicht Radlkofers »umstrickter Holzkörper« eigen. An der Peripherie des ursprünglich regelmäfsigen Holzkörpers entstehen da später in entsprechenden Abständen fünf neue secundäre. Solche peripherische secundäre Holzkörper finden sich nach Radlkofer nicht selten auch an älteren Stämmen jener Arten von *Paullinia* und *Serjania*, welchen ein »zusammengesetzter« oder auch »geteilter« Holzkörper zukommt.

IV. Nur bei *Urvillea laevis* Radlk. wird später der Holzkörper in drei Teile zerklüftet; jeder dieser Teile bildet sich in einen vollständigen Holzcylinder um.

Bei *Melianthus maior* L. beobachtet man ferner an Querschnitten durch das Internodium markständige Phloëmbündel; sie bestehen aus dünnwandigem Gewebe (Phloëm), welches von einer Scheide aus prosenchymatischen und parenchymatischen Zellen umgeben ist. Diese markständigen Bündel sind, wie ich an lebendem Material aus dem hiesigen botanischen

---

[1]) Über die Entstehung der secundären Holzkörper im Stamme gewisser *Sapindaceen*. Berichte der Vers. deutscher Ärzte u. Naturforscher zu München 1877 S. 194; siehe auch Id. Monographie der Gattung *Serjania*. München 1875.

Garten durch Betrachtung successiver Querschnitte durch Knoten und Internodium nachwies, Bündelteile, welche aus dem peripherischen Bündelring in das Mark eingetreten sind[1]), also nicht gleichwertig sind mit intraxylärem Phloëm.

Staphyleaceen: *Euscaphis staphyleoides* Sieb. et Zucc. — *Turpinia nepalensis* Wall., Peninsula Indiae orientalis Nr. 543 Herb. Wight. — *Staphylea pinnata* L. — Übrige Sapindaceen: *Acer campestre* L. — *Negundo fraxinifolia* Nutt. — *Serjania fuscifolia* Radlk. — *Melianthus maior* L. — *Dodonaea viscosa* L. — *Sapindus Saponaria* L. — *Aesculus Hippocastanum* L.

Sabiaceen.

Die beiden untersuchten Arten der Gattung *Sabia* besitzen breite, bis 6reihige Markstrahlen und gröfserlumige (bis 0,085 mm Durchmesser), zerstreute Gefäfse. Nur die Gefäfswände von *Sabia leptandra* sind spiralig verdickt. Bei angrenzendem Markstrahlparenchym gibt sich eine Abhängigkeit der Tüpfelung der Gefäfswand von dem parenchymatischen Gewebe kund; es tritt hier einfache Tüpfelung auf. Die Perforierungen der Gefäfse sind meist einfach und zwar elliptisch; in der Umgebung des

[1]) Das untere Ende eines jüngeren Internodiums von *Melianthus maior* zeigt nur vereinzelt mehr markständige Bündel; namentlich wurde ein solches Bündel auch noch im folgenden Internodium eine ziemliche Strecke weit beobachtet an der Stelle, welche in der Längslinie unter der Insertionsstelle des nächst höheren Blattes liegt. Wenn man sich dem Knoten nähert, so dringen da, wo die Fibrovasalstränge der Knospe (welche in der Achsel eines Blattes sich befindet) in den peripherischen Bündelkreis der Achse eintreten, Teile des peripherischen Bündelringes in das Mark ein und bilden die markständigen Bündel. Nach und nach entstehen an dieser Stelle immer mehr Markbündel, bis endlich die Gefäfsbündel der Knospe völlig in den peripherischen Kreis eingetreten sind und denselben geschlossen haben. Nur ein kleiner Teil der markständigen Bündel verbleibt an dieser Stelle; der gröfsere Teil verlauft in schiefer Richtung durch das Mark; so ordnen sich die markständigen Bündel allmählich zu einem Kreise an. Im weiteren Verlaufe der einzelnen markständigen Bündel durch das Internodium tritt das Phloëm zurück; der Umfang der Scheide wird kleiner; mitunter wurde ein Anschlufs der Bündel an den peripherischen Bündelkreis beobachtet. Die Bündel der die Knospe in ihrer Achsel tragenden Blätter selbst treten in normaler Weise in den Bündelring der Achse ein; sie veranlassen auch nicht das Einbiegen von Teilen des Bündelkreises der Achse in das Mark.

primären Holzes, seltener auch im secundären Holze, kommen daneben leiterförmige Durchbrechungen vor. Das Parenchym, dessen Zellen mit schiefen Querwänden über einander liegen, findet sich in Umgebung der Gefäſse. Das ziemlich weitlumige Holzprosenchym ist hofgetüpfelt.

Sabia leptandra Hook. fil. et Thoms., Herb. Ind. Or. Hook. fil. et Thoms.; — *S. limonacea* Wall., Herb. Hort. bot. Calcutt., Coll. Jenkins.

Anacardiaceen.

Am Querschnitt habe ich bei den untersuchten *Anacardiaceen* 1- oder 2reihige und bis 4reihige Markstrahlen, sowie Gefäſse von verschieden groſsem Lumen (Maximaldurchmesser 0,06 mm *(Rhus)* bis 0,105 mm *(Anacardium)*) beobachtet. Gegen die Markstrahlen fand ich bei den fünf untersuchten Genera meist einfache Tüpfelung an der Gefäſswand vor. Die engeren Gefäſse und Tracheiden von *Pistacia Terebinthus* besitzen spiralig verdickte Wandungen, welche nach Engler auch bei den Tracheiden von *Pistacia Lentiscus* sich finden. Holzparenchym tritt in Beziehung zum trachealen System auf. Die Gefäſsperforation der *Anacardiaceen* ist einfach, rund oder elliptisch; häufig sind dabei die Scheidewände horizontal oder wenig geneigt und ganz resorbiert. Das Prosenchym ist stets einfach getüpfelt; dieses einfache getüpfelte Prosenchym dürfte auch den zahlreichen, von Engler[1]) untersuchten Arten zukommen, da er bei keiner Art das Vorkommen von Hoftüpfelprosenchym erwähnt; mitunter tritt auch Fächerung des Prosenchyms auf *(Spondias, Rhus, Schinus)*.

Neben der einfachen Perforierung und dem einfach getüpfelten Prosenchym ist für die *Anacardiaceen* das Auftreten von Harzgängen constant. Schon De Bary[1]) gibt dieselben bei 15 Arten der Gattungen *Schinus*, *Spondias*, *Pistacia* und *Rhus* an. Neuerdings hat Engler[2]) diese Secretgänge bei

---

[1]) De Bary, Vergl. Anatomie S. 466.

[2]) Über die morphologischen Verhältnisse und die geographische Verbreitung der Gattung *Rhus*. Botan. Jahrbücher I 1881 S. 386 ff.

24 Gattungen und 34 Arten nachgewiesen. Sie treten in Mark und Siebteilen auf oder in dem Weichbaste allein. Das Vorkommen oder Fehlen von Harzgängen im Marke bezeichnet nach Engler keine natürliche Verwandtschaftsgruppen innerhalb der Gattung. Engler gibt die Harzgänge z. B. im Marke von *Rhus abyssinica* Hochst. an, während sie bei *Rhus lucida* L., welche sogar derselben Section angehört, im Marke fehlen. Engler hat vielmehr gefunden, dafs alle tropischen Arten der *Anacardiaceen* markständige Harzgänge besitzen, während sie bei fast allen extratropischen Arten fehlen. Auch die von mir untersuchten *Anacardiaceen* besitzen sämtlich Harzgänge in dem Weichbaste; Secretgänge fand ich im Marke der angegebenen Arten von *Spondias, Anacardium* (leere Gänge) und *Schinus.*

Spondias lutea Engl., Sieber Flora martin. Nr. 127. — *Anacardium occidentale* L. — *Rhus Toxicodendron* L. — *Pistacia Terebinthus* L. — *Schinus molle* L.

Moringeen.

Auch hier sind die Gefäfse einfach perforiert bei oft horizontaler Scheidewand; das Holzprosenchym ist einfach getüpfelt. An der Gefäfswand findet sich in der Regel einfache Tüpfelung bei angrenzendem Markstrahlparenchym. Im Centrum des Markes findet sich bei *Moringa arabica* und *pterigosperma* ein Schleimgang, bei *Moringa aptera* Gaertn. (Kotschyi iter nubicum Nr. 336) deren zwei.

Moringa arabica Pers.; — *Moringa pterygosperma* Gaertr.

Coriarieen.

Die untersuchte Art zeigt am Querschnitt breite (bis 7reihige) Markstrahlen, deren Zellen in Richtung der Achse gestreckt sind, und Gefäfsgruppen; das Lumen der Gefäfse erreicht einen Durchmesser von 0,105 mm. Auch bei angrenzenden Markstrahlen persistiert die Hoftüpfelung der Gefäfswand. Die in den weiteren Gefäfsen wenig geneigten Scheidewände zeigen einfache, runde oder elliptische Perforierungen. Das Prosenchym ist einfach getüpfelt.

Coriaria myrtifolia L., Schultz, Herb. normale Nr. 459.

Connaraceen.

Verschiedene Breite besitzen die Markstrahlen: 1—5reihig bei *Cnestidium*, 1—2reihig bei den übrigen. Verschieden grofs (Maximaldurchmesser 0,045—0,085 mm) ist auch das Gefäfslumen. Bei allen untersuchten Gattungen tritt bald häufiger, bald weniger häufig einfache Tüpfelung an der Gefäfswand gegen das Markstrahlparenchym auf; daneben finden sich Übergänge zur Hoftüpfelung. Die Gefäfsperforierung ist einfach, rund oder elliptisch, bei verschiedener Neigung der Scheidewand. Neben nicht hervorragend entwickeltem Parenchym bildet einfach getüpfeltes, bei allen untersuchten Arten mitunter gefächertes Prosenchym den Holzkörper. Krystalle finden sich mitunter in Fächern des Prosenchyms *(Cnestis, Cnestidium)*, aber auch mitunter des Parenchyms *(Cnestidium)*.

Cnestis glabra Dec. — *Cnestidium lasiocarpum* Baker. — *Ellipanthus Helferi* Hook. fil., Herb. of the late East India Comp. Nr. 1237 Herb. Helfer. — *Rourea induta* Planch. *var. reticulata* Baker. — *Connarus fulvus* Planch.

Leguminosen.

Der grofse Umfang dieser Ordnung, welche die *Papilionaceen*, *Caesalpinieen* und *Mimoseen* umfafst, und das verhältnismäfsig wenige untersuchte Material gestatten nicht, detailliertere Schlüsse zu ziehen. Verschieden breit sind die Markstrahlen; es kommen breite, wie bei *Ononis pubescens*, bei anderen Arten, wie bei *Bauhinia longipetala*, nur 1—2reihige vor; die Markstrahlzellen sind bald in radialer Richtung, bald in Richtung der Achse gestreckt. Ebenso wechselt die Gröfse des Gefäfslumens, das oft sehr beträchtlich ist, einen 0,2 und auch 0,3 mm grofsen Durchmesser besitzen kann, während die Gefäfse von *Podalyria* nur einen solchen von 0,03 mm erreichen. Nicht anders verhält sich die Hofgröfse der Gefäfstüpfel; bald hat der Hof einen grofsen (bis 0,009 mm), bald einen kleinen Durchmesser. Die Gefäfswand besitzt auch meist Hoftüpfelung bei angrenzendem Markstrahlparenchym, wenn auch der Innenspalt nicht immer deutlich ist; einfache Tüpfelung fand ich hier bei *Robinia* entwickelt. Nicht selten tritt spiralige Verdickung der Tracheenwände, namentlich in den engerlumigen Gefäſsen und Tracheiden auf; sie wird von Möller für *Cytisus* und *Gleditschia* angegeben und findet sich auch bei den von mir untersuchten Arten von *Podalyria, Cyclopia, Genista*, *Robinia*. Sie ist mitunter wenigstens für das Genus nicht constant; bei *Podalyria cuneifolia* und *cordata* ist sie vorhanden; bei *Pod. sericea* fand ich dieselbe nur angedeutet als spiralige Streifung, aber nicht bei allen Individuen der Art. Bei allen *Leguminosen* habe ich einfache[1]), runde oder elliptische Perforation der Gefäſse nachgewiesen; die Scheidewand der Gefäſszellen ist dabei nicht selten horizontal; auch Möller[2]) spricht bei den zahlreichen, von ihm untersuchten Arten nie von dem Vorkommen einer leiterförmigen Perforierung. Das Holzparenchym zeigt eine sehr verschiedene Entwicklung; oft ist dasselbe reichlich entwickelt. Die verschiedene Ausbildung des Parenchyms einerseits in Beziehung zum trachealen System, andrerseits das Auftreten von tangentialen Bändern im Prosenchym u. s. w. hat schon Möllers Aufmerksamkeit erregt; er versuchte daher die von ihm untersuchten *Papilionaceen*, *Caesalpinieen* und *Mimoseen* nach diesen Gesichtspunkten in Untergruppen zu zerlegen, welche aber in keiner Beziehung zum natürlichen Systeme stehen. Ich verweise daher auf seine Abhandlung und will nur beifügen, daſs auch die von mir untersuchten Arten in der Parenchymentwicklung von einander differieren. Mitunter sind die Parenchymzellen auch gefächert und führen Krystalle, so bei den untersuchten Arten von *Robinia*, *Swartzia*, *Caesalpinia*, *Dimorphandra*, *Parkia*, *Adenanthera*, auch bei *Inga* und *Acacia* (Parenchym?). Das Holzprosenchym der *Leguminosen* ist stets einfach getüpfelt, selten gefächert *(Inga*, *Bauhinia)*.

Das Holz einiger *Leguminosen* besitzt mehrere Bündelringe; dahin gehört nach Fritz Müller[3]) *Mucuna*, nach

---

[1]) Tangl (Beitrag I a. a. O.) gibt einfache Perforierungen auch bei Arten von *Astragalus*, *Camichaelia*, *Ceratonia*, *Gymnocladus*, *Templetonia* an.

[2]) a. a. O.

[3]) Bot. Zeitung 1866.

Crüger[1]) *Rhynchosia phaseloides*, ferner *Wistaria sinensis*. Die secundären Bündelringe entstehen, nach Crügers Abbildung (Fig. 20) und Angaben (S. 141) zu urteilen, in der primären Rinde bei *Rhynchosia*, ebenso bei *Wistaria sinensis* nach Krüger[2]). Bemerkenswert ist, dafs bei *Wistaria* der anomale Zuwachs erst spät erfolgt und daher die Thätigkeit des ursprünglichen Cambiums lange Zeit währt; es sind auch die Weichbastteile der inneren Ringe stark entwickelt und aufserdem durch tangentiale Reihen von Bastfasern geschichtet.

Bekannt ist ferner die Zerklüftung des Holzkörpers bei den *Bauhinieen*[3]) und zwar der Section *Caulotretus*.

Podalyria sericea R. Brn.; — *Pod. cuneifolia* Vent., Burchell Catal. geogr. pl. Afr. austr. extratrop.; — *Pod. cordata* R. Brn. — *Cyclopia genistoides* Dec. — *Genista acanthoclada* Dec. — *Ononis pubescens* Dec.; — *Ononis Natrix* Lam. — *Anthyllis podocephala* Boiss. — *Hedysarum fruticosum* Pall. — *Robinia Pseudacacia* L. — *Abrus fruticulosus* Wight., Peninsula Indiae orientalis Nr. 73. — *Erythrina velutina* Willd. — *Dalbergia latifolia* Roxb., Herb. et Cult. Hort. bot. Calcutt. — *Sophora japonica* L. — *Swartzia apetala* Raddi, Martii Herb. Flor. Brasil. Nr. 885. — *Sclerolobium paniculatum* Vog. — *Caesalpinia pyramidalis* Tul. — *Cassia Tora* L., Herb. Ind. Or. Hook. fil. et Thoms. — *Bauhinia longipetala* Benth. — *Amherstia nobilis* Wall. — *Cynometra cauliflora* L. — *Dimorphandra parviflora* Spruce, Coll. Spruce Nr. 1465. — *Parkia africana* R. Brn., Perrottet pl. Senegal. Nr. 261. — *Adenanthera Pavonina* L. — *Mimosa pudica* L. — *Inga floribunda* Benth. — *Acacia caesia* Wight, Peninsula Indiae orientalis Nr. 891 Herb. Wight.

Rosaceen.

Auch hier zeigt die Breite der Markstrahlen wie Lumengröfse der Gefäfse wechselnde Verhältnisse. Breite, bis 10reihige Markstrahlen finden sich z. B. bei *Rosa canina*, nur 1—2reihige

---

[1]) Bot. Zeitung 1850 Tab. III Fig. 19—21.

[2]) a. a. O. S. 18.

[3]) De Bary, Vergl. Anatomie S. 621.

bei *Sorbus aucuparia.* Ferner besitzt *Rosa canina* grofslumige Gefäfse (Durchmesser bis 0,15 mm); bei anderen Gattungen erreicht das Gefäfslumen nur einen geringen Durchmesser. An der Gefäfswand erhält sich auch in der Regel die Hoftüpfelung bei angrenzendem Markstrahlparenchym; mitunter kommt neben derselben einfache Tüpfelung, so z. B. bei *Hirtella,* vor. Sehr verbreitet ist in dieser Familie die spiralige Verdickung der Gefäfswand; mitunter ist sie auf das Prosenchym beschränkt. Spiralig verdickt sind die Gefäfswände der untersuchten Arten von *Prunus, Kageneckia*, *Rosa*, *Sorbus*, *Cydonia*, auch *Cliffortia*, ferner die Prosenchymwände von *Stephanandra, Rosa, Cydonia, Crataegus.* Die Perforierung der Gefäfse ist vorherrschend einfach, der Form nach rund oder elliptisch. Schon Sanio hat aber bei *Spiraea salicifolia, Rubus Idaeus* und *Rosa canina* neben der einfachen Perforation leiterförmige beobachtet. Leiterförmige Gefäfsdurchbrechungen habe ich nun auch bei sämtlichen untersuchten *Rosaceen* (excl. *Chrysobalaneen*) nachweisen können. Bei manchen Arten *(Kageneckia,* auch *Neillia)* überwiegt schon mehr die elliptische Form der einfachen Perforierung; ferner finden sich mitunter, so in der Umgebung des primären Holzes, bei *Spiraea ulmifolia* einfache langgezogen elliptische Perforierungen. Die Leiterperforationen der *Rosaceen* habe ich namentlich in der Umgebung des primären Holzes beobachtet; sie sind hier entweder armspangig *(Kageneckia)* oder auch reicherspangig *(Neillia)*; bei *Neillia* finden sie sich auch im secundären Holze. Mitunter finden sich unregelmäfsige und anastomosierende Spangen in Perforierungen von rundem Umfange *(Sorbus, Cydonia, Potentilla).* Das Holzparenchym ist verschieden entwickelt; in tangentialen Bändern bei *Chrybalanus,* noch reichlicher, die Grundmasse des Holzes bildend, bei *Hirtella.* Bei den übrigen untersuchten *Rosaceen* nimmt das Holzparenchym keinen hervorragenderen Anteil an Bildung des Holzkörpers; reichlicher ist es aber zwischen dem Prosenchym, z. B. bei *Cydonia* oder *Crataegus,* vorhanden. Das Prosenchym ist hofgetüpfelt; bei *Spiraea ulmifolia* kommt daneben einfach getüpfeltes und gefächertes Prosenchym vor.

Bemerkenswert ist die netzartige Verteilung der tanninhaltigen Zellen im Marke von *Rosa*, welche schon Trécul[1]) für die Arten dieses Genus hervorgehoben hat.

Chrysobalaneen: *Chrysobalanus Icaco* L. — *Hirtella triandra* Sw. — Übrige Rosaceen: *Prunus spinosa* L. — *Amygdalus communis* L. — *Neillia thyrsiflora* Don., Herb. Hort. bot. Calcutt. Native Collectors. — *Spiraea ulmifolia* Scop. — *Stephanandra flexuosa* Sieb. et Zucc. — *Kageneckia oblongifolia* Ruiz et Pav. — *Rubus Idaeus* L. — *Potentilla fruticosa* L. — *Cliffortia ruscifolia* L. — *Rosa canina* L. — *Crataegus oxyacantha* L. — *Cydonia vulgaris* Pers. — *Sorbus aucuparia* L.

Saxifragaceen.

Am Querschnitt der Achsenteile beobachtet man meist breitere Markstrahlen (z. B. bei *Cunonia* bis 3reihig, bei *Ribes* bis 7reihig) und in der Regel isolierte, nicht grofslumige Gefäfse (Maximaldurchmesser 0,04—0,06 mm). An der Gefäfswand ist meist die Hoftüpfelung auch bei angrenzendem Markstrahlparenchym entwickelt *(Philadelphus, Escallonia, Itea, Ribes)*; hingegen besitzen hier aufserdem die untersuchten *Cunonieen* deutlich einfache, grofse elliptische Tüpfel. Die Gefäfsperforation ist bei allen untersuchten *Saxifragaceen* ausschliefslich leiterförmig und die Scheidewand der Gefäfszellen dabei stark, oft sehr stark geneigt. Die Anzahl der Speichen ist eine verschiedene; eine aufserordentliche reiche Zahl derselben besitzen die leiterförmigen Perforierungen von *Hydrangea*; reichspangige sind auch beispielsweise die von *Cunonia, Callicoma, Itea* oder *Philadelphus*, weniger reichspangig meist die von *Escallonia* und *Ribes*. Das Parenchym beteiligt sich nicht in hervorragenderem Mafse an Bildung des Holzkörpers; mitunter findet es sich gefächert, mit Krystallen in den Fächern, so bei *Cunonia capensis* und *Callicoma Stutzeri*. An der Prosenchymwand kommt Hoftüpfelung vor bei *Philadelphus coronarius* (hier auch spiralige Wandverdickung), den untersuchten *Escallonieen* und *Cunonieen*; bei *Deutzia* findet sich neben

---

[1]) Comptes rendus T. LX 1865 p. 1035.

dem Hoftüpfelprosenchym einfach getüpfeltes und gefächertes vor, welch letzteres bei *Ribes* in den Vordergrund tritt. Einfach getüpfeltes und gefächertes Prosenchym besitzen auch die untersuchten Arten von *Hydrangea*.

Rhaphiden finden sich wie in den Blättern, so auch im Marke der angegebenen *Hydrangea*-Arten. Die die Rhaphiden in manchen Familien ersetzenden säulenartigen Krystalle fand ich nur in der Rinde beider untersuchten *Escallonia*-Arten vor.

Hydrangeen: *Hydrangea acuminata* Sieb. et Zucc.; — *Hydr. Azisai* Sieb. et Zucc. — *Philadelphus coronarius* L. — *Deutzia gracilis* Sieb. et Zucc. — Cunonieen: *Cunonia capensis* L. — *Callicoma Stutzeri* Ferd. v. Müll. — Escallonieen: *Escallonia Sellowiana* Dec.; — *Esc. montevidensis* Cham. et Schlechtdl. — *Itea macrophylla* Wall., Herb. Ind. Or. Hook. fil. et Thoms. — Ribesiaceen: *Ribes Grossularia* L.

Crassulaceen.

Seitdem von Brongniart[1]) zum erstenmale auf den Bau des Holzes bei den *Crassulaceen* aufmerksam gemacht wurde, liegen zwei Arbeiten vor, welche die Holzanatomie dieser Familie genauer behandeln, die Untersuchungen von Regnault[2]) und Mori[3]).

Aus diesen Abhandlungen sowohl, als meiner Untersuchung der unten citierten holzigen *Crassulaceen* ergibt sich folgendes.

Die auf der Höhe der Entwicklung angelangten Achsenteile der *Crassulaceen*, welche vor allem die eigentlichen Holzpflanzen umfassen, zeigen am Querschnitt eine verholzte Grundmasse aus in der Regel weiterlumigem und immer einfach getüpfeltem Prosenchym, in welchem entweder in Form von concentrischen Bändern oder kleineren rundlichen Inseln dünnwandige Gewebeteile liegen, welche allein die Gefäfse enthalten. Charakteristisch

---

[1]) Observations sur la Structure intérieure du *Sigillaria elegans*. Archives du Muséum d'Hist. nat. I, Paris 1839, p. 437.

[2]) Annales des sciences naturelles Sér. 4 T. XIV 1860 p. 87—95 Tab. IV Fig. 1—4.

[3]) Saggio monagrafico sulla struttura istologica delle *Crassulacee*. Nuovo Giornale botanico Italiano, Pisa 1879, XI p. 161—187 Tab. V—VII.

ist ferner der völlige Mangel der Markstrahlen. Der ganze Holzkörper wird nach aufsen von einer Weichbastzone umgeben (Regnaults »couche génératrice«). Auch die Gefäfse des primären Holzes sind in dünnwandiges Gewebe eingebettet. Alle diese Verhältnisse zeigt recht deutlich Regnaults Abbildung Tab. IV Fig. 2 u. 3. Denselben Bau zeigen die sämtlichen von mir untersuchten Arten, *Sedum spurium* ausgenommen; ferner nach Brongniart und Schleiden[1]) *Echeveria grandiflora*, nach Regnault *Sempervivum arboreum*, *Haworthii* und *leucoblepharum*, sowie *Rochea falcata* und *Sedum deltoideum*, nach Mori endlich *Sedum dasyphyllum* (Tab. VI Fig. 16) und *altissimum* (Tab. VII Fig. 19).

Ein differentes Verhalten zeigt hievon nach Regnault *Sedum oxypetalum* (Tab. IV Fig. 5). Die Holzfasern treten hier völlig zurück und es besteht der Holzkörper allein nur aus solchem cambialen dünnwandigem Gewebe, wie es beim ersten Typus nur in Umgebung der Gefässe vorkommt; ferner treten hier primäre Markstrahlen auf, welche die einzelnen Bündel von einander trennen. An *Sedum oxypetalum* schliefst sich auch *Crassula portulacea* an.

Umbilicus pendulinus und *Crassula rubra* stellen insoferne einen Übergang zwischen beiden Typen dar, als bei ihnen abgesehen von den primären Gefäfsen der Holzkörper nur aus Prosenchym, aber ohne Gefäfse und Markstrahlen besteht. Dasselbe Verhältnis zeigen nach Mori *Sedum stellatum* (Tab. VI Fig. 15), *acre* (Tab. VI Fig. 17) und *rupestre* (Tab. VII Fig. 18), aufserdem auch *Sedum spurium*.

Abgesehen von den Spiralgefäfsen des primären Holzes sind die Gefäfse der *Crassulaceen* dadurch ausgezeichnet, dafs ihre Wände grofse einfache Tüpfel haben; eine oder mehrere solche Poren finden sich auch an den Gefäfszwischenwänden vor. Diese netzartig verdickten Gefäfswände finden sich auch bei den von Regnault untersuchten Arten vor; wenn ferner Mori die Gefäfse erwähnt, spricht er stets von »Vasi anellati o reticulati«.

---

[1]) Annals of Natural History IV p. 241.

Bemerkenswert ist noch, dafs ich bei *Cotyledon* und *Sedum* den oxalsauren Kalk als Krystallsand in Mark und primärer Rinde vorfand. Bei *Rochea coccinea* beobachtete ich kleine Kryställchen in die Membranen der dünnwandigen oder mehr collenchymatösen Zellen des Markes und besonders der primären Rinde eingelagert, ebenso in die Membranen der primären Rindenzellen von *Crassula scabra* [1]).

Die holzigen *Crassulaceen* besitzen einen Holzkörper, der aus einer Grundmasse von einfach getüpfeltem Prosenchym ohne Markstrahlen besteht, in welcher Bündel dünnwandigen Gewebes, die Gefäfse umschliefsend, liegen. Sämtliche Crassulaceen aber besitzen einfach getüpfelte Gefäfswände.

Cotyledon teretifolia Thbg. — *Rochea coccinea* Dec. — *Kalanchoë grandiflora* Wall., Pl. Ind. or. ed. Hohenacker Nr. 1482. — *Sempervivum arboreum* L. — *Crassula scabra* L. — *Sedum spurium* L.

Droseraceen.

Die Gattung *Roridula* zeigt am Querschnitt 1—2 reihige Markstrahlen und vorzugsweise isolierte Gefäfse von mittelgrofsem (bis 0,06 mm) Durchmesser. Die spiralige Verdickung der Gefäfswand ist namentlich an den Enden der Gefäfszellen deutlich. Auch bei angrenzendem Markstrahlparenchym findet sich an der Gefäfswand Hoftüpfelung. Die Gefäfsperforierung ist leiterförmig und zwar reichspangig, die Scheidewand der Gefäfszellen dabei stark geneigt. Das dickwandige und weitlumige Prosenchym ist hofgetüpfelt. Dasselbe Hoftüpfelprosenchym besitzt auch *Drosophyllum*, hingegen ist hier die Perforation einfach, rund oder elliptisch. *Drosophyllum* ist, wie nur nebenbei erwähnt werden soll, auch durch kleine rindenständige, in Bezug

---

[1]) Nach Solms-Laubach (Über einige geformte Vorkommnisse oxalsauren Kalkes in lebenden Pflanzenmembranen. Bot. Zeitung 1871 S. 509 u. 543) kommen solche Verhältnisse nicht selten bei den *Coniferen* vor; hingegen waren sie bei Dicotyledonen bisher nur von der Epidermis bekannt und zwar bei *Mesembryanthemum* und *Sempervivum*.

auf Xylem und Phloëm verkehrt orientierte Gefäfsbündel ausgezeichnet.

Roridula dentata L. — *Drosophyllum lusitanicum* Linh.

Hamamelidaceen.

Die Gattungen der genannten Familie zeigen einen sehr übereinstimmenden anatomischen Bau des Xylems. Diese Übereinstimmung entspricht auch der Stellung der *Bucklandieen* und *Balsamifluae* Endlichers innerhalb dieser Familie.

Besonders charakteristisch für die *Balsamifluae (Altingia* und *Liquidambar)* ist das Auftreten von markständigen Secretgängen, welche meist von mehreren Lagen kleinzelligen Epithels umgeben sind; diese Harzgänge treten in so enge Beziehung zu den Gefäfsbündeln, dafs sie als integrierender Bestandteil des primären Holzes aufgefafst werden können. Wie ich nachträglich sehe, haben diese Harzgänge kürzlich durch Van Tieghem[1]) Bearbeitung gefunden; er gibt sie für *Liquidambar styraciflua*, *orientalis, Formasana* und *acerifolia*, ferner für *Altingia excelsa* und *chinensis* an. Van Tieghem rechnet die Gänge auch zum primären Holze.

Die Markstrahlen der *Hamamelideen* sind nie breit, nur ein- bis zweireihig; ihre Zellen sind stehend oder liegend, im ersteren Fall oft durch beträchtliche Höhe ausgezeichnet. Die Gefäfse sind in der Regel am Querschnitt zerstreut, mehr oder minder zahlreich, nicht grofslumig, meist vier- oder mehrseitig, selten *(Trichocladus)* rundlichlumig. Mitunter nur berühren sie sich, in welchem Falle an der Berührungswand keine sehr dichte Hoftüpfelung auftritt. Gegen die Markstrahlen sind an der Gefäfswand in der Regel einfache Tüpfel vorhanden, wenn auch vereinzelt Übergänge zur Hoftüpfelung auftreten. Die Scheidewand der Gefäfszellen ist stark geneigt und ganz oder teilweise durchbrochen. Ausschliefslich kommt bei den *Hamamelideen* eine leiterförmige, reichspangige Gefäfsperforation vor. Die Zahl der Spangen ist eine verschiedene; so zählte ich beispielsweise bei *Parrotia persica*

---

[1]) Sur les canaux sécréteurs des *Liquidambarées* et des *Simarubacées*. Bull. soc. bot. de France 1884 p. 247—256.

8—14, bei *Hamamelis virginica* bis 13, bei *Liquidambar styraciflua* bis 22, bei *Bucklandia* 30—40, bei *Rhodoleia* und *Corylopsis pauciflora* mitunter über 40 Speichen. Mitunter sind die Enden der Gefäſszellen spiralig verdickt, so bei den drei untersuchten Arten von *Corylopsis* und bei *Rhodoleia.* Dieses Verhältnis ist nicht immer constant für die Gattung; ich fand dasselbe nur bei *Liquidambar orientale*, nicht bei den anderen angegebenen Arten von *Liquidambar.*

Das nicht immer, doch meist dickwandige und engerlumige Prosenchym bildet neben den Gefäſsen die Grundmasse des Holzes. Seine Wandungen sind durch mehr oder minder reichliche und groſse Hoftüpfelung ausgezeichnet. Die Gröſse des Hofes variirt; sein Durchmesser beträgt z. B. bei *Hamamelis virginica* und *Sycopsis Griffithiana* circa 0,007 mm, bei *Corylopsis* 0,0045 mm. Spiralige Verdickung der Prosenchymwände habe ich nur bei *Hamamelis chinensis* beobachtet. Die Hoftüpfelung des Prosenchyms bei den *Hamamelideen* hat sogar bereits in Bentham-Hooker Gen. plant.[1]) Erwähnung gefunden; es heiſst dort von den *Hamamelideen*: »Ordo valde naturalis, etsi polymorphus et a *Saxifrageis* characteribus vix distinguendus, praecipue differt prosenchymate punctis discoideis notato«; es ist diese Angabe insoferne unrichtig, als auch gewisse *Saxifragaceen* z. B. die *Cunonieen* Hoftüpfelprosenchym besitzen. Das Holzparenchym der *Hamamelideen* spielt eine untergeordnete Rolle bei der Zusammensetzung des Xylems.

Für die Familie der *Hamamelideen* erweist sich nach dem Vorausgehenden constant: die 1—2 reihigen Markstrahlen, die meist isolierten, nicht groſslumigen Gefäſse, die leiterförmige Gefäſsperforation bei stark geneigter Scheidewand, die einfache Tüpfelung der Gefäſswände gegen angrenzendes Markstrahlparenchym und das hofgetüpfelte Holzprosenchym. Die *Balsamifluae (Liquidambar* und *Altingia)* allein besitzen Secretgänge im primären Holze.

---

[1]) Gen. Plant. I p. 665.

Untersucht wurden: *Parrotia Jacquemontiana* Dec., Herb. of the late East India Comp., Falconer; — *Parr. persica* C. A. Mey. — *Fothergilla alnifolia* L. fil. — *Distylium racemosum* Sieb. et Zucc. — *Sycopsis Griffithiana* Oliv. — *Corylopsis hymalayana* Griff., Herb. of the late East India Comp. Nr. 3378. Herb. Griffith; — *Cor. pauciflora* Sieb. et Zucc.; — *Cor. spicata* Sieb. et Zucc. — *Hamamelis chinensis* Brn; — *Ham. japonica* Sieb. et Zucc.; — *Ham. virginica* L. — *Trichocladus ellipticus* Eckl. et Zeyh.; — *Trich. crinitus* Pers.; — *Trich. peltatus* Meissr. — *Disanthus cercidifolia* Maxim. — *Rhodoleia Championii* Hook. — *Bucklandia populnea* Brn., Coll. Hook. fil. et Thoms. *(Bucklandieen)*. — *Liquidambar Altingiana* Noronha-Bl., Herb. of the late East India Comp. Nr. 3380. Herb. Griffith; — *Liqu. orientalis* Mill.; — *Liqu. styraciflua* L.

Bruniaceen.

Die *Bruniaceen* schliefsen sich in den morphologischen Verhältnissen direct an keine andere Pflanzenfamilie; an sie nähern sich in gewissen Punkten vermittelst *Grubbia* den *Santalaceen*. Endlicher[1]) erscheinen sie nächstverwandt mit den *Cornaceen* und *Hamamelideen*. Die anatomische Structur des Holzes läfst auch eine verwandtschaftliche Beziehung zu *Grubbia*, den *Cornaceen* und *Hamamelideen* deutlich erkennen. Das Holz ist auch bei den *Bruniaceen* durch reichspangige oder sogar sehr reichspangige leiterförmige Gefäfsperforationen und das typisch hofgetüpfelte Prosenchym ausgezeichnet. Aufser diesen beiden charakteristischen Verhältnissen besitzen die *Bruniaceen* bis dreireihige Markstrahlen, und nicht grofslumige, vorherrschend isolierte Gefäfse (bis 0,045 mm Dm.). An der Gefäfswand findet sich auch gegen angrenzendes Markstrahlparenchym Hoftüpfelung, mitunter in Form von Treppenhoftüpfeln. Die Scheidewände der Gefäfszellen sind stark geneigt, ganz oder teilweise durchbrochen. Das Holzparenchym ist auf die Umgebung der Gefäfse beschränkt oder kommt doch nur vereinzelt zwischen dem Prosenchym vor.

---

[1]) Gen. plant. p. 806.

Raspalia microphylla Brongn. — *Berzelia lanuginosa* Brongn., Sieber Herb. Flor. capensis Nr. 56. — *Brunia globosa* Thbg. — *Audouinia capitata* Thbg.

Halorageen.

Den *Halorageen* fehlt die Bicollateralität der Gefäſsbündel, welche man vermuten könnte, da Endlicher[1]) die *Halorageen* den *Onagrarieen* für nächstverwandt hält und Baillon[2]) sie sogar mit diesen vereinigt; doch zeigen Bentham und Hooker, daſs die *Halorageen* auch in morphologischen Verhältnissen, namentlich durch den endospermhaltigen Samen von den *Onagrarieen* weiter differieren. Die Perforation der Gefäſse ist einfach, rund oder elliptisch bei häufig wenig geneigter oder horizontaler Scheidewand. Das Prosenchym von *Haloragis* ist einfach getüpfelt, mitunter auch gefächert.

Haloragis alata Jacq. — *Serpicula repens* L.

Rhizophoraceen.

Die *Rhizophoraceen* zerfallen bei Bentham-Hooker in zwei Triben, die *Rhizophoreen* und *Legnotideen*, welche auch durch die Holzanatomie gut geschieden werden können. Allen *Rhizophoraceen* ist die Tendenz zur Bildung von leiterförmigen Gefäſsdurchbrechungen eigen. Ausschieſslich leiterförmige Perforierungen kommen nur den *Rhizophoreen* zu; doch ist die Speichenanzahl (bis 12) meist nicht beträchtlich, oft gering (bei *Rhizophora Mangle* bis 5 Speichen). Beide Arten von Perforierungen, die leiterförmige und die einfache, kommen hingegen den untersuchten *Legnotideen* zu; die leiterförmige kann dabei hauptsächlich auf die Umgebung des primären Holzes beschränkt sein, wo sie in der Regel auch reichspangiger auftritt, oder sie kann sich auch im secundären Holzzuwachs finden; die einfache Perforation der *Legnotideen* ist elliptisch, mitunter auch kreisrund. Die Scheidewände der Gefäſszellen sind bei den *Rhizophoraceen* oft stark geneigt. Wie durch die Perforation, so unter-

---

1) Gen. plant. p. 1196.

2) Histoire des plantes T. VI 1877 p. 474 sq.

scheiden sich beide Triben noch durch die Tüpfelung des Holzprosenchyms. Hofgetüpfelt ist dasselbe bei den *Legnotideen*, einfach getüpfelt hingegen bei den *Rhizophoreen*. Für die ganze Familie, welche in nächster Verwandtschaft mit den *Combretaceen* und *Lythrarieen* gebracht wird, ist ferner hervorzuheben, dafs sie sich von diesen beiden Familien durch den Mangel an innerem Weichbast unterscheidet, dessen Vorkommen sich theoretisch vermuten liefse.

Bezüglich der übrigen histologischen Verhältnisse kann ich mich kurz fassen. Die Markstrahlen besitzen verschiedene Breite; oft achtreihige, primäre finden sich z. B. bei *Carallia*, breitere auch bei *Rhizophora* und *Ceriops*, nur 1—3reihige bei *Cassipourea*. Die Gefäfse zeigen auch ein verschieden grofses Lumen (— 0,09 mm Dm. bei *Carallia*); meist sind sie aber nicht grofslumig. Gegen die Markstrahlzellen kommen Hoftüpfel vor, mitunter aber auch Übergänge zur einfachen Tüpfelung. Da, wo die Gefäfse selbst sich gegenseitig berühren, tritt oft aber nicht bei allen untersuchten Arten Treppenhoftüpfelung auf (z. B. *Gynotroches*, *Rhizophora*, *Ceriops*, *Bruguiera*). Das Holzparenchym ist im allgemeinen nicht hervorragend entwickelt, wenn es mitunter auch zwischen dem Prosenchym auftritt.

Bemerkenswert für die Gattung *Rhizophora* ist das Vorkommen von H-förmigen sklerenchymatischen intercellularen Haaren in Mark und Rinde; der eine Arm ist in der Regel kleiner, als der andere oder es treten an seiner Stelle kurze Verästelungen auf. Diese Haare werden bereits von De Bary [1]) für Arten von *Rhizophora* hervorgehoben und mit denen von *Aroideen* verglichen.

Noch einmal sollen für die *Rhizophoreen* das ausschliefsliche Vorkommen der Leiterperforation und die einfache Prosenchymtüpfelung, für die *Legnotideen* das Vorkommen von einfacher und leiterförmiger Gefäfsdurchbrechung und das Hoftüpfelprosenchym hervorgehoben werden.

---

[1]) Vergl. Anatomie S. 234.

Legnotideen: *Carallia integerrima* Dec. — *Cassipourea macrophylla* Dec. — *Macarisia spec.*, Flora von Madagascar, legt. Hildebrandt Nr. 3397. — *Gynotroches axillaris* Bl. — Rhizophoreen: *Rhizophora Mangle* L. — *Ceriops Roxburghiana* Arn., Herb. of the late East India Comp. Nr. 2209, Herb. Griffith. — *Bruguiera cylindrica* Bl., legt. Hildebrandt; comm. Rensch Nr. 1242. — *Kandelia Rheedii* Wight et Arn., Herb. et Cult. Hort. Bot. Calcutt.

Combretaceen.[1]

Die *Combretaceen* umfassen bei Bentham und Hooker[2]) die beiden Triben der *Combreteen* und *Gyrocarpeen*, welche indessen von anderen Autoren in zwei ganz verschiedene Verwandtschaftskreise gestellt werden, auf welche ich später zurückkomme.

Wir behandeln zunächst die eigentlichen *Combretaceen*, die *Combreteen*, die Angehörigen der ersten Tribus. Wie bei den ihnen nahe verwandten Familien der *Myrtales*, den *Myrtaceen*, *Melastomaceen*, *Lythrarieen* und *Onagrarieen*, so tritt auch bei den *Combreteen* intraxylärer Weichbast auf. Petersen[3]) gibt denselben nur an für *Quisqualis indica*, *Combretum purpureum* und *Terminalia acuminata*; er stellt in Hinweisung auf die Untersuchungen Höhnels[4]) die Constanz dieses anatomischen Charakters für die *Combreteen* in Frage. Höhnel hatte nämlich den inneren Weichbast bei *Terminalia Catappa*, *Bellerica* und *paniculata* beobachtet; hingegen sind nach ihm die Gefäſsbündel von *Terminalia Arunja (= Arjuna)* und *Conocarpus racemosa* normal gebaut. Seine Angaben veranlaſsten mich, zahlreichere Arten aus den mir zugänglichen zehn (von zwölf) Gattungen zu untersuchen. Da neben *Terminalia Arjuna* Bedd. = *Pentaptera Arjuna* Roxb. auch von Kurz[5]) *Terminalia crenulata* Roth = *Term. tomen-*

---

[1]) Zur Anatomie und Systematik der *Combretaceen*. Botanisches Centralblatt 1885 Bd. XXIII Nr. 5—6 S. 161.

[2]) Gen. plant. I p. 683.

[3]) a. a. O. S. 370.

[4]) Bot. Zeitung 1882 S. 177.

[5]) Forest Flora of British Birma Vol. I 1877 p. 458.

toas Bedd. var. 2 Hook., Fl. indica als *Terminalia Arjuna* Bedd. bezeichnet wird und Höhnel seine Pflanze nicht näher angibt, so untersuchte ich beide Arten, sowie noch *Terminalia tomentosa* Roxb., zu welcher *Term. crenulata* Roth als Varietät auch gezogen wird. Bei sämtlichen drei Pflanzen konnte ich deutlichen inneren Weichbast mit Siebröhren nachweisen, sowie grofse intercellulare Schleimbehälter an der Markperipherie, welch letztere ebenfalls der Höhnelschen Pflanze fehlen. Höhnel dürfte mithin *Terminalia Arjuna* nicht vorgelegen haben. Bemerkenswert ist noch, dafs bei *Terminalia confertifolia* und *argentea* nach meinen Untersuchungen die Schleimbehälter fehlen; vielleicht sind diese Secretbehälter ein brauchbarer Charakter für das Subgenus *Pentaptera.*

Bezüglich der zweiten Ausnahme, *Conocarpus racemosa* Sieb. = *Laguncularia racemosa* Gaertr., habe ich zu bemerken, dafs allerdings der Querschnitt der Achsenteile am Innenrande des Bündelkreises nur stellenweise und wenig entwickelt dünnwandiges, weichbastähnliches Gewebe zeigt; doch gelang es mir, allerdings sehr vereinzelt Siebröhren mit deutlichen horizontalen Siebplatten nachzuweisen. Das letztere ist mir hingegen bei *Lumnitzera coccinea* nicht gelungen; vielleicht dürften hier die Siebröhren fehlen. Bei allen anderen untersuchten Gattungen und Arten ist der innere Weichbast deutlich und reichlich entwickelt und konnte ich in allen Fällen Siebröhren nachweisen. In diesem inneren Phloëm kommen mitunter Krystalldrusenschläuche vor, ähnlich wie im äusseren, z. B. bei *Anogeissus latifolia, Combretum micranthum* und *collinum* etc. oder seltener Schläuche mit Einzelkrystallen, wie bei *Combretum extensum.* Mechanische, den inneren Weichbast begleitende Elemente können auftreten oder fehlen; Gruppen von Sklerenchymfasern finden sich beispielsweise bei *Guiera senegalensis*, *Combretum extensum*, *Buchenavia oxycarpa.* Nie habe ich bei den *Combretaceen* den Weichbast in Form von kleinen Inseln im Marke zerstreut vorgefunden.

Neben dem inneren Phloëm habe ich bei einigen Gattungen Weichbastinseln im Holzkörper nachgewiesen. Es sind dies zunächst die beiden untersuchten Arten von *Getonia* (= *Calycopteris* Lam.), sowie *Guiera senegalensis.* An diese schliefst sich die

Gattung *Thiloa* an, welche von Eichler[1]) aufgestellt wurde, neuerdings aber von Bentham und Hooker[2]) zum Genus *Combretum* gezogen wird, während sie Eichler[3]) in der Flora brasiliensis aufrecht erhält. Eichler begründet seine Ansicht damit, dafs bei *Thiloa* im Gegensatz zu *Combretum* nur ein einziger fertiler Staubblattkreis vorhanden, die Corolle abortiert ist und der gemeinsame Habitus der von ihm bezeichneten *Thiloa*-Arten einen selbständigen Formenkreis andeute. Der Umstand, dafs die untersuchten und wohl alle *Thiloa*-Arten Weichbastinseln im Holze besitzen und dafs ich überall bei zahlreichen Gattungen verschiedener Familien dieses Verhältnis für das Genus constant finde, ist eine weitere, anatomische Stütze für die selbständige Existenz der Gattung *Thiloa*. Das Vorkommen des holzständigen Weichbastes erinnert an *Strychnos*, wo ebenfalls aufserdem Bicollateralität der Bündel stattfindet; derselbe wird hier wie dort vom Cambium aus nach innen produciert. Ferner ist auch hier im Gegensatz zu den übrigen *Combreteen*, denen die Phloëminseln des Holzkörpers fehlen, der äufsere Weichbast reduciert, wenn auch Siebröhren aufserhalb des Cambiums vorkommen.

Der Bau des Holzkörpers selbst zeigt keine besonderen Verhältnisse. Alle untersuchten Arten besitzen keine breiten, nur 1—2-, höchstens 3—4reihige Markstrahlen. Der Maximaldurchmesser der Gefäfse schwankt zwischen 0,045 und 0,09 mm. Gegen die angrenzenden Markstrahlzellen habe ich an der Gefäfswand stets einseitige Hoftüpfelung vorgefunden, wenngleich die Innenmündung der Hoftüpfel mitunter weiter wird. Die Gefäfsperforierung ist immer einfach, rund oder elliptisch; die Scheidewand der Gefäfszellen ist dabei häufig horizontal und ganz durchbrochen, wenigstens in den weiterlumigen Gefäfsen. Das Holzparenchym ist bald fast auf die Umgebung der Gefäfse beschränkt, bald etwas reichlicher entwickelt; letzteres ist z. B. bei *Terminalia argentea* der Fall, wo es auch gefächert, mit Krystallen in den

[1]) Flora 1866 S. 145.

[2]) Gen. plant. I p. 1006.

[3]) Vol. XIV Pars II 1867 p. 103; siehe auch Blütendiagramme II 1878 S. 467.

Fächern auftritt. Das in Dickwandigkeit und Englumigkeit verschieden ausgebildete Prosenchym ist in allen Fällen einfach getüpfelt oder es besitzen die Tüpfel doch nur einen kleinen und oft undeutlichen Hof. Bei vielen *Combreteen* finden sich in verschiedener Häufigkeit des Auftretens Scheidewände im Prosenchym, so bei den untersuchten Arten von *Anogeissus, Combretum, Cacoucia, Quisqualis, Guiera, Conocarpus,* bei *Terminalia argentea* und *Getonia floribunda* vor. Bemerkenswert ist, dafs ähnlich wie Parenchym auch Prosenchym gefächert und mit Einzelkrystallen in den Fächern vorkommen kann, so bei *Combretum extensum* und *micranthum.*

Ich habe noch in Kürze besonderer Verhältnisse im Marke zu gedenken. Von den Schleimbehältern der Untergattung *Pentaptera* ist schon oben die Rede gewesen. Erwähnenswert ist noch das Auftreten von in Richtung der Achse langgetreckten, bald mehr parenchymatischen, bald mehr prosenchymatischen, sklerotischen, aber dabei weitlumigen Zellen im Marke von *Combretum extensum* und *collinum*, ferner von *Poivrea (Combretum) squamosa;* sie fehlen indessen im Marke von *Combretum micranthum,* wo nur Steinzellen vorkommen.

Noch einmal soll hervorgehoben werden, dafs bei den *Combreteen* Neigung zur Bildung inneren Weichbastes vorhanden ist, dafs derselbe mitunter reduciert sein kann *(Laguncularia, Lumnitzera).* Für die Gattungen *Thiloa, Guiera* und *Getonia* sind Weichbastinseln im Holzkörper charakteristisch. Alle *Combretaceen* besitzen einfache Gefäfsperforierung und einfach getüpfeltes Prosenchym.

Die zweite Tribus der *Combretaceen*, die *Gyrocarpeen* besitzen keine bicollateralen, sondern einfach collaterale Bündel[1]). Ist dieses Verhältnis nicht völlig ausschlaggebend, um die *Gyrocarpeen* aus dem Verwandtschaftskreis der *Combretaceen* zu entfernen, da wir oben sahen, dafs bei den *Combreteen* eine Reducierung des inneren Phloëms stattfinden kann, so ermöglicht das

---

[1]) Nur dünnwandiges unverholztes Gewebe findet sich zwischen den Spiralgefäfsen des primären Holzes, wie dies ja häufig bei Dicotyledonen vorkommt.

ein zweiter anatomischer Charakter, das Auftreten von Secretzellen bei den *Gyrocarpeen*. Secretzellen kommen weder den *Combretaceen*, noch den anderen Familien der *Myrtales* im allgemeinen zu. Bei den *Combreteen* finden sich zwar mitunter durchsichtige Punkte in den Blättern; dieselben sind aber nach Bokorny[1]) durch Krystalldrusen bedingt. Die *Myrtaceen* und einige *Lythrarieen*[2]) besitzen ferner schizogene Secretlücken. Die beiden angegebenen Verhältnisse, das Fehlen von innerem Weichbaste einerseits und das Vorkommen von Secretzellen anderseits bei den *Gyrocarpeen* ist eine neue, wesentliche Stütze für den Ausschlufs derselben aus dem Verwandtschaftskreise der *Combretaceen* und ihren Anschlufs an die *Laurineen* und *Monimiaceen*, welche ebenfalls Secretzellen und einfach collaterale Bündel besitzen und an welche sie sich aufserdem, wenn auch bei den *Monimiaceen* vereinzelt Ausnahmen auftreten, durch die Klappendehiscenz der Antheren anschliefsen; die Antheren der *Combreteen* öffnen sich durch Längsspalten. Während Bentham und Hooker[3]) und Lindley[4]) sich für den Anschlufs der *Gyrocarpeen* an die *Combretaccen* aussprechen, sowie auch Eichler[5]) in Beziehung auf *Illigera*, das besonders durch seine Frucht an die *Terminalien* erinnert, glaubt Meissner[6]), dafs sie doch näher den *Laurineen* stehen, — eine Ansicht, welche bereits Endlicher in den Genera plantarum[7]) und neuerdings auch Baillon[8]) vertritt. Letztere Anschauung unterstützt nun die anatomische Methode und ist deshalb wohl als die berechtigtere anzusehen. Dabei mag noch dahingestellt bleiben, ob die *Gyrocarpeen*, wie bei Baillon zu den *Laurineen* als Tribus zu stellen oder, wie bei Endlicher als eigene Familie in der Nähe der *Laurineen* zu belassen sind.

---

[1]) Flora 1882 S. 411.
[2]) Flora 1882 S. 380 u. 387.
[3]) Gen. plant. I p. 689 u. III p. 149.
[4]) Vegetable Kingdom 1846 p. 718.
[5]) Blütendiagramme II S. 134.
[6]) Martius, Flora brasiliensis Vol. V Pars II 1866 p. 289.
[7]) Gen. plant. S. 324.
[8]) Histoire des plantes T. II 1869 p. 445.

Um auf die Secretzellen der *Gyrocarpeen* zurückzukommen, so finden sich dieselben in den Achsenteilen im Marke, primärer und secundärer Rinde, aufserdem in den Blättern, in diesen namentlich bei *Sparattanthelium Tupiniquinorum* durchsichtige Punkte bei durchfallendem Lichte bedingend. In den Blättern findet bezüglich der Secretzellen ein Unterschied insoferne statt, als dieselben bei *Gyrocarpus* und *Sparattanthelium* nur im Schwammgewebe mehr oder minder zahlreich vorkommen, bei den beiden untersuchten *Illigera*-Arten hingegen nebenbei gröfsere Secretzellen im Pallisadengewebe sich finden. Die Secretzellen treten im Blatte aufserdem im Weichbast und umgebenden Collenchym der gröfseren Nerven auf. Das Secret ist im Äther leicht löslich.

Die oben erwähnte Teilung der drei Gattungen in zwei Gruppen, bedingt durch das Auftreten der Secretzellen im Pallisadengewebe bei *Illigera,* entspricht dem Systeme Baillon's, welcher die *Gyrocarpeen* in zwei Triben, die *Gyrocarpeen* s. str. *(Gyrocarpus* und *Sparattanthelium)* und die *Illigereen (Illigera)* scheidet. Dieser Trennung entspricht aber ferner ein zweiter, noch besserer und jedenfalls constanter Charakter, das Auftreten von Cystolithen, welche ich im Blattgewebe von *Gyrocarpus* und *Sparattanthelium* auffand, während sie bei *Illigera* fehlen. Das Vorkommen von Cystolithen ist zur Zeit nur bei Vertretern der *Urticaceen, Acanthaceen* und *Cucurbitaceen* bekannt; die systematische Bedeutung derselben ist bereits für die beiden ersten Familien dargelegt worden. Diesen drei Familien schliefsen sich nunmehr die *Gyrocarpeen* s. str., die Genera *Gyrocarpus* und *Sparattanthelium* an. Die Cystolithen sind bei *Gyrocarpus asiaticus* wegen der geringen Blattdicke schon mit der Loupe zu erkennen. Sie finden sich bei beiden Gattungen in der Cystolithengestalt entsprechend geformten Zellen, welche dem Pallisadengewebe anzugehören scheinen, aber in der Regel sich, wenn auch nur mit einem sehr kleinen Teile an Bildung der Blattoberfläche beteiligen. Bei *Sparattanthelium Tupiniquinorum* treten die Cystolithen mitunter auch in Beziehung zur Epidermis der Blattunterseite auf. An der kleinen Stelle, mit welcher die Trägerzelle des Cystolithen an die Blattoberfläche tritt, dürfte der Stiel des Cystolithen befestigt sein. Die Cystolithen von *Sparattanthelium Tubinambazum* und namentlich von *Gyrocarpus asiaticus* sind meist stark mit kohlensaurem Kalke incrustiert, wenig oder nicht die von *Sparatt. Tupiniquinorum*. Durch Behandlung mit Salzsäure fand Kohlensäureentwicklung statt, mit Schwefelsäure Bildung von Gypsnadeln. Da neben den Cystolithen Krystallnädelchen im Blattgewebe vorkommen, wurden Querschnitte auch mit Essigsäure behandelt, wobei ebenfalls Gasentwicklung erfolgte; die Nädelchen blieben unverändert und lösten sich erst in Salzsäure, bestehen aus oxalsaurem Kalke. Das Skelet der Cystolithen, das oft schön Schichtung und Streifung aufweist, zeigt Cellulosereaktion. Die Gestalt der Cystolithen ist bei beiden Gattungen eine verschiedene. Die sehr zahlreich vorhandenen Cystolithen von *Sparattanthelium Tubinambazum* sind unregelmäfsig gestaltet, ähnlich verzweigten Sklerenchymzellen, eine Form, wie sie bisher in Blättern bei Cystolithen nicht gefunden ist, sondern nur im Marke, wo die Gestalt der Cystolithen überhaupt bedeutend variirt; an diese schliefsen sich die Cystolithen von *Sparatt. Tupiniquinorum* an. *Gyrocarpus asiaticus* hingegen besitzt mehr ellipsoidische oder kugelige Cystolithen, welche oft tief in das Schwammgewebe reichen.

Bemerkenswert ist noch, dafs neben den Cystolithen bei den *Gyrocarpeen* noch Nädelchen von oxalsaurem Kalke im Blattgewebe auftreten; die Kryställchen fehlen auch nicht den beiden *Illigera*-Arten und zwar sind sie im Pallisaden- und Schwammgewebe von *Illigera Kashiana* schon mehr rhaphidenähnlich, wie sie so häufig im Marke von *Acanthaceen* vorkommen. Auch in der Rinde sind diese Nädelchen zu finden. Sie sind also bei *Gyrocarpeen* und *Illigereen* vorhanden, wie auch beide Gruppen einfache, sklerenchymatische Haare besitzen, welche in die Epidermis eingesenkt sind. Die meist zweizelligen, kugeligen Kopfhaare von *Illigera*, welche auf einem einzelligen Stiele sitzen und in die Epidermis eingesenkt sind, habe ich hingegen weder bei *Gyrocarpus* noch *Sparattanthelium* gefunden; sie sind reichlich bei *Illigera Coryzadenia*, besonders auf der unteren Blattseite, spärlich bei *Illigera Kashiana* entwickelt.

Der Holzkörper der *Gyrocarpeen*, welchen ich nur von *Sparattanthelium Tubinambazum* und *Gyrocarpus asiaticus* näher untersuchte, zeigt normale Verhältnisse. Dafs die Bündel bei allen drei Gattungen einfach collateral gebaut sind, ist bereits erwähnt worden. Die Markstrahlen sind 1—2reihig. Die Gefäfse besitzen eine einfache, runde oder elliptische Perforierung bei meist horizontaler oder wenig geneigter, ganz durchbrochener Scheidewand. Gegen die Markstrahlen sind an der Gefäfswand einseitige Hoftüpfel oder einfache Tüpfel und Übergänge zwischen beiden vorhanden. Das weitlumige und ziemlich dünnwandige Prosenchym ist einfach getüpfelt.

Fassen wir noch einmal in Kürze die Resultate bei den *Gyrocarpeen* zusammen! Der Mangel der Bicollateralität der Bündel und das Vorhandensein von Secretzellen in Blatt und Achsenteilen spricht für die nähere Verwandtschaft der *Gyrocarpeen* mit den *Laurineen*. Die verschiedene Ausbildung der Secretzellen im Blatte, das Auftreten von Kopfhaaren bei *Illigera* allein, — vor allem aber das Vorkommen der Cystolithen bei *Gyrocarpus* und *Sparattanthelium*, nicht aber bei *Illigera* unterstützt die Trennung der *Gyrocarpeen* in *Gyrocarpeen* s. str. (*Gyrocarpus* und *Sparattanthelium*) und in *Illigereen* (*Illigera*). Wie die *Combreteen* besitzen auch die *Gyrocarpeen* einfache Gefäfsperforierung und einfache Prosenchymtüpfelung.

Untersucht wurden:

I. Combreteen: *Terminalia confertifolia* Stdl., Kotschyi iter nubicum Nr. 280; — *Term. argentea* Mart. — *Pentaptera Arjuna* Roxb. = Terminalia Arjuna Bedd., Herb. Hort. bot. Calcutt., Coll. Brandis Nr. 2304 und Exemplar von König; — *Pentaptera crenulata* Roxb., Herb. Ind. Or. Hook. fil. et Thoms., Coll. Thoms.; — *Pentaptera tomentosa* Roxb., Herb. Hort. Bot. Calcutt., Herb. Sikkimense, T. Anderson Nr. 529. — *Chuncoa (Terminalia) actinophylla* Mart. — *Bucida (Terminalia) Buceras* L. — *Buchenavia (Terminalia) oxycarpa* Eichl. — *Getonia (= Calycopteris) floribunda* Roxb., Herb. Ind. Or. Hook. fil. et Thoms. und Pl. Indiae or.

ed. Hohenacker Nr. 30; — *Getonia nutans* Roxb., Herb. et Cult. Hort. bot. Calcutt. — *Guiera senegalensis* Lam., Kotschyi iter nubicum Nr. 214. — *Conocarpus erecta* L. — *Anogeissus acuminata* Dec., Herb. et Cult. Hort. bot. Calcutt.; — *Anog. leiocarpa* Guill. et Pert., Schimperi iter abyssinicum, Sectio II Nr. 1247; — *Anog. latifolia* Roxb., Perrottet, pl. Pondicerianae Nr. 230. — *Laguncularia racemosa* Gaertr. = *Conocarpus racemosa* Sieb. — *Cacoucia coccinea* Aubl. — *Quisqualis sinensis* Sieb. et Zucc. — *Lumnitzera racemosa* Willd. — *Combretum micranthum* Don.; — *Combr. extensum* Roxb.; — *Combr. collinum Fres.*, Schimperi iter abyssinicum, Sectio II Nr. 693. — *Poivrea (Combretum) squamosa* Walp. — *Thiloa (Combretum) glaucocarpa* Eichl. und *Thiloa stigmaria* Eichl., Orig.-Explre. zu Martius Flora brasiliensis fasc. 42. — *Embryogonia arborea* Teysm. et Bindk., Ex Herb. Hort. bot. Calcutt., Hort. bogorensis, Kurz.

II. Gyrocarpeen: *Sparattanthelium Tubinambazum* Mart.; — *Sparatt. Tupiniquinorum* Mart., Martii Herb. Flor. Brasil. Nr. 509. — *Gyrocarpus asiaticus* Willd. — *Illigera Coryzadenia* Meissn., Herb. of the late East India Company Nr. 4341, Herb. Helfer; — *Illigera Kashiana* Clarke, Herb. of the late East Ind. Comp. Nr. 4340.

Melastomaceen.

Bekanntlich ist der Stammbau von circa zwanzig Arten aus den Genera *Centradenia, Cyanophyllum, Eriocnema, Heterocentron, Lasiandra, Melastoma, Medinilla* und *Sonerila* von Vöchting[1]) bearbeitet worden; Petersen[2]) hat Vöchtings Angaben nichts neues beigefügt. Der einfachste Fall tritt nach Vöchting bei *Sonerila margaritacea* auf, wo nur ein bicollateral gebauter Bündelkreis sich findet. Diesen inneren Weichbast gibt Vöchting auch für alle andern, von ihm untersuchten *Melastomaceen* an. Bei *Centradenia rosea* kommt selten aufserdem im Marke ein centrales Gefäfsbündel vor; in der Regel ist dieses bei *Eriocnema*

[1]) Der Bau und die Entwicklung des Stammes der *Melastomaceen*. Botanische Abhandlungen von Hanstein 1875 Bd. III Heft I.

[2]) a. a. O. S. 371.

marmorata, immer bei *Medinilla Sieboldii* und *farinosa* entwickelt. Gröſser wird die Anzahl der markständigen Bündel bei *Medinilla magnifica* und *Melastoma*-Arten, sehr groſs (bis 40) bei *Miconia* und *Cyanophyllum.*

Die von Vöchting untersuchten Genera gehören nach dem Systeme von Bentham und Hooker nur fünf Triben der *Melastomaceen* an, den *Microlicieen, Osbeckieen, Sonerileen, Medinilleen* und *Miconieen*; sämtliche Triben beziehen sich dabei auf die Subordo I der *Melastomeen*; von den beiden andern Subordines hat Vöchting nichts untersucht.

Ich habe zunächst Repräsentanten aus jeder der neun Triben der Subordo *Melastomeae* untersucht und folgendes gefunden. Bei allen untersuchten *Melastomeen* kommt stets innerer Weichbast mit Siebröhren vor; derselbe ist entweder vollkommen concentrisch z. B. bei den untersuchten Arten von *Blakea, Ossaea* und *Oxyspora* oder er ist nicht concentrisch, sondern unterbrochen z. B. bei den unten angegebenen Arten von *Sonerila* und *Osbeckia.* Bei *Blakea ovalis* treten Bastfasern in Beziehung zu demselben auf. Soweit nicht das Mark ausgetrocknet war und dem Untersuchungsmaterial fehlte, beobachtete ich folgendes bezüglich des Markbündelsystemes. Bei *Sonerila elegans* scheinen die Markbündel völlig zu fehlen, also ebenso wie bei *S. margaritacea* nach Vöchting. Sehr wenige (2—3) Bündel treten bei *Ossaea* und *Rhynchanthera* auf, zahlreichere (10—16) bei *Oxyspora* und *Meriania*, sehr zahlreiche (32) bei *Blakea.* Auch bei *Osbeckia nepalensis* finden sich zahlreiche Weichbastinseln im Marke. In den markständigen Bündeln ist das Xylem sehr reduciert, auf wenige Spiralgefäſse, welche meistens vom Phloëm umgeben sind. Das Phloëm kann von Bastfasern begleitet sein, wie bei *Blakea ovalis;* bei *Oxyspora vagans* sind die Bündel umgeben von einer Scheide aus prosenchymatischen und parenchymatischen Zellen. Am Querschnitte beobachtet man mitunter Bündel, in welchen das Xylem zurücktritt, z. B. bei *Blakea ovalis;* bei *Oxyspora vagans* auch solche, bei welchen auch das Phloëm nicht mehr vorhanden ist und bei welchen dann nur die Bündelscheide ersichtlich ist.

Von der zweiten Subordo, den *Astronieen*, untersuchte ich die unten angegebenen Arten der Genera *Kibessia* und *Astronia*. Beide besitzen, wie die *Melastomeen* intraxylären Weichbast. Aufserdem finden sich bei *Astronia*, wie bei den *Melastomeen* markständige Bündel und von der analogen Ausbildung, wie bei jenen. Bei *Kibessia* kommen hingegen sehr zahlreiche Weichbastinseln im Holze vor; der äufsere Weichbast ist dabei reduciert.

Die dritte Subordo, welche die beiden Gattungen *Mouriria* und *Memecylon* umfafst und die frühere Familie der *Memecyleen* darstellt, schliefst sich an *Kibessia* an. Neben dem markscheideständigen Phloëm treten auch hier zahlreichere, gröfsere Weichbastinseln im Holzkörper auf, welche, wie bei *Kibessia* vom Cambium aus nach innen produciert werden; der äufsere Weichbast ist auch hier mehr oder minder reduciert. Da mir von *Memecylon* reichlicheres Material zu Gebote stand, habe ich Gelegenheit genommen, das intra- und interxyläre Phloëm bei den unten citierten vierzehn Arten nachzuweisen; nur die, aber bereits von Sonder zu den *Myrtaceen* gestellte Art *Memecylon capense* Ecklon besitzt lediglich inneres Phloëm und keine Weichbastinseln im Holze. Im Phloëm, mitunter auch im Marke, treten bei beiden Gattungen die säulenförmigen Krystalle von oxalsaurem Kalke auf, welche an die Krystallformen des Gypses erinnern und auch bei *Astronia* vorkommen.

Die markständigen Bündel der *Melastomaceen* stehen, wie kurz erwähnt werden soll, in genetischem Zusammenhang mit dem intraxylären Phloëm. Sie sind nach Weiss[1]) »die direkte Fortsetzung von den im höheren Internodium am Rande des Markes verlaufenden Phloëmbündeln, die bei ihrem Übertritt im Knoten in den mehr centralen Teil des Markes oft noch von Ring- und Spiralgefäfsen begleitet sind«.

Bemerkt soll noch werden, dafs bei den *Melastomaceen*, aber nicht bei allen Rindenbündel vorkommen.

Der Querschnitt des Holzkörpers zeigt nie breite, nur 1 bis 2reihige Markstrahlen und nicht grofslumige Gefäfse (Maximal-

[1]) Das markständige Bündelsystem etc. Sep.-Abdr. 1883 S. 54.

durchmesser 0,04—0,07 mm). Verschieden verhält sich die Tüpfelung der Gefäſswandung bei angrenzendem Markstrahlparenchym; bei den *Melastomeen* treten hier häufig einfache Tüpfel auf, z. B. bei *Medinilla* und *Rhynchanthera*, oder Hoftüpfel, welche in einfache Tüpfelung übergehen; bei den *Memecyleen* ist hier Hoftüpfelung, bei den untersuchten *Astronieen* einfache Tüpfelung vorhanden. Die Gefäſsperforierung ist stets einfach, rund oder elliptisch bei verschiedener Neigung der Scheidewand. Das Holzparenchym, welches meist in Beziehung zu den Gefäſsen auftritt, ist nicht hervorragend entwickelt; mitunter, z. B. bei *Mouriria*, findet es sich auch reichlicher zwischen dem Prosenchym. Die Tüpfelung des Prosenchyms ist ebenfalls eine verschiedene. Bei allen untersuchten *Melastomeen* habe ich einfache Tüpfelung desselben beobachtet oder es kommt doch nur ein sehr kleiner Hof vor, wie z. B. bei *Sonerila elegans*; ferner ist das Prosenchym bei fast allen untersuchten *Melastomeen* (excl. *Rhexia virginica*) mitunter gefächert. Die *Memecyleen* besitzen hofgetüpfeltes, wenn auch nicht reichlich hofgetüpfeltes Prosenchym; von den untersuchten *Astronieen* schlieſst sich *Astronia* durch einfach getüpfeltes und mitunter gefächertes Prosenchym den *Melastomeen*, *Kibessia* durch hofgetüpfeltes Prosenchym den *Memecyleen* an.

Alle untersuchten *Melastomaceen*, auch die *Astronieen* und *Memecyleen* besitzen inneren Weichbast; charakteristisch, wenn auch nicht constant ist das Auftreten der mit dem inneren Phloëm in Verbindung stehenden markständigen Bündel. Alle *Memecyleen*, sowie *Kibessia* haben neben dem intraxylären Phloëm auch interxyläres. Für alle *Melastomaceen* dürfte die einfache Gefäſsperforation constant sein. Das Holzprosenchym der *Melastomeen* ist im allgemeinen einfach getüpfelt, das der *Memecyleen* hofgetüpfelt.

Untersucht wurden:

Subordo I Melastomeae: *Blakea ovalis* Don., Lechler pl. peruvianae, ed. Hohenacker Nr. 2395. — *Ossaea acuminata* Dec. — *Oxyspora vagans* Naud. — *Meriania purpurea* Swartz; — *Mer.*

leucantha Swartz. — *Sonerila elegans* Wight, Peninsula Indiae orientalis Nr. 1109 Herb. Wight. — *Rhexia virginica* L. — *Rhynchanthera limosa* Dec. γ. *Haenkeana*. — *Osbeckia nepalensis* Hook. — *Medinilla erythrophylla* Lindl., Ex Herb. Hort. Bot. Calcutt., S. Kurz.

Subordo II Astronieen: *Astronia glabra* Forst. — *Kibessia simplex* Korth., Cuming pl. ins. Philippin. Nr. 2337.

Subordo III Memecyleen: *Mouriria gujanensis* Aubl., Hostm. et Kappler pl. Surinam. Nr. 408. — *Memecylon amplexicaule* Roxb. — Miq., Peninsula Ind. or. Nr. 1075 Herb. Wight; — *Memecylon*[1]) *acuminatum* Swtz., Herb. of the late East Ind. Comp. Nr. 2325/1 Herb. Griffith; — *M. angulatum* Rchb.; — *M. coeruleum* Jack., Herb. of the late East. Ind. Comp. Nr. 2322, Herb. Griffith; — *M. cordatum* Lam., Sieb. Flora Maurit. II Nr. 117; — *M. Cumingianum* Presl, Cuming pl. ins. Philippin. Nr. 917; — *M. edule* Roxb., Herb. of the late East Ind. Comp., Nr. 2326 Herb. Helfer; — *M. grande* Retz. *var. Khashiana* Clarke, Herb. of the late East Ind. Comp. Nr. 2333 Herb. Griffith; — *M. Heyneanum* Benth., Wall. Cat. Nr. 4102a; — *M. intermedium* Bl., Herb. of the late East Ind. Comp. Nr. 2335 Herb. Helfer; — *M. laevigatum* Bl., Herb. of the late East. Ind. Comp. Nr. 2328 Herb. Helfer. — *M. oligomerum* Bl., O. Beccari, piante-bornensi Nr. 301; — *M. polyanthemum* Hook fil., Flora von West-Afrika Mechow Nr. 515; — *M. sphaerocarpum* Dec., Sieber Cat. Fl. Maurit. Nr. 115.

Myrtaceen.

De Bary[2]) gibt bereits für einige Gattungen (*Eucalyptus, Metrosideros, Callistemon, Melaleuca* und *Myrtus*) intraxylären Weichbast an. Petersen[3]) hat aufserdem die Genera *Psidium*, *Eugenia*, *Jambosa*, *Fabricia*, *Leptospermum*, *Tristania*, *Sizygium*, *Jossinia*, *Baeckia* und *Myrrhinium* untersucht und kommt zum Schlusse, dafs das Vorhandensein von innerem Weichbaste, oft von Bast-

[1]) Nur *Memecylon amplexicaule* wurde auf sämtliche histologischen Verhältnisse der Holzelemente untersucht.

[2]) Vergl. Anatomie S. 352.

[3]) a. a. O. S. 362.

fasern begleitet, für die *Myrtaceen* constant ist. Auch die von mir untersuchten sechs Vertreter aus den Triben der *Chamaelaucieen*, *Leptospermeen* und *Myrteen* besitzen bicollaterale Bündel; diesen drei Triben allein gehören auch die von De Bary und Petersen citierten Genera an. Bei den *Lecythideen*, der vierten Tribus fand ich hingegen völligen Mangel des inneren Phoëms vor; aufser den unten angegebenen Arten von *Lecythis* und *Couratari* habe ich noch *Lecythopsis refuscens* Berg, *Bertholettia excelsa* Mart., *Careya arborea* Roxb. (Herb. Hort. Bot. Calcutt., Coll. Jenkins) *Gustavia Poeppigiana γ rigida* Berg, *Barringtonia racemosa* L. (Herb. Hort. Bot. Calcutt.) und *Napoleonia imperialis* P. B. (Flora von Westafrika, Mechow Nr. 501) auf dieses Verhältnis geprüft. Während der innere Weichbast fehlt, finden sich hier analog wie bei den *Melastomeen* bei all den angegebenen Gattungen rindenständige Bündel [1]).

Bei allen untersuchten *Myrtaceen* fehlen breite Markstrahlen; auch Möller giebt bei den zahlreichen von ihm untersuchten Genera nur 1—2, höchstens 3reihige an. An der Gefäfswand tritt bei angrenzendem Markstrahlparenchym in der Regel einseitige Hoftüpfelung auf; bei *Lecythis* und *Eucalyptus* geht dieselbe in einfache Tüpfelung über. Die Perforation der Gefäfse ist durchweg eine einfache, runde oder elliptische bei verschiedener Neigung der Scheidewand. Das Holzparenchym ist bald spärlich entwickelt, auf die Umgebung der Gefäfse beschränkt, bald, wie

[1]) Diese rindenständigen Bündel sind in der Regel normal in Bezug auf Xylem und Phloëm orientiert, wie die des normalen Bündelringes. Bei *Barringtonia racemosa* und *Careya arborea,* nicht aber bei *Gustavia,* also keineswegs bei allen *Barringtonieen* liegt hingegen das Xylem der Rindenbündel nach aufsen, das Phloëm nach innen. Der Verlauf der Rindenbündel ist erst noch festzustellen. Doch will ich bemerken, dafs jedenfalls wenigstens ein Teil dieser Bündel in der primären Rinde zu verlaufen scheint, ohne in den Bündelring einzutreten; man beobachtet nämlich am Querschnitt in der primären Rinde nicht selten kleine Bündel, bei welchen das Xylem vollständig fehlt und auch das Phloëm zurücktritt. Kürzlich haben nach Referat des botanischen Centralblattes Costantin und Dufour (Bulletin de la Société botanique de France T. XXXII 1885 p. 117) das Auftreten einfach collateraler Bündel und rindenständiger Gefäfsbündel, sowie das Fehlen der Secretlücken bei den *Lecythideen* gegenüber den übrigen *Myrtaceen* betont.

bei *Myrtus* oder *Calycolpus* reichlicher, indem es auch zwischen dem Prosenchym auftritt. Ein reichliches Auftreten des Parenchyms in tangentialen Bändern besitzen die *Lecythideen*, *Lecythis* und *Couratari*. Bezüglich des Prosenchyms zeigen die untersuchten Vertreter der ersten drei Triben Übereinstimmung; die Prosenchymwandungen sind hofgetüpfelt, wenn auch der Hof nicht grofs und die Tüpfelung häufig nicht reichlich ist; dabei ist das Prosenchym meist dickwandig, aber nicht immer englumig. Das Prosenchym der *Lecythideen* ist einfach getüpfelt.

Die *Lecythideen* entfernen sich, wie durch den Mangel der Secretlücken und durch die alternierenden Blätter, so auch durch anatomische Verhältnisse der Achsenteile von den übrigen *Myrtaceen*. Von den *Myrtaceen* sind die Gefäfsbündel der *Chamaelaucien*, *Leptospermeen* und *Myrteen* bicollateral, die der *Lecythideen* einfach collateral gebaut; die *Lecythideen* besitzen aber rindenständige Bündel. Bei den ersten drei Triben sind die Prosenchymwände, soweit untersucht, hofgetüpfelt, einfach getüpfelt aber bei den *Lecythideen*. Alle *Myrtaceen* besitzen keine breiten Markstrahlen, ferner einfache Gefäfsperforierung.

Die bei den *Myrtaceen* (excl. *Lecythideen*), nach Bokorny[1]) in den Blattlamina constant auftretenden schizogenen Secretlücken habe ich nicht im Marke, wohl aber in der primären Rinde, z. B. bei *Eucalyptus* beobachtet; sie dürften aber auch im Marke mitunter vorkommen.

Chamaelaucium uncinatum Schauer Nov. Holl. occ. austr. legt. Preiss Nr. 359. — *Calythrix scabra* Dec. — *Myrtus communis* L. — *Calycolpus Goetheanus* Berg. — *Eucalyptus Galbulus* Ten. — *Leptospermum lanigerum* Ait. — Lecythideen: *Couratari Touari* Berg. — *Lecythis ovalifolia* Mart.

---

[1]) Flora 1882 S. 387.

Lythrarieen.

Seitdem durch Sanio und Schreiber[1]) an der Innenseite des Holzes von *Lythrum Salicaria* Phloëm bekannt wurde, hat Petersen[2]) den inneren Weichbast bei den *Lythrarieen*, circa 12 Arten der Gattungen *Lythrum*, *Cuphea*, *Ammania*. *Peplis*, *Lagerstroemia*, *Lawsonia* und *Nesaea* näher untersucht. Bei allen diesen hat er das innere Phloëm vorgefunden; bei den *Ammania*-Arten findet es sich als Weichbastinseln im Marke; *Peplis Portula* besitzt auch ein concentrisches centrales Gefäſsbündel im Marke. Auch die beiden von mir untersuchten Holzpflanzen besitzen inneren Weichbast. Diesen schlieſst sich ferner nach meinen Untersuchungen *Olinia* an, welche Gattung von Bentham und Hooker in den Genera plantarum als Genus anomalum den *Lythrarieen* zugerechnet, von Decaisne[3]) als selbständige Familie in unmittelbarer Verwandtschaft mit *Myrtaceen* und *Memecyleen* aufrecht erhalten wird, während Baillon[4]) sie in Beziehung zu den *Rhamneen* bringt. Nach dem inneren Weichbast zu urteilen, haben die *Olinieen* mit den *Rhamneen* nichts zu thun. Nach Petersen besitzen auch die Bündel von *Punica Granatum* Bicollateralität; es schlieſst sich dadurch auch *Punica* an den Verwandtschaftskreis der *Lythrarieen* an.

Der Holzkörper der *Lythrarieen* besitzt keine breiten, nur 1—2reihige Markstrahlen. Das Gefäſslumen ist verschieden groſs (Maximaldurchmesser bis 0,066, nach Möller[5]) bei *Physocalymna* bis 0,15 mm). An der Gefäſswand tritt gegen das Markstrahlparenchym entweder einfache Tüpfelung *(Lagerstroemia)* auf oder einseitige Hoftüpfelung *(Olinia, Lafoensia)*. Die Gefäſsperforierung ist einfach, rund oder elliptisch bei oft wenig geneigter

---

[1]) Botanische Zeitung 1865 S. 371.

[2]) a. a. O. S. 369.

[3]) Sur les caractères et les affinités des *Oliniées*. Paris 1877.

[4]) Bulletins société Linnéenne de Paris 1876 p. 90.

[5]) Der Versuch Möllers, auf Grund der histologischen Verhältnisse des Holzes *Abatia* zu den *Lythrarieen* zu stellen, ist ein miſslungener. Anatomische Charaktere von solcher Qualität berechtigen allein nicht zu Versetzungen. *Abatia* besitzt hingegen keinen inneren Weichbast und ist somit keine *Lythrariee*.

Scheidewand. Das nicht englumige Prosenchym ist im allgemeinen einfach getüpfelt oder es besitzt doch der Tüpfel einen kleinen Hof; Scheidewände kommen bei allen drei untersuchten Gattungen vor. Bemerkenswert ist noch, dafs *Olinia capensis* dünnwandiges Parenchym in concentrischer Anordnung besitzt, welches Krystalle führt. Solche dünnwandige Krystallschläuche finden sich auch bei *Olinia cymosa* Klotzsch.

Constant für die *Lythrariceen (+ Puniceen + Olinieen)* ist das intraxyläre Phloëm, die einfache Gefäfsperforierung und das im allgemeinen einfach getüpfelte Prosenchym.

Lagerstroemia floribunda Jack., Herb. of the late East India Comp. Nr. 2235. Herb. Griffith. — *Lafoensia punicifolia* Dec., Plants of the Isthmus of Panama, coll. by Sutton Hayes Nr. 170. — *Olinia capensis* Thbg.; — *Olinia cymosa* Klotzsch.

Onagrarieen.

Die *Onagrarieen*, bei welchen nur wenige Holzpflanzen vorkommen und die daher kurz abgehandelt werden, schliefsen sich durch die Bicollateralität der Gefäfsbündel den verwandten *Lythrarieen* an. Es möge hier auf Petersens Abhandlung verwiesen werden, welcher für zahlreiche Gattungen[1]) der *Onagrarieen* den inneren Weichbast, allerdings in verschiedener Ausbildung angibt. *Trapa*, welches früher zu den *Halorageen* gestellt wurde, schliefst sich durch das Auftreten von intraxylärem Weichbast an die *Onagrarieen* an. Bemerkenswert ist noch das Vorkommen von interxylärem Phloëm im Wurzelholze von *Oenothera*- und *Gaura*-Arten nach Weiss[2]). Charakteristisch ist ferner das Auftreten von Rhaphidenschläuchen in Mark und Rinde der *Onagrarieen*; diese Krystallelemente fand ich auch bei den von mir untersuchten Gattungen vor. Der Querschnitt des Holzkörpers zeigt bei

---

[1]) *Oenothera*, *Epilobium*, *Chamaencrium*, *Godetia*, *Sphaerostigma*, *Boisduvalia*, *Eucharidium*, *Gaura*, *Circaea*, *Lopezia*, *Clarkia*, *Zauschneria*, *Fuchsia*, *Ludwigia*, *Jussiaea*, *Isnardia*, a. a. O. S. 366 ff.

[2]) Markständiges Bündelsystem, a. a. O. S. 50.

diesen 1—2reihige Markstrahlen und gröſserlumige (bis 0,084 mm Durchmesser) Gefäſse; an der Gefäſswand tritt meist einfache Tüpfelung gegen das Markstrahlparenchym auf. Die Gefäſsperforation ist einfach, rund bis elliptisch, bei verschiedener Neigung der Scheidewand. Das weitlumige und nicht dickwandige Prosenchym ist im allgemeinen einfach getüpfelt, bei *Fuchsia fulgens* auch gefächert.

Jussiaea erecta L. — *Fuchsia fulgens* Moc. et Letsé.

Samydaceen.[1])

Der Querschnitt des Holzkörpers zeigt bis 3reihige Markstrahlen und Gefäſse von verschieden groſsem Lumen (Maximaldurchmesser 0,03—0,06 mm). Spiralige Verdickung besitzen die Gefäſswände von *Abatia*. Gegen das Markstrahlparenchym findet sich an der Gefäſswand die Hoftüpfelung erhalten, wenn auch der Spalt des Hoftüpfels, wie bei *Banara* und *Abatia*, nicht immer deutlich ist. Die Gefäſsperforierung ist meist einfach, rund oder elliptisch; daneben tritt auch in der Regel leiterförmige in der Umgebung des primären Holzes, seltener auch im secundären Zuwachs auf (*Samyda*, *Casearia*, *Homalium*, *Banara*). Das Holzparenchym nimmt keinen hervorragenden Anteil an Bildung des Xylems. Das Prosenchym ist einfach getüpfelt oder es besitzen seine Tüpfel doch nur einen kleinen Hof; bei allen untersuchten Gattungen kommt Fächerung desselben vor.

Samyda serrulata L. — *Casearia grandiflora* Cam. — *Homalium racemosum* Sw. — *Banara guaianensis* Aubl.-Mart. — *Abatia tomentosa* Mart.

Turneraceen.

Am Querschnitt habe ich bis 3reihige (*Erblichia*), bezw. bis 5reihige (*Turnera*) Markstrahlen, deren Zellen in Richtung der Achse gestreckt sind und verschieden groſslumige [Maximal-

[1]) Die kürzlich von Turner erschienene Arbeit: »Beiträge zur vergleichenden Anatomie der *Bixaceen*, *Samydaceen*, *Turneraceen*, *Cistaceen*, *Hypericaceen*, *Passifloreen*. Diss. Göttingen 1885« war mir noch nicht zugänglich.

durchmesser = 0,036 *(Erblichia)* bis 0,06 mm *(Turnera)*] Gefäfse beobachtet. Die Perforierung der Gefäfse ist im allgemeinen einfach, elliptisch oder auch rund; leiterförmige, nicht armspangige Durchbrechungen habe ich bei *Erblichia* in Umgebung des primären Holzes gefunden. Das Holzprosenchym ist bei *Turnera* deutlicher hofgetüpfelt; Hoftüpfelung scheint auch dem Prosenchym von *Erblichia* zuzukommen, wiewohl der Hof wegen des geringen Umfanges (auch die Gefäfswände besitzen kleine Hoftüpfel) und der Dicke der Wandungen schwer zu sehen ist. Hoftüpfelung der Gefäfswand persistiert bei beiden Genera auch gegen angrenzendes Markstrahlparenchym.

Erblichia madagascariensis Hoffm., Flora von Madagascar legt. Hildebrandt Nr. 3376. — *Turnera opifera* Mart.

Passifloraceen.

Der Querschnitt zeigt oft breitere, bis 5reihige *(Passiflora spicata)* Markstrahlen und verschieden grofslumige Gefäfse (Maximaldurchmesser 0,22 mm bei *Passiflora*, 0,024 mm bei *Acharia*). Die Gefäfsperforierung ist einfach, rund oder elliptisch bei häufig horizontaler Scheidewand; bei *Acharia* (Trib. *Acharieen*) habe ich aufserdem zweispangige Leiterperforierungen in der Umgebung des primären Holzes beobachtet. An der Gefäfswand findet sich auch die Hoftüpfelung bei angrenzendem Markstrahlparenchym. Das Prosenchym ist mit Ausnahme von *Acharia* hofgetüpfelt, bei *Acharia* einfach getüpfelt und gefächert.

Die *Papayaceen*, welche Bentham-Hooker auch in diese Familie rechnen, besitzen wie die untersuchte *Carica*, in einem dünnwandigen Holzkörper einfach getüpfelte Gefäfse mit einfacher, meist wenig geneigter Perforation. Aufserdem ist nach De Bary[1]) auch das Holz der *Papayaceen (Papaya, Vasconcellea)* von einem verästelten und anastamosierenden Netz von gegliederten Milchröhren durchzogen.

Passiflora spicata Mart. — *Modecca trilobata* Roxb., Herb. Ind. Or. Hook. fil. et Thoms. — *Tasconia manicata* Juss. — *Acharia tragoides* Thbg. — *Carica pyriformis* Willd.

---

[1]) Vergl. Anatomie S. 449.

Begoniaceen.

Die Achsenteile der *Begoniaceen* haben von Hildebrand[1]) eine umfassende Bearbeitung gefunden, deren Resultate ich namentlich in folgendem angebe.

Bei einigen *Begoniaceen* finden sich markständige Bündel, deren Natur als Blattspuren durch J. Weiss[2]) nachgewiesen worden ist. Von 128, durch Hildebrand untersuchten Arten kommen Markbündel nur 28 Species, also nur einer verhältnismäfsig geringen Anzahl zu. Es gibt Subgenera z. B. *Ewaldia*, *Platycentrum*, bei welchen alle untersuchten Arten Markbündel besitzen; bei anderen Untergattungen, z. B. *Pritzelia* und *Knesebeckia* können die Bündel hingegen vorkommen oder fehlen. Hildebrand gelangt zum Schlusse, dafs die Anatomie des Stengels allein in einem natürlichen Systeme als Einteilungsgrund nicht benutzt werden kann. Hingegen sind nach seinen Untersuchungen die markständigen Bündel constant für die Art.

Zwischen den Fibrovasalsträngen des Bündelringes tritt bei den ausdauernden Stämmen kein eigentliches Markstrahlgewebe auf, da das die Gefäfsbündel trennende Gewebe bald mehr prosenchymatischer, bald mehr parenchymatischer Natur ist. Auch Westermaier[3]) ist der Ansicht, dafs wirkliche Markstrahlen dem Holzkörper der *Begoniaceen* fehlen. Das Holz besteht aus Zellen, welche durchweg Spaltentüpfel besitzen; teilweise sind sie prosenchymatisch, teilweise parenchymatisch; auch kommen Scheidewände mitunter in den prosenchymatischen Zellen vor. Zwischen den Spiralgefäfsen des primären Holzes ist das Gewebe in der Regel dünnwandig. Die nur selten sich berührenden Gefäfse besitzen gegen angrenzendes Parenchym einfache Tüpfelung. Die Gefäfsperforierung zeigt bei ein und derselben Art bedeutende Verschiedenheiten und oft finden sich solche an

---

[1]) Anatomische Untersuchungen über die Stämme der *Begoniaceen*. Berlin 1859.

[2]) Das markständige Bündelsystem etc. Sep.-Abdr. S. 8.

[3]) Über das markständige Bündelsystem der *Begoniaceen*. Flora 1879 S. 199.

den beiden Enden ein und derselben Gefäſszelle vor. Die Gefäſsdurchbrechung ist oft einfach, rund oder auch elliptisch oder sie ist leiterförmig und zwar reichspangig; endlich kann die Querwand eine Combination[1]) beider Perforationen besitzen. Die Scheidewand der Gefäſszellen ist beim Auftreten von einfacher Perforierung mitunter horizontal und ganz resorbiert, bei leiterförmiger Perforation in der Regel stärker geneigt.

Begonia argyrostigma Fisch.

Ficoideen.

Regnault[2]) beschreibt bereits die anomalen Achsenteile der *Ficoideen;* er hat schon die beiden Typen gefunden, welche hier vorkommen. Als Beispiel für den ersten Typus wählt er *Mesembryanthemum multiflorum* (Tab. V Fig. 1—2); in einer im allgemeinen prosenchymatischen Grundmasse des Holzes liegen zerstreut die Fibrovasalstränge, rundliche Weichbastinseln, zu welchen Gefäſse in Beziehung treten. Bei *Tetragonia expansa* (Tab. V Fig. 4—5) hingegen, dem Vertreter des zweiten Typus, wechseln concentrische Lagen von Xylem und Phloëm in radiärer Richtung. An *Mesembryanthemum multiflorum* schlieſsen sich nach Regnault *Mes. tuberosum* und *crystallinum*, ferner *Trianthema pentandra* und *crystallina, Tetragonella amplexicaulis* und *Galenia africana* an, auſserdem die von Falkenberg[3]) untersuchten *Mesembryanthemum*-Arten. Dieselben Verhältnisse wie bei *Tetragonia expansa* beschreibt Regnault für *Tetragonia crystallina* und *Sesuvium portulacastrum.* Was das von mir untersuchte Material anlangt, so stimmen die unten angegebenen Arten von *Mesembryanthemum* und *Acrosanthes* mit *Mes. multiflorum* überein, was ich auch für die bereits von Regnault untersuchten Arten von *Galenia* und *Trianthema* bestätigen kann; den zweiten, den *Tetragonien*-Typus, zeigen die untersuchten Arten von *Aizoon, Tetragonia* und *Glinus.*

---

[1]) Hildebrand Tab. VIII Fig. 3—6.

[2]) Ann. des sc. nat. Sér. 4. T. XIV 1860 p. 95—105.

[3]) Botanische Zeitung 1876 S. 317; siehe auch Dannemann, Beiträge zur Kenntnis der Anatomie und Entwicklung der *Mesembryanthema.* Diss. Halle-Wittenberg 1883.

Es dürfte somit der erste Typus für die Genera *Mesembryanthemum*, *Trianthema*, *Tetragonella*, *Galenia* und *Acrosanthes*, der zweite für *Tetragonia*, *Sesuvium*, *Aizoon* und *Glinus* hervorgehoben werden. Das Wurzelholz von *Pharnaceum incanum* L. (Burchell Cat. geogr. plant. Afric. austr. extratrop. Nr. 2140) und *Psammotropha quadrangularis* Fenzl finde ich normal gebaut.

In Beziehung auf die Entwicklungsgeschichte des Holzkörpers reiht de Bary[1]) den Fall von *Mesembryanthemum* an den der Achsenteile der *Nyctagineen* an; die secundären Bündel und das prosenchymatische Zwischengewebe werden von einem extrafascicularen, dauernd thätigen Cambiumringe nach aufsen produciert. Für *Tetragonia* und *Sesuvium* glaubt De Bary, dafs die Bündelringe analog, wie bei *Phytolacca* successive erneuten und erlöschenden Cambien ihre Entstehung verdanken; daran würden sich auch *Aizoon* und *Glinus* anschliefsen. Doch sind diese Verhältnisse noch entwicklungsgeschichtlich zu verfolgen.

Bezüglich der Weichbastinseln (Phloëmteile der Gefäfsbündel) bei *Mesembryanthemum* ist zu erwähnen, dafs sie nicht immer rundlich sind, sondern auch in tangentialer Richtung langgezogen sein können, ähnlich, wie sie Regnault bereits bei *Mesembryanthemum tuberosum* (Tab. V Fig. 3) abgebildet hat, wodurch augenscheinlich ein Übergang wenigstens des Querschnittbildes zum *Tetragonien*-Typus, namentlich bei mehr ausgeprägter concentrischer Anordnung der Fibrovasalstränge angedeutet ist. Andrerseits findet man beispielsweise die Phloëmringe von *Aizoon propinquum* stellenweise unterbrochen, indem Prosenchymbrücken in radialer Richtung die Holzringe verbinden; es tritt dadurch hier eine Annäherung an das Querschnittbild des *Mesembryanthemum*-Typus hervor.

Das normale Markstrahlparenchym fehlt dem Holzkörper beider Typen. Das Prosenchym ist im allgemeinen stets einfach getüpfelt, sei es, dafs dasselbe das Grundgewebe darstellt oder wirkliches Holzprosenchym. An die Phloëmteile der Gefäfsbündel schliefst sich mitunter dünnwandiges Parenchym an, so z. B. bei

[1]) Vergl. Anatomie S. 607 u. 613.

Aizoon elongatum oder auch dickerwandiges Parenchym, so z. B. bei *Galenia africana.* Falkenberg zeigt uns ferner in seiner Studie über *Mesembryanthemum*, daſs die Beteiligung von Prosenchym und Parenchym an Bildung des Grundgewebes innerhalb der Gattung wechselt. Neben dem vorherrschenden Prosenchym tritt reichlicher Parenchym bei *Mes. Lehmannii* Eckl. et Zeyh. auf; bei *Mes. lupinum* How. fehlen die Holzfasern völlig und es besteht in diesem Falle das Grundgewebe aus zartwandigem Parenchym. Die Gefäſse der *Ficoideen* besitzen hofgetüpfelte Wandungen und einfache, runde oder elliptische Perforationen bei verschiedener Neigung der Scheidewand. Feine spiralige Verdickung zeigen die Gefäſswände von *Galenia africana*, feine Streifung die von *Tetragonia fruticosa.*

Bei den beiden von mir untersuchten Arten der Gattung *Mesembryanthemum* fand ich im Marke Rhaphiden vor, welche bereits Regnault für die von ihm untersuchten Arten angegeben hat; das Vorkommen von Rhaphiden dürfte für die Gattung *Mesembryanthemum* constant sein. Säulenförmige Krystalle beobachtete ich ferner mitunter im Weichbast von *Aizoon propinquum*, ähnliche solche Krystalle auch im Marke von *Tetragonia spicata.*

Der anomale Stengelbau, das Fehlen der Markstrahlen, das einfach getüpfelte Prosenchym und die einfache Gefäſsperforation dürften für die holzigen *Ficoideen* von systematischem Werte sein.

Mesembryanthemum gracile Haw.; — *Mes. bracteatum* Ait. — *Aizoon elongatum* Eckl. et Zeyh.; — *Aiz. propinquum* Eckl. et Zeyh. — *Tetragonia fruticosa* L.; — *Tetr. spicata* L. fil. — *Galenia africana* L. — Bezüglich der anomalen Verhältnisse allein wurden untersucht: *Trianthema crystallinum* Vahl. — *Glinus lotoides* L. — *Acrosanthes teretifolia* Eckl. et Zeyh.

Umbelliferen.

Der Querschnitt zeigte bei den mir zugänglichen drei Holzpflanzen keine breiten, nur ein- bis zweireihige Markstrahlen und nicht groſslumige Gefäſse (Maximaldurchmesser 0,03—0,051 mm). Gegen das Markstrahlparenchym findet sich an der Gefäſswand entweder einfache Tüpfelung *(Heteromorpha)* oder Hoftüpfelung *(Bupleurum, Xanthosia)*. Spiralige Verdickung tritt an den Gefäfsen der untersuchten Arten von *Bupleurum* und *Heteromorpha* auf. Die Gefäfsperforation ist meistens einfach. Nur einfache, elliptische oder runde Perforierungen zeigen *Bupleurum* und *Heteromorpha*; bei *Xanthosia* finden sich daneben armspangige leiterförmige Durchbrechungen in Umgebung des primären Holzes (bis 5 Speichen) und im secundären Holze (1—2 Speichen), ferner Krüppelformen, welche in elliptischen oder runden, verschieden angeordneten Löchern bestehen; letztere lassen oft durch die sich kreuzenden, breit elliptische Innenmündungen die ursprüngliche Hoftüpfelbeschaffenheit der Perforation deutlich erkennen. Einfach getüpfeltes Prosenchym kommt bei den untersuchten Gattungen vor; daneben hofgetüpfeltes bei *Xanthosia*. Bezüglich der Harzgänge der *Umbelliferen* will ich nur angeben, dafs dieselben nach De Bary [1]) allen bisher untersuchten Gattungen und Arten zukommen. Die Secretgänge finden sich in der Rinde, so bei den drei von mir untersuchten Arten von *Xanthosia* und *Bupleurum*, bei sehr vielen *Umbelliferen* auch aufserdem im Marke, z. B. bei *Heteromorpha arborescens*.

Nur für einige wenige *Umbelliferen* sind nach De Bary [2]) markständige Bündel, nämlich bei Arten von *Ferula*, *Opponax*, *Peucedanum* und *Silaus* bekannt. Bei *Silaus pratensis* hat J. Weiss [3]) nachgewiesen, dafs diese markständigen Fibrovasalstränge als die Fortsetzung von Gefäfsbündeln des peripherischen Ringes in höheren Internodien, anzusehen sind. Diese Markbündel sind nicht für das Genus constant; von acht untersuchten *Peucedanum*-Arten finden sie sich nur bei *Peucedanum Oreoselinum* Mch.

Xanthosia hirsuta Dec., Fl. Nov. Holl. Sieber Nr. 247. — *Heteromorpha arborescens* Cham - Schlechtdl. — *Bupleurum fruticosum* L.

---

[1]) Vergl. Anatomie S. 462—465.

[2]) a. a. O. S. 263—264.

[3]) Markständiges Bündelsystem etc. Sep.-Abdr. S. 13.

Araliaceen.

Der Querschnitt zeigt bei den untersuchten Arten breitere, bis 5reihige Markstrahlen und Gefäſse von verschiedener Anordnung. Gegen das Markstrahlparenchym tritt an der Gefäſswand einfache Tüpfelung auf, mitunter allerdings auch übergehend in Hoftüpfelung. Die Perforation ist im allgemeinen einfach und zwar vorwiegend elliptisch; doch wird durch ihre oft elliptisch langgezogene Form bei *Aralia* und *Hedera*, endlich durch das Auftreten einiger Spangen bei *Fatsia* der Übergang zur leiterförmigen Perforierung angedeutet. Die Scheidewände der Gefäſszellen sind mehr oder minder stark geneigt. Das Holzprosenchym ist einfach getüpfelt; bei *Aralia* und *Hedera* kommt dasselbe auch gefächert vor.

Bei einigen, aber nicht allen *Aralia*-Arten sind markständige Gefäſsbündel beobachtet worden; sie werden bereits von Sanio[1]) für *Aralia racemosa* und *japonica* angegeben, von Weiss[2]) auch für *A. edulis;* sie fehlen hingegen bei *A. papyrifera* und *pentaphylla.* Weiss hat nachgewiesen, daſs bei *A. racemosa* und *edulis* die Fibrovasalstränge zuerst in dem peripherischen Bündelring verlaufen und dann erst unter Drehung um 180° in das Mark eintreten. Die markständigen Bündel sind bei den genannten *Aralien* in einen Bündelkreis angeordnet; dieser ist in Bezug auf Xylem und Phloëm umgekehrt orientiert.

Endlich fehlen, wie den *Umbelliferen*, auch allen bisher untersuchten *Araliaceen* die Secretgänge[3]) nicht, welche sich auf Mark und Rinde verteilen. Sie finden sich auch bei den von mir untersuchten Arten; im Marke habe ich die Secretgänge nur bei *Hedera Helix* beobachtet.

Fatsia horrida Benth. et Hook., Howells Pacific Coast Plants. — *Hedera Helix* L. — *Aralia pentaphylla* Thbg.

---

[1]) Botanische Zeitung 1864 S. 226.

[2]) a. a. O. S. 11 u. Tab. Fig. 4.

[3]) Näheres, auch über die Litteratur siehe in De Bary, Vergl. Anatomie S. 465.

Cornaceen.

Der Querschnitt zeigt bei den *Cornaceen* bis fünfreihige (bei *Cornus sanguinea* bis dreireihige) Markstrahlen und Gefäfse von verschieden grofsem Lumen (Maximaldurchmesser 0,048 *(Curtisia)* bis 0,084 *(Cornus)* mm). Spiralige Verdickung besitzt die Gefäfswand von *Aucuba*. Bei angrenzendem Markstrahlparenchym findet sich an der Gefäfswand in der Regel auch Hoftüpfelung, einfache Tüpfelung bei *Decostea*. Constant für die *Cornaceen* dürfte sein die leiterförmige, reichspangige oder sogar sehr reichspangige Gefäfsperforierung bei stark geneigter Scheidewand. Das Holzparenchym findet sich in Beziehung zu den Gefäfsen, mitunter auch zwischen dem Prosenchym z. B. bei *Cornus sanguinea*. Typisch hofgetüpfeltes Prosenchym bildet meist die Grundmasse des Holzes; daneben tritt bei *Aucuba* sehr untergeordnet einfach getüpfeltes, auch gefächertes Prosenchym, bei *Decostea* Hoftüpfelprosenchym mit kleinerem Hof und mit Scheidewänden auf. Bei *Aucuba* findet sich Krystallsand in Mark, auch in primärer und secundärer Rinde.

Aucuba japonica Thbg. — *Decostea scandens* R. P.-Grieseb., Lechler pl. magellanicae ed. Hohenacker. — *Curtisia faginea* Ait. — *Cornus sanguinea* L.

Garryaceen.

Diese kleine Familie wird von Bentham-Hooker mit den *Cornaceen* vereinigt. Der Querschnitt zeigt isolierte, nicht grofslumige (Durchmesser bis 0,03 mm) Gefäfse und breite primäre Markstrahlen. Die Gefäfse sind spiralig verdickt; neben dieser Verdickung finden sich gegen das angrenzende Markstrahlparenchym an der Gefäfswand Hoftüpfel. Die Gefäfsperforation ist leiterfömig und nicht reichspangig bei geneigter, ganz oder teilweise durchbrochener Scheidewand. Das Holzparenchym ist wenig entwickelt. Die Grundmasse des Holzes bildet Hoftüpfelprosenchym, dessen Wandungen mitunter (*G. Lindheimeri*) auch spiralig verdickt sind.

Garrya Lindheimeri Torr., Flora Texana exsicc. Nr. 536; — *Garrya elliptica* Dougl.

Caryophyllineen.

Schon Oliver[1]) hat für einige *Caryophyllineen* den Mangel an Markstrahlen angegeben; Regnault[2]) hebt ebenfalls dieses Verhältnis hervor. Bei den beiden von mir untersuchten holzigen Pflanzen zeigt der Querschnitt eine Grundmasse aus im allgemeinen einfach getüpfeltem Prosenchym, in welchem nicht grofslumige, spiralig verdickte Hoftüpfelgefäfse eingelagert sind; das Markstrahlparenchym fehlt ebenfalls. Die Gefäfse besitzen einfache Perforation bei häufig horizontaler Scheidewand. Bei beiden Gattungen beobachtet man ferner auf dem Querschnitte dünnwandiges Gewebe (kein Phloëm), in concentrischen Zonen, deutlich entwickelt bei *Buffonia*, mehr zurücktretend bei *Alsine*. Eine viel reichere Entwicklung gewinnt das dünnwandige Gewebe nach Regnault[2]) bei *Arenaria rigida* (Tab. VI Fig. 6*d*), wo es Grundgewebe wird und wo in ihm die Gefäfse, sowie Prosenchymgruppen ohne Gefäfse liegen; bei *Silene pseudootis* findet sich dünnwandiges Gewebe mit Gefäfsen und ebenso Prosenchym mit Gefäfsen. In den Achsenteilen von *Dianthus trifasciculatus* (Tab. VII Fig. 7) fehlt hingegen das dünnwandige Gewebe nach Regnault, was ich bestätigen kann, während es in concentrischen Zonen, welche auch Gefäfse enthalten, in der Wurzel der genannten Pflanze auftritt.

Bei *Acanthophyllum spinosum* C. A. M. (Tab. IV Fig. 1—10) hat Oliver[1]) eine Zerklüftung des Holzkörpers ähnlich, wie bei *Bauhinia* beobachtet.

Alsine Schimperi Hochst., Schimperi iter abyssinicum Sectio III Nr. 1892. — *Buffonia enervis* Boiss.-Fenzl. Pl. Pers. austr. ed. Hohenacker Nr. 595.

---

[1]) On the Structure of the Stem in certain Species of *Caryophylleae* and *Plumbagineae*. Transactions of the Linnean Society Vol. XXII Part IV Nr. XXI p. 289.

[2]) Ann. des sc. nat. Sér. 4. T. XIV 1860 p. 118 sq.

2. Gamopetalae.

Caprifoliaceen.

Neben meinen eigenen Untersuchungen liegt der folgenden Darstellung noch eine jüngst erschienene Bearbeitung der *Caprifoliaceen*-Hölzer von Michael[1]) zu Grunde.

Schon Hesselbarth[2]) hebt in seinen Beiträgen zur vergleichenden Anatomie des Holzes hervor, dafs die *Caprifoliaceen* sich nach der Structur des Holzes in zwei Gruppen zerlegen lassen. Eine isolierte Stellung nimmt nämlich *Sambucus* den übrigen *Caprifoliaceen* gegenüber ein, was sowohl durch Michaels, als meine Untersuchungen bestätigt wird. Es befremdet dies um so mehr, als *Sambucus* durch morphologische Verhältnisse dem Genus *Viburnum* nächstverwandt ist. Nach Michael unterscheidet sich *Sambucus* »durch das Vorkommen von Sklerenchymfasern, durch die Lagerung und Perforation der Gefäfse und durch den Bau der Markstrahlcomplexe« scharf von den übrigen Gattungen.

Unter den Sklerenchymfasern meint Michael das einfach getüpfelte Prosenchym von *Sambucus*; alle anderen Genera der *Caprifoliaceen* besitzen tracheidenähnliches, hofgetüpfeltes Prosenchym (»faserförmige Tracheiden« Michael's). Bei *Leycesteria formosa* kommt übrigens nach Michaels Angabe neben reichlicher entwickeltem Hoftüpfelprosenchym auch spärlich einfach getüpfeltes vor. Bei Arten von *Lonicera*, *Viburnum*, *Symphoricarpus*, *Leycesticra* und *Abelia* findet sich mitunter Spiralverdickung der Prosenchymwandung.

Einen zweiten Unterschied zwischen *Sambucus* und den übrigen *Caprifoliaceen* liefert nach Michael die Gefäfsperforierung. Michael gibt für die Arten von *Sambucus* im Gegensatz zu den übrigen *Caprifoliaceen* ausschliefslich einfache Perforation an; dieselbe ist meist elliptisch, seltener rund. Neben dieser einfachen Perforierung habe ich aber auch bei beiden untersuchten Arten von *Sambucus* leiterförmige, nicht armspangige Durchbrechung der

---

[1]) Vergleichende Untersuchungen über den Bau des Holzes der *Compositen, Caprifoliaceen* und *Rubiaceen*. Diss. Leipzig 1885.

[2]) Beiträge zur vergleichenden Anatomie des Holzes. Diss. Leipzig 1879.

Gefäfse in der Umgebung des primären Holzes nachgewiesen. Auch bei *Lonicera tartarica* überwiegt noch die einfache Perforierung, der Form nach meist elliptisch, während ich leiterförmige Durchbrechungen in Umgebung des primären Holzes beobachtete. Bei *Lonicera Caprifolium* und *Symphoricarpus occidentalis* findet sich neben der einfachen Perforation leiterförmige auch im secundären Holze. Die Leiterperforierungen dieser beiden genannten Arten von *Lonicera* und *Symphoricarpus* sind mitunter durch eine sehr grofse Anzahl schmaler Speichen ausgezeichnet, so dafs die durchbrochenen Teile spaltenartig erscheinen. Bei *Viburnum Lantana* und *Opulus* kommt ausschliefslich leiterförmige Durchbrechung der Gefäfse vor. Bei sämtlichen untersuchten 39 Arten der Genera *Viburnum*, *Diervillia*, *Lonicera*, *Leycesteria*, *Symphoricarpus* und *Abelia* hat Michael Leiterperforierungen bald vereinzelt, bald reichlich nachgewiesen. In Hinblick auf meine Angaben bezüglich *Sambucus* kommen wir also zum Schlusse, dafs bei allen *Caprifoliaceen*, wenn auch mitunter nur selten und auf die Umgebung des primären Holzes beschränkt, Leiterperforierung der Gefäfse vorhanden ist.

Michael hat in seiner Dissertation den Versuch gemacht, die Markstrahlen für die Systematik in einer neuen Weise nach dem Vorgang von Schulz[1]) zu verwenden und dabei den Bau der mehrreihigen Markstrahlcomplexe, wie sie sich auf dem Tangentialschnitt darstellen, zu benutzen; Michael berücksichtigt die Höhe der Markstrahlzellen am Tangentialschnitt und die Art der Gruppierung dieser Elemente zum Markstrahlcomplex. Michael stellt für die *Caprifoliaceen* einen Haupttypus auf, der nur bei *Sambucus* fehlt. Die Mitte des Markstrahlcomplexes nehmen beim Haupttypus niedere Zellen ein, über und unter welchen sich Mittelgröfsen finden, an welche sich wieder oben und unten hohe Zellen anschliefsen. Andere Typen kommen nun bei den *Caprifoliaceen* auch vor, leiten sich aber vom Haupttypus direct ab. Es kann z. B. nach oben von den niederen

---

[1]) Das Markstrahlgewebe und seine Beziehungen zu den leitenden Elementen des Holzes. Berlin 1882.

Zellen an nichts entwickelt sein oder es sind nur nach oben die hohen Zellen unterdrückt. Bei *Sambucus* fehlen die langgestreckten Zellen des Markstrahlcomplexes völlig. Die Markstrahlen besitzen bei Arten von *Lonicera* und *Symphoricarpus* eine Breite von 8—10 Reihen, bei *Abelia* nur 1—3 Reihen.

Verschieden grofs ist auch das Gefäfslumen bei den *Caprifoliaceen* (Maximaldurchmesser 0,1 mm bei *Lonicera japonica*). Bemerkenswert ist noch die spiralige Verdickung der Gefäfswand, welche ich bei den untersuchten Arten von *Lonicera* und *Symphoricarpus* nachwies. Bei *Viburnum* ist sie für das Genus nicht constant; *Viburnum Lantana* besitzt die Spirale; bei *Vib. Opulus* fehlt sie. Michael hat die spiralige Verdickung bei allen von ihm untersuchten Arten von *Lonicera* (21), *Symphoricarpus* (3) *Leycesteria* und *Abelia* angegeben.

Constant für die *Caprifoliaceen* ist das oft allerdings seltene Auftreten von leiterförmigen Perforationen der Gefäfse, neben welchen einfache Durchbrechungen auftreten können, ferner abgesehen von *Sambucus* das Hoftüpfelprosenchym und nach Michael auch der Bau der Markstrahlcomplexe.

Sambucus nigra L.; — *S. Sieboldiana* Bürg. — *Viburnum Lantana* L.; — *Vib. Opulus* L. — *Lonicera Caprifolium* L.; — *L. tartarica* L. — *Symphoricarpus occidentalis* R. Brn.

Anm. Die in der Peripherie des Markes befindlichen, von Dippel näher untersuchten, charakteristischen Gerbstoffschläuche finden sich nach De Bary (Vergl. Anatomie S. 155) nur bei *S. Ebulus* und *nigra*; sie fehlen *S. Sieboldiana*; sie sind nicht für das Genus constant.

Rubiaceen.

Der grofse Umfang dieser Familie und die verhältnismäfsig geringe Anzahl (41) der von mir untersuchten Arten aus 22 verschiedenen Triben gestatten nur ein sehr unvollkommenes Bild über die systematische Bedeutung des Holzes in dieser Familie.

Sämtliche anatomische Charaktere erweisen sich als variabel in dem grofsen Verwandtschaftskreise; streng genommen ist fast kein einziger für die *Rubiaceen* constant. Auch Michael sagt auf Grund der von ihm untersuchten Achsenteile (19 Arten): »Die untersuchten Hölzer der *Rubiaceen* lassen in der gegenseitigen Lagerung, im Bau, in der Form und im Inhalte ihrer Elementarorgane keine einheitlichen Merkmale auffinden.« Er unterscheidet drei Gruppen, von denen die erste Merkmale mit den *Caprifoliaceen*, die zweite mit den *Compositen*, die dritte mit beiden Familien gemeinsam hat. Diese Gruppen entsprechen keineswegs natürlichen Verwandtschaftskreisen; sie beruhen namentlich auf dem Bau der Markstrahlcomplexe auf dem Tangentialschnitt und dem Vorkommen von hof- und einfachgetüpfeltem Prosenchym[1]).

Von der Gefäſsanordnung und dem Gefäſslumen muſs ich von vornherein absehen. Ebenso variiert die Gröſse der Gefäſshoftüpfelung (Hofdurchmesser 0,0017—0,004 mm). Gegen das angrenzende Markstrahlparenchym habe ich an der Gefäſswand stets Hoftüpfelung beobachtet. Die Scheidewand der Gefäſszellen ist verschieden geneigt, ganz oder teilweise durchbrochen, mitunter horizontal. Die Perforierung ist in der Regel einfach, rund oder elliptisch; selten, z. B. bei *Urophyllum longifolium* überwiegt eine elliptisch langgezogene, einfache Gefäſsdurchbrechung. Einfache Perforation allein gibt auch Michael für die von ihm untersuchten Arten an. Daneben kommen untergeordnet bei vielen von mir untersuchten Arten[2]), aber nicht bei allen *Rubiaceen* leiterförmige Gefäſsdurchbrechungen mit verschiedener Speichenanzahl, namentlich in Umgebung des primären Holzes vor. Sie besitzen meist wenige Speichen; sehr zahlreiche dünne Speichen und spaltenförmige durchbrochene Teile, ähnlich wie bei *Symphoricarpus occidentalis* zeigen mitunter die Leiterperforationen von *Psychotria jambosioides*. Streng genommen ist also die Gefäſsperforierung für die *Rubiaceen* nicht constant; doch ist sie vorwiegend einfach.

---

[1]) Michael a. a. O. S. 46 u. 58.

[2]) Untersuchte Arten von *Cinchona*, *Cascarilla*, *Portlandia*, *Wendlandia*, *Hedyotis*, *Mussaenda*, *Urophyllum*, *Gardenia*, *Retiniphyllum*, *Alberta*, *Ixora*, *Coffea*, *Faramea*, *Mephitidia*, *Psychotria*, *Paederia*.

Nicht bessere Resultate liefern die übrigen Elemente. Die Markstrahlzellen sind oft durch ihre bedeutende Höhe ausgezeichnet. Ich habe die Markstrahlen nirgends breiter als vier Reihen angetroffen; die Markstrahlen von achtjährigem Holze von *Pavetta indica* sind auch nur bis dreireihig, von vierjährigem Holze von *Rondeletia pubescens* nach Michael nur einreihig. Eine Ausnahme macht *Coprosma lucidum,* wo Michael an zehnjährigem Holze zehnreihige Markstrahlen beobachtete. Das Holzparenchym ist oft wenig entwickelt; hervorragenderen Anteil an Bildung des Xylems hat hingegen dasselbe z. B. bei den von mir untersuchten Arten von *Urophyllum, Morinda, Retiniphyllum.* Das Holzprosenchym ist hofgetüpfelt und das ist meist der Fall, oder es ist einfach getüpfelt; im letztern Fall ist es mitunter auch gefächert. Die Art und Weise der Tüpfelung scheint wenigstens im allgemeinen auch nicht für die Triben, sondern nur für das Genus constant zu sein. Typisches Hoftüpfelprosenchym besitzen die untersuchten Vertreter der *Naucleen*, *Cinchoneen*, *Condamineen*, *Rondeletieen*, *Hedyotideen*, *Mussaendeen*, *Gardenieen, Retiniphylleen, Chiococceen, Knoxieen, Alberteen, Vanguerieen, Ixoreen* und *Anthospermeen,* von den untersuchten *Spermacoceen* nur *Psyllocarpus,* den *Psychotrieen* nur *Lasianthus,* den *Guettardeen* nur *Antirrhoea.* Die übrigen untersuchten Genera haben einfach getüpfeltes Prosenchym oder der Prosenchymtüpfelhof ist nur klein oder undeutlich. Sehr häufig kommt in diesem Falle Fächerung des Lumens vor z. B. bei den untersuchten Arten von *Damnacanthus, Guettarda, Hamelia, Paederia, Hamiltonia, Leptodermis* etc.

Schliefslich möchte ich noch in Kürze des Auftretens der Krystallelemente gedenken. Das Vorkommen von Rhaphiden in Blättern von *Galium*-Arten ist bekannt; dieselben treten nun auch in Mark und Rinde, bald in einem, bald in beiden Geweben auf; ich fand sie bei folgenden Gattungen: *Hedyotis, Hamelia*, *Knoxia*, *Morinda*, *Damnacanthus*, *Faramea*, *Mephitidia, Psychotria*, *Rudgea*, *Paederia*, *Hamiltonia*, *Anthospermum*, *Nenax, Gaillonia, Psyllocarpus.* Bei *Psychotria* kommen daneben Schwalbenschwanz-Krystalle (secundäre Rinde) und grofse spindelförmige Krystalle (Mark und Rinde) vor; die Krystalle von der Gypsform finden sich auch bei *Coussarea, Ixora, Rondeletia* in Mark und Rinde oder der Rinde allein. Bei einer grofsen Anzahl von Gattungen ist ferner der oxalsaure Kalk als Krystallsand[1]) entwickelt. Auch Krystallnädelchen können vorkommen, so im Marke von *Chiccocca barbata*.

Bemerkenswert ist noch, dafs sowohl der Stamm als die als »Radix Caincae« offizinelle Hauptwurzel von *Chiococca racemosa* Jacq. nach Flückiger[2]) anomale Structurverhältnisse zeigt. Es treten hier in der Rinde kleinere Holzkörper (ohne Mark) auf, welche secundär entstehen.

Tribus Naucleen: *Nauclea Cadamba* Roxb., Herb. Ind. Or. Hook. fil. et Thoms. — *Uncaria Gambir* Roxb., Herb. Hort. bot. Calcutt. Nr. 1051. — Trib. Cinchoneen: *Cinchona Calysaya* Wedd. — *Cascarilla magnifolia* R. P. — Trib. Condamineen: *Bikkia australis* Reinw. — *Portlandia coccinea* Sw. — Trib. Rondeletieen: *Rondeletia Royenaefolia* Dec. — *Wendlandia Notoniana* Wall. — Trib. Hedyotideen: *Hedyotis (Diplophragma) articularis* R. Brn. — Trib. Mussaendeen: *Urophyllum longifolium* Wight, Herb. of the late East India Comp. Nr. 2945 Herb. Griffith. — *Mussaenda racemosa* Boj. — Trib. Hamelieen: *Hamelia ventricosa* Sw. — Trib. Catesbaeen: *Catesbaea parvifolia* Dec. — Trib. Gardenieen: *Gardenia florida* L., Herb. et Cult. Hort. bot. Calcutt. — *Discospermum sphaerocarpum* Dalz., Herb. Ind. Or. Hook. fil. et Thoms. — Trib. Retiniphylleen: *Retiniphyllum rhabdocalyx* Müll. Arg. — Trib. Guettardeen: *Antirrhoea verticellata* Dec., Fl. Maurit. II Nr. 59, Sieber. — *Guettarda viburnoides* Cham. et Schlechtdl. — Trib. Knoxieen: *Knoxia laevis* Dec. et Schlechtdl., Pl. Ind. or. (Mons Nilagiri) ed. Hohenacker Nr. 1378. — Trib. Chiococceen: *Chiococca barbata* Forst. — *Scolosanthus triacanthus* Dec. — Trib. Alberteen: *Alberta spec.*, Fl. von Madagascar leg. Hildebrandt. — Trib. Vanguerieen: *Vangueria infausta* Burch., Burchell Cat. geogr. pl. Africae austr. extratrop. Nr. 2629. — *Pachystigma venosum* Hochst.

---

[1]) *Nauclea, Uncaria, Cascarilla, Cinchona, Bikkia, Portlandia, Rondeletia, Wendlandia, Mussaenda, Discospermum, Antirrhoea, Scolosanthus, Alberta, Coffea.*

[2]) Pharmacognosie 1867 S. 231.

— Trib. Ixoreen: *Ixora incarnata* Dec. — *Coffea arabica* L. — Trib. Morindeen: *Morinda Royoc* L. — *Damnacanthus maior* Sieb. et Zucc. — Trib. Coussareen: *Coussarea macrophylla* Müll. Arg. (= *Faramea macrophylla* Mart.) — *Faramea graciliflora* Mart. (= *Coussarea graciliflora* Benth.-Hook.) Martii Herb. Flor. Brasil. Nr. 611. — Trib. Psychotrieen: *Mephitidia (Lasianthus) venulosa* Wight, Peninsula Indiae orientalis Nr. 1397 Herb. Wight. — *Psychotria jambosioides* Schlechtdl. — *Rudgea loniceroides* Müll. Arg. — Trib. Paederieen: *Paederia ternata* Wall., Herb. of the late East Ind. Comp. Nr. 2969 Herb. Griffith. — *Leptodermis lanceolata* Wall. — *Hamiltonia suaveolens* Roxb. — Trib. Anthospermeen: *Anthospermum aethiopicum* L. — *Nenax acerosa* Gaertn. — Trib. Spermacoceen: *Gaillonia spec.*, Herb. of the late East Ind. Comp. Nr. 3062 Herb. Griffith. — *Psyllocarpus laricioides* Mart.

Compositen.

Auch hier gestattet nicht die verhältnismäfsig geringe Anzahl der untersuchten Arten, die systematische Verwertung der Holzstructur in dieser Familie eingehender zu behandeln. Anordnung der Gefäfse und Breite der Markstrahlen wechseln. Bezüglich der Anordnung der Elemente liefert hierin *Pteronia aspera* ein gutes Beispiel; man erkennt da am Querschnitt schmälere radiäre Streifen, welche aus Gefäfsen und Prosenchym namentlich bestehen, zwischen welchen breite Prosenchymstreifen mit einreihigen Markstrahlen liegen. Ähnlich verhält sich noch *Pteronia camphorata*; dieser Typus ist aber nicht mehr bei *Pt. acerosa* ersichtlich. Bemerkenswert ist, dafs die untersuchten Arten von *Ageratum* des Markstrahlparenchyms entbehren. Michael[1]) gibt auch für die *Compositen* das Bild des Markstrahlcomplexes auf dem Tangentialschnitte als charakteristisch an. Das Centrum des Complexes bilden niedere Zellen, an welche sich oben und unten Mittelgröfsen anschliefsen; dieses Centrum wird allseitig von hohen prosenchymatischen Zellen umgeben.

Gefäfslumen (Maximaldurchmesser 0,02—0,054 mm) und Hofgröfse (Durchmesser 0,002—0,004 mm) der Gefäfstüpfelung wechseln

[1]) a. a. O. S. 7.

ebenfalls. Bemerkenswert ist, dafs ich bei allen untersuchten *Compositen* die Hoftüpfelung der Gefäfswand auch bei angrenzendem Markstrahlparenchym vorfand. Bei vielen Gattungen tritt spiralige Verdickung der Gefäfswand auf, welche bei Zurücktreten der Hoftüpfelung, also gegen das Prosenchym besonders deutlich ersichtlich ist; in verschiedener Ausbildung findet sie sich bei den untersuchten Arten von *Euryops*, *Gymnosperma*, *Leucomeris*, *Proustia*, *Pteronia* (excl. *Pt. acerosa*), *Staehelina*, *Tarchonanthus*, *Zaluzania*, als deutlichere Streifung bei *Ageratum*, *Athanasia*, *Eriocephalus* und *Eupatorium*. Die Scheidewand der Gefäfszellen ist verschieden geneigt, häufig horizontal; die Perforierung ist im allgemeinen einfach, rund oder elliptisch. Einfache Gefäfsdurchbrechung wird von Michael[1]) auch für die von ihm untersuchten 32 Arten angegeben und ebenso erwähnt sie Tangl[2]) für 13 vorzugsweise krautartige *Compositen*. Selten waltet eine einfache elliptische Gefäfsdurchbrechung vor, z. B. bei *Osteospermum imbricatum*. Neben der einfachen Perforierung kommen, ähnlich wie bei den *Rubiaceen* auch untergeordnet leiterförmige Gefäfsdurchbrechungen vor. Bemerkenswert ist, dafs mitunter dieselben einen kreisrunden Umfang besitzen, dafs sie oft sehr reichspangig sind, ferner, dafs diese Leiterperforierungen auch auf horizontaler Scheidewand vorkommen können. Aufserdem sind die meist zarten Speichen nicht immer horizontal, senkrecht zur Längsachse der Perforierung angeordnet, sondern mitunter auch parallel zur Längsachse der ganzen Perforation. Solche Leiterperforierungen, die aber kein grofses systematisches Interesse haben dürften, finden sich bei den untersuchten Arten von *Albertinia*, *Lychnophora*, *Calea*, *Zaluzania*, *Tripteris*, *Berkheya* und *Allumia*. Schon Hartig[3]) hat leiterförmige Gefäfsdurchbrechungen bei *Hieracium*, *Cichorium* und *Onopordon* angegeben;

---

[1]) a. a. O. S. 7.

[2]) Beitrag zur Kenntnis der Perforationen an Pflanzengefäfsen. Sitzungsberichte der kais. Akad. der Wiss. zu Wien. Mathem.-naturwiss. Kl. Bd. LXIII I 1871 S. 537 ff.

[3]) Botanische Zeitung 1859 S. 238.

bei einigen Arten dieser Gattungen beschreibt und bildet auch Sanio[1]) Leiterperforierungen ab. Durch Verzweigung und Anastomosieren der Speichen entstehen die zierlichen Formen, welche Tangl bei *Helianthus annuus* und *giganteus*, *Sonchus oleraceus*, *Ageratum* und *Echinops exaltatus* beschreibt und zum Teil abbildet; den beiden genannten Arten von *Helianthus* gegenüber fehlen sie nach Tangl *Helianthus salicifolius*. Das Holzparenchym ist bei den *Compositen* vorwaltend auf die Umgebung der Gefäfse beschränkt. Das die Grundmasse des Holzes bildende Holzprosenchym ist bei den von mir, wie bei den von Michael untersuchten 32 Arten, stets einfach getüpfelt; bei einigen Arten wurde vereinzelt Fächerung desselben beobachtet, nämlich bei den untersuchten Arten von *Eupatorium* und *Baillardia*.

Zunächst mufs ich noch der anomalen Verhältnisse bei den *Cichoriaceen* gedenken, welche in Anschlufs an die Beobachtungen von Hanstein und Trécul neuerdings von Petersen[2]) studiert worden sind. Aus dessen Untersuchungen, auf welche ich verweise, geht hervor, dafs der innere Weichbast in Form von Weichbastbündeln am Rande des Markes bei einer geringen Anzahl von Genera vorkommt, dafs derselbe ferner nicht einmal für die Gattung constant ist und dafs, wie schon Trécul[3]) für *Sonchus tenerrimus* richtig angibt, der Bau des Stengels in höherem und tieferem Niveau verschieden sein kann[4]). In Beziehung zum inneren Phloëm treten bei den *Cichoriaceen* gegliederte

---

[1]) Botanische Zeitung 1863 S. 123 u. Tab. IV Fig. 26—34.

[2]) a. a. O. S. 386—387.

[3]) Résumé d'observations sur les canaux et les sucs propres. Ann. des sc. nat. Sér. 5. T. V 1866 p. 68—69.

[4]) Es fragt sich, ob der innere Weichbast der *Cichoriaceen* mit dem typischen der *Apocynaceen* etc. wirklich identisch ist und ob nicht eine Erklärung der Variabilität dieses anatomischen Charakters bei den *Cichoriaceen* möglich ist. Der innere Weichbast der *Apocynaceen* etc. ist von der Achse aus in den Blattstiel und meist bis zur Blattspreite zu verfolgen und entsteht dadurch, dafs Teile des äufseren oder unteren Phloëms nach oben oder innen treten. Die in den peripherischen Bündelkreis der Achse im Knoten eintretenden Fibrovasalstränge sind also bereits bicollateral gebaut. Ganz anders verhält es sich hier, wenn wir die Untersuchungen von Weiss bei *Scorzonera*

Milchröhren auf, deren systematische Bedeutung bekannt ist. Die Angabe Tréculs, dafs auch isoliert bei *Gundelia Tournefortii* innerer Weichbast auftrete, ist noch weiter zu verfolgen, zumal die Pflanze auch als lactescent von Bentham und Hooker angegeben wird. Bezüglich der für die *Tubifloren* charakteristischen Ölgänge verweise ich auf die Angaben von Van Tieghem und De Bary. Harzgänge habe ich nur bei *Zaluzania* an der Markperipherie vorgefunden.

Untersucht wurden:

Albertinia brasiliensis Sprgl. = *Vernonia Albertinia* Dec. — *Lychnophora albertinioides* Schult. — *Eupatorium petiolare* Moç. —

Hispanica zunächst berücksichtigen (a. a. O. S. 36 ff.). Es befinden sich zwar auch hier im Blattstiele innerhalb der primären Gefäfse kleine Phloëmbündel; diese bilden aber nicht die markständigen Phloëmbündel, treten überhaupt nicht in das Mark der Achse ein, sondern setzen sich an das peripherische Phloëm des Bündelringes der Achse an. Die markständigen Weichbastbündel der Achse entstehen vielmehr dadurch, dafs im Knoten Teile des peripherischen Kreises und zwar zumeist nur Phloëm in das Mark einbiegt. Der genetische Wert der Phloëmbündel ist also derselbe, wie der der markständigen Fibrovasalstränge z. B. von *Tecoma radicans*, einigen *Aralien* und *Umbelliferen* etc.; der systematische Wert kann mithin auch kein anderer sein; hier wie dort finden sich die Verhältnisse nicht constant für das Genus. Wenn man sich auch denken kann, dafs bei *Scorzonera* das Einbiegen des äufseren unteren Weichbastes nach oben und innen im Blattstiel, in den Achsenteil selbst verlegt ist und dadurch den Fall von *Scorzonera* in Beziehung zum inneren Weichbast der *Apocynaceen* etc. bringt, so scheinen doch in ihrem systematischen Werte die markständigen Phloëmbündel jenen markständigen Gefäfsbündeln näher zu stehen; denn erstens war im Blattstiele von *Scorzonera* ein wirklicher innerer Weichbast vorhanden, der aber nicht in das Mark der Achse eintritt; dann biegen auch in kräftigen Pflanzen oder in tieferen Internodien, welche der Wurzel näher liegen, mit den Phloëmteilen auch Xylemteile des peripherischen Kreises im Knoten in das Mark ein. Damit wäre eine genügende Erklärung für die Nichtconstanz des inneren Weichbastes der *Cichoriaceen* gegeben. Es ist nur noch zu berücksichtigen, dafs Weiss bei *Lactuca sativa* noch kleine Phloëmbündel im Marke der Achsenteile neben den andern, aus dem peripherischen Phloëm stammenden angibt, welche hier die Fortsetzung jener kleinen Bündel sind, die man auch bei *Scorzonera* nach innen vom Holzkörper im Blattstiel beobachtet. Diese kleinen Phloëmbündel sind das Aequivalent eines wirklichen inneren Weichbastes, welcher also bei den *Cichoriaceen* auch in den Achsenteilen vorhanden sein kann, aber auch hier obliterieren kann; er erscheint verdrängt durch die Ausbildung der aus dem äufseren Phloëm des Bündelringes stammenden Phloëmbündel.

Ageratum matricarioides L.; — *Ag. coridifolium* Dec. — *Pteronia aspera* Thbg.; — *Pt. acerosa* Dec. *var. quinqueflora* Dec.; — *Pt. camphorata* L. — *Gymnosperma glutinosa* Dec. — *Pluchea indica* Less., Herb. of the late East Ind. Comp. Nr. 3166/1 Herb. Griffith. — *Tarchonanthus angustissimus* Dec. — *Calea coriacea* Dec. — *Zaluzania angusta* C. H. Schltz. — *Bahia ambrosioides* Lag., Herb. Bertero Nr. 839. — *Athanasia erithmifolia* L. — *Eriocephalus racemosus* L. — *Euryops tenuissimus* Less. — *Raillardia linearis* Gaud., Herb. of the U. S. South Pacific Exploring Exp. — *Osteospermum imbricatum* L. — *Tripteris cheiranthifolia* C. H. Schltz., Schimperi iter abyssin. Sectio II Nr. 345. — *Berckheya fruticosa* Ehrh. — *Cullumia cirsoides* Dec. *β carlinioides* Dec. Burchell, Cat. geogr. Nr. 6299. — *Leucomeris spectabilis* G. Don., Herb. Hort. bot. Calcutt., Coll. Brandis. — *Proustia pungens* Poepp. — *Staehelina arborescens* L.; — *Staeh. dubia* L.

Goodeniaceen.

Constant für die Familie dürfte sein die einfache, runde oder elliptische Gefäſsperforierung bei verschiedener Neigung der Scheidewand. Die Gefäſswände besitzen auch Hoftüpfelung bei angrenzendem Markstrahlparenchym. Das Holzparenchym ist nur untergeordnet vorhanden. Die Zellen der bei *Scaevola* bis vierreihigen, auſserdem 1—2reihigen Markstrahlen sind in Richtung der Achse gestreckt. Das Holzprosenchym (excl. Markscheide) ist stets hofgetüpfelt.

Der Querschnitt des Holzkörpers von *Goodenia ovata* zeigt an der Innenseite des peripherischen Bündelkreises in der Regel fünf Gefäſsbündel mit normal nach auſsen orientiertem Weichbast welche mehr oder minder tief in den peripherischen Bündelring eindringen; dieselben sind nach auſsen umgeben von einer Scheide aus dickwandigem, dabei nicht englumigem, einfach getüpfeltem und gefächertem Prosenchym, welches auch als Markscheide zwischen Mark und dem peripherischen Bündelring sich hinzieht. Bemerkenswert ist, daſs jene Gefäſsbündel des äuſseren Kreises, denen kein inneres vorliegt, entwickelten Hartbast besitzen, der dieselben histologischen Verhältnisse zeigt, wie die

Markscheide. Vesque[1]) hat bereits nachgewiesen, dafs die inneren fünf Bündel Blattspuren sind, welche im weiteren Verlaufe in den äufseren Bündelkreis eintreten. Eine systematische Bedeutung haben diese in den peripherischen Bündelkreis einspringenden, markständigen Fibrovasalstränge für das Genus nicht, da sie bei *Good. squarrosa* fehlen. Vesque hat umfangreichere Untersuchungen angestellt und fand Analoges wie bei *Goodenia ovata* nur bei *Goodenia heterophylla*, *Selliera radicans* und einer *Distylis*-Art.

Goodenia ovata Smith, Fl. Nov. Holl. Sieber Nr. 232; — *Good. squarrosa* Vriese, Nov. Holl. Preiss. — *Scaevola senegalensis* Presl, Afrikan. Gesellsch. Soyaux. — *Dampiera ovalifolia* R. Brn., Fl. Nov. Holl. Sieber Nr. 227.

Lobeliaceen.

Der Querschnitt zeigt bei den untersuchten Hölzern Gefäfse von nicht bedeutendem (0,045 mm) Durchmesser und bis 4 reihige *(Syphocampylus)* Markstrahlen. Die Scheidewand der Gefäfszellen ist verschieden geneigt, die Perforation einfach und zwar meist elliptisch, mitunter langgezogen elliptisch, wie bei *Syphocampylus;* bei *Roellia* und *Lightfootia* finden sich auch spärlich armspangige Leiterperforierungen vor. Die Hoftüpfelung der Gefäfswände verändert sich nicht, wenn Markstrahlzellen angrenzen. Das Prosenchym ist bei *Syphocampylus* aus der Tribus der *Lobelieen* ungehöft oder es sind seine Tüpfel doch nur mit kleinem Hofe versehen, das Lumen ferner gefächert; hofgetüpfelt ist das Holzprosenchym bei den beiden Vertretern der *Campanuleen.* Das Holzparenchym zeigt nur bei *Lightfootia* eine reichlichere Entwicklung.

Das Vorkommen von innerem Weichbast ist schon seit Sanio's Untersuchungen bei *Campanulaceen* bekannt. Ich verweise in dieser Beziehung auf Petersen's[2]) Angaben. Weiss[3])

---

[1]) Note sur l'anatomie du *Goodenia ovata.* Annales des sc. nat. Sér. 6. T. III p. 312—326 u. Tab. XIX; vgl. auch Vesque, Anatomie comparée de l'écorce. Ann. des sc. nat. Sér. 6. T. II p. 146 u. Tab. X Fig. 1.

[2]) a. a. O. S. 388.

[3]) Das markständige Bündelsystem a. a. O. S. 22.

hat für diese Phloëmbündel denselben Verlauf, wie für die Weichbastbündel der *Cichoriaceen* constatiert. Der innere Weichbast der *Cichoriaceen* ist also ebenfalls das Äquivalent von markständigen Fibrovasalsträngen, wie sie bei *Tecoma radicans*, einigen *Aralien* etc. vorkommen; er hat folglich denselben systematischen Wert, ist nicht constant für das Genus. Von 54 untersuchten Arten der Gattung *Campanula* hat Westermaier[1]) diese Phloëmbündel nur bei 14 Arten gefunden; Westermaier hat eine Correlation zwischen dem Auftreten des inneren Phloëms und dem Blütenreichtum bei der Gattung *Campanula* ermittelt. Selbst die systematische Verwertung des inneren Weichbastes für die Art ist nicht immer möglich, da nach den Angaben von Sanio[2]), Petersen und Weiss die Phloëmbündel einen verschiedenen Grad der Entwicklung bei Individuen derselben Art zeigen können.

Syphocampylus duploserratus Pohl. — *Roella ciliata* L. — *Lightfootia tenella* Dec. fil., Burchell Cat. geogr. pl. Africae austr. extratrop. Nr. 1806.

Vacciniaceen.

Die nicht grofslumigen (Maximaldurchmesser 0,024—0,045 mm) sind zahlreich am Querschnitte vorhanden; ferner kommen meist bis 3reihige, bei *Thibaudia* bis 6reihige Markstrahlen vor. Die Tüpfelung der Gefäfswand bei angrenzenden Markstrahlzellen ist eine verschiedene; bei *Thibaudia* kommen da meist grofse einfache Tüpfel, bei den übrigen Hoftüpfel vor. Bei den untersuchten Gattungen mit Ausnahme von *Vaccinium* wurde mitunter an der Gefäfswand spiralige Verdickung beobachtet. Die Gefäfsperforation ist eine verschiedene. Bei *Gaylussacia* ist die leiterförmige Gefäfsdurchbrechung mit einer gröfseren oder geringeren Speichenanzahl (2—14) entwickelt. Bei *Agapetes*, *Thibaudia* und *Vaccinium* tritt die einfache, elliptische, oft langgezogene Perforierung neben der leiterförmigen auf. Bei *Vaccinium uliginosum* kommt noch häufig der Fall vor, dafs auf der Scheidewand zahl-

---

[1]) Beiträge zur vergleichenden Anatomie der Pflanzen. Monatsber. der k. Akademie der Wiss. Berlin 1881 S. 1064 ff.

[2]) Botanische Zeitung 1865 S. 179.

reiche, rundliche oder elliptische Tüpfel (perforiert?) vorkommen (Tüpfelperforation). Die Scheidewände der Gefäſszellen besitzen im allgemeinen verschiedene Neigung. Das Holzparenchym ist wenig entwickelt. Neben typisch hofgetüpfeltem Prosenchym, das bei *Gaylussacia* mitunter auch spiralig verdickte Wandungen besitzt, kommt noch einfach getüpfeltes oder doch nur sehr klein behöft getüpfeltes Prosenchym vor, dessen Lumen auch häufig gefächert ist *(Thibaudia, Agapetes, Gaylussacia)*. Das Vorkommen von leiterförmiger Gefäſsperforierung, mitunter auch neben einfacher Gefäſsdurchbrechung und das Vorkommen von hof- und einfach getüpfeltem Prosenchym sind bei den *Vacciniaceen* noch einmal hervorzuheben.

Thibaudia longifolia Kth. — *Agapetes rugosa* Hook. fil., Herb. Ind. Or. Hook. fil. et Thoms. — *Gaylussacia brasiliensis* Meissr. var. — *Vaccinium uliginosum* L.

Ericaceen.

Am Querschnitt des Holzkörpers finden sich sehr zahlreiche (z. B. *Meisteria* oder *Gaultheria*) oder nicht zahlreiche (z. B. *Erica*), in der Regel zerstreute und nicht groſslumige (Maximaldurchmesser 0,024—0,045 mm) Gefäſse. Die Markstrahlen sind 1reihig *(Rhododendron* und *Menziesia)*, auſserdem bis 4reihig. Deutliche spiralige Verdickung der Gefäſswand findet sich bei *Arbutus* und *Arctostaphylus*; bei den untersuchten Arten von *Rhododendron* und *Menziesia* sind nur die Gefäſsenden oft spiralig verdickt. Gegen die Markstrahlwand beobachtet man Hoftüpfelung an der Gefäſswand. Die Scheidewände der Gefäſszellen sind verschieden geneigt, selten horizontal. Verschieden verhält sich die Gefäſsperforation. Bei *Erica* und *Philippia* (Trib. *Ericeen*), bei *Arbutus* und *Arctostaphylus* (Trib. *Arbuteen*) ist dieselbe in der Regel einfach, rund oder elliptisch; daneben kommt aber untergeordnet bei den untersuchten Arten leiterförmige Gefäſsdurchbrechung mit wenigen Spangen vor. Bei *Rhododendron*, *Menziesia*, *Gaultheria*, *Meisteria* (Trib. *Rhodoreen* und *Andromedeen*) sind die Durchbrechungen nie einfach, sondern nur leiterförmig, bei *Meisteria* sogar sehr reichsprossig. Bei

Menziesia ferruginea finden sich aufserdem merkwürdige Krüppelformen der Perforierung, z. B. einzelne kleine runde Löcher ohne besondere Anordnung, in einen Kreis gestellte Löcher, spaltenförmige Löcher mit runden verschiedenartig combiniert u. s. w. *Meisteria cernua* besitzt mitunter Gefäfsscheidewände, welche nur zerstreute Gruppen von kleinen Tüpfeln (perforiert?) tragen; der langgezogen elliptische Umfang der Gefäfsscheidewand ist am Radialschnitt deutlich zu erkennen; Gefäfszellen mit solchen Querwänden haben denselben Durchmesser, wie die leiterförmig perforierten Gefäfse. Im allgemeinen scheint nun doch nach dem Vorausgehenden das Auftreten von Leiterperforierung, wenn sie mitunter auch nur spärlich vorkommt, für die *Ericaceen* constant zu sein; ob das Zurücktreten und Hervortreten der einfachen Perforierung systematischen Wert für die Triben hat, ist noch weiter zu verfolgen. Leiterförmige Gefäfsperforation kommt nach Schacht[1]) auch bei *Clethra*, nach Tangl[2]) bei *Rhododendron ferrugineum* und *ponticum, Ledum palustre, Calluna vulgaris* und *Pyrola umbellata* vor. Das Parenchym ist meist wenig entwickelt, reichlicher bei den untersuchten Arten von *Philippia* und *Meisteria*. Bezüglich des Holzprosenchyms ist folgendes zu erwähnen. Die untersuchten Arten von *Arbutus* und *Arctostaphylos* besitzen neben hofgetüpfeltem, auch spiralig verdicktem Prosenchym einfach getüpfeltes. Letzteres scheint den übrigen Arten zu fehlen oder nur spärlich vorzukommen. Das Holzprosenchym ist aufserdem hofgetüpfelt; bei *Gaultheria caryophylla* beobachtet man auch spiralige Wandverdickung. Undeutlich wird mitunter die Hoftüpfelung des Prosenchyms bei *Erica carnea*.

Arbutus Andrachne L. — *Arctostaphylos officinalis* L. — *Erica carnea* L. — *Philippia abietina* Kl. — *Gaultheria caryophylla* Mart., Martii. Herb. Flor. Bras. Nr. 835. — *Meisteria cernua* Sieb. et Zucc. — *Menziesia ferruginea* Smith. — *Rhododendron hirsutum* L.

---

[1]) Lehrbuch der Anatomie und Physiologie.

[2]) a. a. O. Bd. LXIII. I. 1871 S. 546.

Epacrideen.

Der Querschnitt zeigt mehr oder weniger zahlreiche, zerstreute, nicht grofslumige (Maximaldurchmesser 0,03 mm) Gefäfse und 1—2reihige Markstrahlen, deren Zellen in Richtung der Achse gestreckt sind. Auch bei angrenzenden Markstrahlen ist an der Gefäfswand die Hoftüpfelung vorhanden. Neben einfacher, elliptischer oder runder Gefäfsperforation finden sich bei *Leucopogon* vereinzelt, häufiger bei *Styphelia* und *Andersonia* (hier auch im secundären Holze) leiterförmige Perforierungen mit wenigen oder zahlreicheren Speichen vor. Bei *Epacris* habe ich nur leiterförmige Durchbrechungen beobachtet, welche 4—20 Speichen besitzen. *Epacris heteronema* zeigt daneben noch eine besondere Form der Durchbrechung, welche sich übrigens aus der leiterförmigen ableitet; sie kommt auch der zweiten untersuchten Art, dieser aber nur sehr spärlich zu. Diese Form der Perforation läfst sich am besten mit leiterartig angeordneten Siebröhrenplatten vergleichen, nur dafs die durchbrochenen Teile spaltenförmige Tüpfel darstellen. Die Enden der Gefäfszellen sind bei beiden angegebenen Arten von *Epacris* spiralig verdickt. Das Holzparenchym beteiligt sich nicht wesentlich an Bildung des Holzkörpers. Das dickwandige Prosenchym ist hofgetüpfelt; spiralige Wandverdickung kann vorkommen, so mitunter bei *Epacris microphylla*. Neben der Hoftüpfelung des Prosenchyms mufs das Vorkommen von Leiterperforierung, — wenn diese auch nicht immer ausschliefslich vorhanden ist — für die *Epacrideen* betont werden.

Styphelia laeta R. Brn., Fl. Nov. Holl. Nr. 80 Sieber. — *Leucopogon denudatus* Sieb., Fl. Nov. Holl. Nr. 109 Sieber. — *Andersonia coerulea* R. Brn., Nov. Holl. Preiss Nr. 450. — *Epacris microphylla* R. Brn., Fl. Nov. Holl. Nr. 88 Sieber; — *Epacris heteronema* Labill.

Plumbagineen.

O. Krüger[1]) hat bereits das Holz einer nicht näher bestimmten Art von *Acantholimum* beschrieben. Hervorgehoben

[1]) Beitrag zur Kenntnis der sog. anomalen Holzbildungen. Diss. Leipzig. Nauen 1884 S. 14.

wird zunächst, dafs das Xylem aus einem stark lichtbrechenden Gewebe besteht, in welches gröfser- und kleinerlumige Gefäfse, von denen letztere namentlich durch spiralige Wandverdickung ausgezeichnet sind, eingesetzt sind. Ferner bemerkt Krüger den Mangel der Markstrahlen. Das Fehlen dieser ist bereits früher von Oliver[1]) bei Arten von *Armeria* und *Acantholimum* beobachtet worden. Bei den von mir untersuchten *Acantholimum*-Arten fand ich in Übereinstimmung mit Krüger als Grundgewebe des Xylems unverholztes cambiales Gewebe. In demselben liegen gröfser- und kleinerlumige Gefäfse; letztere, vielleicht zum Teil auch Tracheiden, besitzen insbesonders spiralige Wandverdickung. Gewöhnlich sind die Gefäfse derartig angeordnet, dafs die gröfserlumigen mehr oder minder concentrische Lagen mit mehr entwickeltem dünnwandigen Grundgewebe, die kleinerlumigen hingegen damit wechselnde Lagen mit weniger entwickeltem Grundgewebe bilden. Mechanische Gewebselemente fehlen völlig, ebenso eigentliche Markstrahlen; hingegen finden sich oft unregelmäfsige radiale dünnwandige oder mehr collenchymatische Gewebsstreifen, welche, schon von Oliver erwähnt, mitunter Mark und Rinde verbinden und die man als Markstrahlen bezeichnen kann. Die Gefäfse besitzen stets einfache Perforierung; die Scheidewände der Gefäfszellen sind in den weiterlumigen Gefäfsen oft horizontal.

Krüger hat bei seiner Pflanze anomale Verhältnisse constatiert; er hat tangentiale Weichbastlamellen im Holzkörper nachgewiesen. An dem mir zur Verfügung stehenden Herbarmaterial fand ich dieses Verhältnis wegen zu geringer Dicke der Achsenteile nicht vor, hingegen bei einem *Acantholimum libanoticum* Boiss., das ich durch die Güte des Herrn Dr. Dingler erhielt. Das eine Zweigstück zeigte etwa das Verhalten, wie es Krüger beschreibt. Krüger wirft die Frage auf, ob die Weichbastzonen des Holzes vom Cambium aus produciert werden, ob der Fall von *Strychnos* oder von concentrischen Bündelringen vorliegt.

---

[1]) Observations on the Structure of the Stem of the Natural Orders *Caryophylleae* and *Plumbagineae*. Transactions of the Linnean Society Vol. XXII Part IV 1859 p. 292—293 Tab. LI.

Es ist immerhin bemerkenswert, dafs der äufsere, der primären Rinde zunächst gelegene Weichbast reichlich entwickelt ist, was für den ersten Fall sprechen würde. Hingegen mufs hervorgehoben werden, dafs ich zwischen Xylem und den Phloëmzonen des Holzkörpers Zellagen fand, deren Zellen noch mitunter tangentiale Teilungen zeigten, — ein deutlicher Beweis, dafs der Holzkörper successive auftretenden Cambien seine Entstehung verdankt. An einem zweiten Zweigstücke bestätigte sich diese Ansicht noch mehr; während der gröfste Teil des Holzkörpers ganz normal sich verhielt, war nur auf einer Seite der anomale Zuwachs erfolgt.

Dünnwandiges Grundgewebe und Mangel an Prosenchym fand ich bei allen drei angegebenen Arten von *Acantholimum* vor; doch mufs ich bezweifeln, wenn ich Olivers Angaben und Tafel richtig verstehe, dafs die genannten Verhältnisse für das Genus constant sind. Jedenfalls sind sie für einen gröfseren Verwandtschaftskreis nicht constant. Der Querschnitt des Holzkörpers von *Limoniastrum* zeigt breitere Markstrahlen, dickwandiges Prosenchym, dessen Spalttüpfel meist einen kleinen Hof besitzen, endlich gröfser- und kleinerlumige Gefäfse; das dünnwandige Grundgewebe fehlt hier. Hingegen sind die Gefäfse, wie bei *Acantholimum*, einfach perforiert.

Acantholimum Kotschyi Boiss., Kotschyi iter Cilicicum in Tauri alpes Nr. 136; — *Ac. venustum* Boiss., Kotschyi iter Cilicic. Nr. 297; — *Ac. libanoticum* Boiss. (oder wenigstens *Species affinis*), legt. Dingler. — *Limoniastrum Gujonianum* Dur.

Myrsineen.

Die Markstrahlen besitzen bei den *Myrsineen* verschiedene Breite (z. B. bis 6reihig bei *Ardisia*, bis 3reihig bei *Maesa Doraena*). Ihre Zellen sind in der Regel in Richtung der Achse gestreckt, selbst da, wo die Markstrahlen bis 6reihig sind. Hingegen sind die Zellen der sehr breiten primären Markstrahlen von *Jacquinia* und *Clavija* in radiärer Richtung gestreckt. Hoftüpfelung findet sich auch an der Gefäfswand bei angrenzendem Markstrahlparenchym. Spiralige Verdickung der Gefäfswand kommt, namentlich deutlich gegen angrenzendes Prosenchym bei *Maesa Doraena* vor, fehlt aber bei *M. indica.* Die Scheidewände der Gefäfszellen sind verschieden geneigt; die Gefäfsperforation ist im allgemeinen nicht constant, obwohl die einfache Durchbrechung vorwiegt. Und zwar waltet bald mehr die elliptische *(Maesa)*, bald mehr die runde Form derselben vor. Bei den beiden untersuchten Arten von *Maesa*, sowie bei *Ardisia* wurden auch leiterförmige Durchbrechungen, namentlich bei *Maesa* oft mit zahlreichen Spangen nachgewiesen. Das Parenchym, das bald mehr, bald minder spärlich vorhanden ist, nimmt nie einen hervorragenden Anteil an Bildung des Holzes. Das mäfsig dickwandige und ziemlich weitlumige Prosenchym besitzt einfache Tüpfel oder doch nur einen unbedeutenden Hof; mit Ausnahme von *Jacquinia* ist dasselbe mehr oder minder häufig gefächert.

Nach Bokorny[1]) ist für die *Myrsineen* das Vorkommen von Harzbehältern und zwar schizogen entstehenden Harzlücken, seltener Harzzellen in den Blattlamina charakteristisch; den *Theophrasteen* fehlen die Harzlücken in den Blättern. Diese Harzbehälter finden sich, wie De Bary[2]) schon angibt, auch in Mark und Rinde der Achsenteile. Sie sind hier in der Regel als Gänge ausgebildet. Bei *Maesa Doraena* und *indica* finden sie sich in der primären Rinde, ausgekleidet von einschichtigem Epithel; bei *Maesa indica* kommen Harzgänge und Harzzellen auch im Marke vor. Die Gänge treten ferner im Marke und in der primären Rinde von *Myrsine umbellata* auf; bei *M. semiserrata* konnte ich nur Harzlücken im Marke beobachten. Sehr schön entwickelt und mit mehrreihigem Epithel ausgekleidet sind die markständigen Harzgänge von *Ardisia crenulata*, deren auch in der primären Rinde vorkommen. Hingegen fehlen Gänge und Lücken bei *Jacquinia* und *Clavija (Theophrasteen)*. Bezüglich des Inhaltes der Secretbehälter verweise ich auf Bokornys Angaben. Bemerkenswert ist, dafs das Harz mitunter, wie bei *Myrsine umbellata*, in den Gängen fehlt.

---

[1]) Flora 1882 S. 373.
[2]) Vergl. Anatomie S. 219.

Maesa Doraena Bl.; — *Maesa indica* Dec., Herb. of the late East India Comp. Nr. 3558 Herb. Griffith. — *Ardisia crenulata* Vent. — *Myrsine umbellata* Mart., Mart. Herb. Flor. Bras. Nr. 876; — *Myrs. semiserrata* Wall., Herb. of the late East Ind. Comp. Nr. 3539 Herb. Griffith. — *Clavija macrophylla var. acuminata* Miq. — *Jacquinia armillaris* Jacq.

Sapotaceen.

Der Querschnitt des Holzkörpers zeigt nicht besonders grofslumige Gefäfse (bis 0,054 mm. Maximaldurchmesser) und meist 1—2reihige, aber auch bis 4reihige (*Chrysophyllum* nach Molisch) Markstrahlen. Während da, wo gegenseitige Berührung der Gefäfse stattfindet, dichte Hoftüpfelung auftritt, finden sich bei angrenzendem Markstrahlparenchym an der Gefäfswand grofse einfache elliptische Tüpfel, mitunter aber daneben auch Hoftüpfel. Die Scheidewände der Gefäfszellen sind verschieden geneigt. Die Perforierung ist allerdings meist eine einfache, doch dem Umfange nach häufiger elliptische und mitunter langgezogen elliptische, seltener eine kreisrunde; in der Umgebung des primären Holzes, vereinzelt auch tiefer im secundären *(Isonandra)* finden sich bei den von mir untersuchten Arten auch leiterförmige, 1—7spangige Durchbrechungen vor. Das Holzparenchym ist besonders in tangentialen, verschieden breiten (in radialer Richtung) Binden entwickelt. Das dickwandige und englumige Prosenchym ist einfach getüpfelt.

Wie für die von mir untersuchten Arten, so ist auch für die von Molisch[1]) angegebenen fünf Arten der Genera *Achras, Sideroxylon, Bassia, Chrysophyllum, Sapota,* sowie nach Möller[2]) für *Imbricaria maxima* Poir. und *Sideroxylon cinereum* Lam. das dickwandige, einfachgetüpfelte Prosenchym und die Entwicklung von Holzparenchym in tangentialen Binden charakteristisch. Bezüglich der Perforation, welche, wie ich oben zeigte, Übergänge

---

[1]) Vergleichende Anatomie des Holzes der *Ebenaceen* und ihrer Verwandten. Sitzungsber. der k. Akad. der Wiss. zu Wien. Math.-naturw. Kl. LXXX. Bd. I. Abt. S. 54 ff.

[2]) a. a. O. S. 358—359.

der einfachen zur leiterförmigen zeigt, fehlen leider genaue Angaben bei Molisch, welcher den von ihm untersuchten *Sapotaceen* die *Ebenaceen*-Perforation, also einfache Gefäſsdurchbrechung, zuschreibt.

Für die *Sapotaceen* sind ferner charakteristisch die von K. Wilhelm[1]) bei *Bumelia tenax* W., *Sideroxylon mastichodendron* Jacq. und *Isonandra Gutta* näher untersuchten Secretbehälter. Diese finden sich auch in Mark und Auſsenrinde der von mir untersuchten Arten. Es sind Secretschläuche, oft einreihig senkrecht übereinandergestellt, die von dem umgebenden Parenchym durch Weite oder Länge, besonders aber durch den Secretgehalt differieren. Bei *Bassia longifolia* sind diese Schläuche in Mark und primärer Rinde schon am Querschnitt leicht zu erkennen, indem das Lumen der Secretzellen das des umgebenden dünnwandigen Parenchyms um das Zehnfache übertrifft. Die Secretschläuche sind hier in der Richtung der Achse nicht gestreckte Zellen. Weniger weitlumig sind die Secretzellen bei den beiden andern von mir untersuchten Gattungen. Bei *Payena* sind die Schläuche der Auſsenrinde langgliedrig. Inwieweit diese Secretschläuche systematische Bedeutung besitzen, ist noch durch eine genaue Untersuchung zahlreicher Vertreter der *Sapotaceen* hinsichtlich Rinde, Mark und Blattparenchym zu eruieren.

Bassia latifolia Roxb., Herb. Ind. Or. Hook. fil. et Thoms., Coll. Stocks. — *Isonandra lanceolata* Wight, Peninsula Indiae orientalis Nr. 1735 Herb. Wight. — *Payena hispida* Dec., Herb. of the late East India Company Nr. 3611 Herb. Helfer.

Ebenaceen.

Bei den untersuchten Arten zeigt der Querschnitt des Holzkörpers 1—2-, höchstens 3reihige Markstrahlen. An der Gefäſswand findet sich auch bei angrenzendem Markstrahlparenchym Hoftüpfelung. Die Gefäſsscheidewände zeigen verschiedene Neigung, sind aber mitunter auch horizontal. Die

[1]) De Bary, Vergl. Anatomie S. 158.

Perforation ist stets einfach, rund oder elliptisch. Charakteristisch ist ferner die reichliche Entwicklung des Holzparenchyms, das insbesondere tangentiale Anordnung zeigt, aufserdem aber sich in Beziehung zu den Gefäfsen findet; nicht selten sind bei den drei untersuchten Arten Zellen desselben gefächert und führen Krystalle. Das Holzprosenchym besitzt Spalttüpfel mit deutlichem kleinen Hof; der Hof ist kleiner als der Spalt.

Tüpfelung des Prosenchyms, die einfache Gefäfsperforierung, reichliche Entwicklung des Holzparenchyms, sowie nicht breite Markstrahlen sind nach dem obigen den *Ebenaceen* gemeinsam. Dieselben Verhältnisse zeigen im allgemeinen auch die von Molisch[1]) untersuchten 18 Arten der Genera *Diospyros*, *Royenia*, *Euclea* und *Maba*. Molisch stellt die *Ebenaceen* als ein schönes Beispiel von der Übereinstimmung der Gattungen und Arten innerhalb einer Pflanzenfamilie bezüglich ihrer Holzstructur hin.

Euclea racemosa Thbg. — *Diospyros chloroxylon* Roxb., Peninsula Indiae orientalis Nr. 1711, Herb. Wight. — *Maba buxifolia* Pers., Peninsula Ind. or. Nr. 729 Herb. Wight.

Styraceen.

Verschiedene Form und Gröfse des Gefäfslumens (Maximaldurchmesser 0,036—0,07 mm), verschiedene Anordnung der Gefäfse, verschieden breite (1—4reihige) Markstrahlen finden sich bei den untersuchten Genera. Im allgemeinen persistiert auch bei angrenzendem Markstrahlparenchym die Hoftüpfelung an der Gefäfswand; daneben findet sich aber bei *Symplocos* auch einfache Tüpfelung. Constant ist die mehr oder minder starke Neigung der Gefäfsscheidewand und die leiterförmige Durchbrechung derselben. Die Anzahl der Speichen ist eine verschiedene; während die Leiterperforationen der untersuchten Arten von *Pamphilia* und *Styrax* bis 12 Spangen besitzen, finden sich noch mehr (bis 20) Speichen bei *Halesia tetraptera*; besonders beträchtlich ist die Speichenanzahl bei *Symplocos adenophylla*. Das Holzparenchym

[1]) a. a. O. S. 65.

ist bald mehr bald weniger entwickelt, reichlicher bei *Styrax*, wo Krystalle in demselben vorkommen. Das ziemlich dickwandige und nicht englumige Prosenchym besitzt stets deutlich gehöfte Tüpfel; doch ist der Hof oft kleiner als der Spalt *(Styrax, Pamphilia)*.

Die leiterförmige Gefäſsperforierung, sowie das hofgetüpfelte Prosenchym, welche von systematischer Bedeutung für die *Styraceen* sein dürften, werden auch von Molisch[1]) für die von ihm untersuchten fünf Arten der Gattungen *Styrax*, *Benzoin* und *Symplocos* hervorgehoben.

Styrax camporum Pohl, Martii Herb. Flor. Bras. Nr. 900. — *Halesia tetraptera* L., Torr. et Gray, Fl. N. Am. — *Pamphilia styraciflua* Dec. (*Styrax aureum* Mart.). — *Symplocos adenophylla* Wall., ex Herb. Hort. bot. Calcutt. Wall. Cat. Nr. 4227.

Oleaceen.

Folgenden Angaben liegt neben meinen eigenen Untersuchungen auch die Bearbeitung der Holzstructur der *Oleaceen* durch Kohl[2]) zu Grunde. Diese Arbeit ist für die Frage über den systematischen Wert der Holzstructur um so wichtiger, da hier Sanios Holzsystem, bzw. das Vorkommen und Fehlen einzelner Elemente dieses Systemes einer Einteilung der Hölzer zu Grunde gelegt wird. Die dadurch gewonnenen Gruppen sind keine natürlichen.

Die untersuchten *Oleaceen* haben 1—4reihige Markstrahlen. Verschieden verhält sich Anordnung und Lumengröſse der Gefäſse. Bei den von mir untersuchten Arten persistiert die Hoftüpfelung der Gefäſswand gegen Markstrahlparenchym. Verschieden ist die Neigung der Gefäſsscheidewände; doch kommen mitunter auch horizontale Querwände vor. Die Perforierung ist, wenn ich

---

[1]) a. a. O. S. 71.

[2]) Vergleichende Untersuchung über den Bau des Holzes der *Oleaceen*. Diss. Leipzig 1881. Untersucht wurden von Kohl 37 Arten der Genera: *Jasminium, Forsythia, Syringa, Fraxinus, Phylliraea, Osmanthus, Chionanthus, Linociera, Notelaea, Olea, Ligustrum, Myxopyrum.*

von sehr vereinzelten Fällen, wie ich sie bei *Forsythia, Fontanesia* und *Syringa* fand, absehen will, stets einfach, rund oder elliptisch; in den seltenen genannten Fällen kommen einspangige Leiterperforierungen, mitunter auch mehr Spangen *(Forsythia)* vor. Spiralige Verdickung tritt an der Gefäſswand namentlich in den engerlumigen Gefäſsen nicht selten auf: so bei den sechs von Kohl untersuchten Arten von *Jasminium* und auch bei der von mir untersuchten Art *Jasm. officinalis*, ferner bei *Forsythia, Phillyraea, Osmanthus* und *Ligustrum vulgare*, ferner auch bei *Syringa* und *Fontanesia.* Das Holzparenchym ist im allgemeinen nicht besonders entwickelt. Verschieden verhält sich die Tüpfelung des Holzprosenchyms. Typisch hofgetüpfelt fand ich dasselbe bei *Jasminium, Nyctanthes, Forsythia* und *Fontanesia*; deutlichen Hof, aber kleiner als der Spalt haben oft die Spalttüpfel des Prosenchyms von *Fraxinus*; minimalen Hof, einfache Tüpfelung im allgemeinen zeigen die Prosenchymwände von *Olea.* Bei *Syringa* kommt neben dem hofgetüpfelten Prosenchym einfach getüpfeltes vor. Das Hoftüpfelprosenchym ist mitunter spiralig verdickt, so bei *Jasminium officinale* und *tetraphis, Forsythia suspensa, Syringa vulgaris* und vereinzelt auch bei *Fontanesia Fortunei.* Nach Kohl ist Hoftüpfelprosenchym allein (Kohls Tracheiden z. T.) vorhanden bei den von ihm untersuchten Arten von *Jasminium* (mit spiraliger Verdickung, nicht für das Genus constant), *Forsythia* und *Fontanesia.* Einfach getüpfeltes Prosenchym als Grundmasse findet sich bei den übrigen von Kohl untersuchten Genera; bei *Notolaea* und *Olea* ist mitunter Fächerung des Lumens vorhanden. Bezüglich der näheren Details verweise ich auf Kohls Abhandlung.

Jasminium officinale L.; — *Jasm. tetraphis* Wight, Peninsula Indiae orientalis Nr. 1754, Herb. Wight. — *Nyctanthes arbor tristis* L., Martii Herb. Flor. Bras. Nr. 480. — *Forsythia suspensa* Vahl. — *Fraxinus excelsior* L. — *Syringa vulgaris* L. — *Fontanesia Fortunei* Zucc. — *Olea europaea* L.

Anm. Bemerkenswert ist die Fächerung des Markes ohne Sklerose bei *Jasminium officinale* und *tetraphis*, sowie bei *Forsythia suspensa.*

Salvadoraceen.

In dieser Familie hat Kolderup Rosenvinge[1]) für *Salvadora persica* L. Weichbastinseln im Holze nachgewiesen. Diese fehlen nach ihm der Gattung *Monetia (=Azima)*. Die gleichen Verhältnisse erwähnt Radlkofer[2]) und fügt bei, dafs auch *Dobera* interxyläres Phloëm besitzt. Alle diese Angaben kann ich bestätigen. Obwohl nun *Azima*, das dritte Genus der *Salvadoraceen* von den beiden anderen genannten durch ein Ovarium biloculare differiert, so erfordert doch der Mangel von holzständigen Weichbastinseln bei dieser Gattung nicht eine Entfernung derselben aus der Familie der *Salvadoraceen*. Holzständige Siebteile sind nämlich für gröfsere Verwandtschaftsgruppen nicht constant. So haben wir sie, — um ganz den analogen Fall zu haben, ohne intraxylären Weichbast, — bereits bei *Sarcostigma (Olacineen)*, *Dicella (Malpighiaceen)* vereinzelt kennen gelernt und werden denselben noch bei *Hexacentris (Acanthaceen)* begegnen.

Die systematische Stellung der Familie, über welche man zur Zeit noch nicht im Reinen ist, wird in der genannten Abhandlung von Rosenvinge besprochen. Areschoug hat auf der Naturforscherversammlung zu Stockholm darauf aufmerksam gemacht, dafs der Blattbau von *Salvadora* an *Mesembryanthemum* erinnere und hat sich für die Verwandtschaft der *Salvadoraceen* mit den *Cyclospermeen* geäufsert. Rosenvinge glaubt nun, in dem Vorkommen von interxylärem Weichbast bei *Salvadora* eine neue Stütze für diese Ansicht gefunden zu haben. Doch ist zu bemerken, dafs die anomalen Structurverhältnisse der Zweige von *Salvadora* und den *Cyclospermaceen* ganz verschiedene sind, wenn wir die Entwicklungsgeschichte zu Rate ziehen, wie sich denn dieser Umstand auch darin äussert, dafs die anomalen Verhältnisse bei den *Salvadoraceen* nicht constant, bei den holzigen

[1]) Anatomisk Undersoegelse af Vegetationsorganerne hos *Salvadora*. Oversigt over det Kong. Vidensk. Selskabs Forhandlinger 1880 p. 211—226 Tavle V og VI; siehe auch Resumé p. 23—27.

[2]) Beiträge zur afrikanischen Flora. Abhandlungen des naturw. Vereins zu Bremen Bd. VIII 1883 S. 427 Anm.

Cyclospermeen constant sind. Bei *Salvadora* wird, wie bei *Strychnos*, das interxyläre Phloëm von dem normalen Cambium eines normalen Bündelkreises stellenweise nach innen produciert; bei den *Cyclospermeen* finden sich entweder mehrere concentrische Bündelringe oder zahlreiche Fibrovasalstränge, welche in ein Grundgewebe eingelagert sind, das mit den Bündeln von einem dauernd thätigen Cambium nach innen gebildet wird.

Rosenvinge hat den interxylären Weichbast von *Salvadora* auch im Wurzelholze beobachtet und denselben durch den Blattstiel bis in die Mittelrippe verfolgt.

Die Markstrahlen der *Salvadoraceen* sind in der Regel breiter, 3—5reihig; die rundlichlumigen Gefäſse erreichen einen Maximaldurchmesser von 0,036—0,05 mm. Hoftüpfelung findet sich auch an der Gefäſswand gegen angrenzendes Markstrahlparenchym. Constant für die *Salvadoraceen* ist die einfache, meist runde Gefäſsperforierung bei meist horizontaler oder wenig geneigter und ganz durchbrochener Scheidewand, wenigstens in den weiterlumigen Gefäſsen. Das Holzparenchym ist beispielweise reichlicher in Umgebung der Gefäſse und Weichbastinseln entwickelt bei *Salvadora paniculata*, als bei *S. Wightiana*. Das Prosenchym besitzt bei *Salvadora* und *Dobera* einfache Tüpfelung; bei *Azima* glaube ich mitunter einen Hof (?) gesehen zu haben.

Salvadora paniculata Zucc.; — *S. Wightiana* Planch., Herb. Ind. Or. Hook. fil. et Thoms., Coll. Stocks. — *Dobera coriacea* Dec. = *Schizocalyx coriaceus* Hochst., Schimperi iter abyssinic. Sectio III Nr. 1744. — *Azima tetracantha* Lam. = *Monetia barlerioides* L'Hér., From the Herb. of the Royal Gardens, Kew.

Apocynaceen und **Asclepiadaceen.**

Man kann diese beiden nahe verwandten Familien wegen der Übereinstimmung in der Holzstructur gemeinsam behandeln. Seitdem Mohl[1]) die Bicollateralität der Gefäſsbündel bei den *Asclepiadaceen* entdeckt hat, liegen umfangreichere Untersuchungen

[1]) Botanische Zeitung 1855.

für beide Familien durch Vesque[1]) vor, welcher zum Schlusse kommt, dafs der genannte anatomische Charakter für beide Familien constant ist. Eine weitere Bestätigung und Stütze erhielt diese Annahme durch Petersen[2]) und daran schliefsen sich auch meine Untersuchungen an, da keiner der von mir angegebenen Arten der innere Weichbast fehlt. In Beziehung zum inneren Weichbast oder im Marke fand ich stets verschieden zahlreiche, ungegliederte Milchröhren vor, welche bekanntlich für beide Familien hohen systematischen Wert besitzen.

Wie schon Vesque angibt, ist das innere Phloëm verschieden entwickelt. Dasselbe bildet eine concentrische und continuierliche Zone zwischen Mark und Xylem, wie bei *Amsonia salicifolia,* oder ist unabhängig vom Bündelring in kleinere Bündel angeordnet, so bei *Beaumontia grandiflora, Vinca maior* (?) oder *Leptadenia lancifolia.* Zuwachs durch ein »faux cambium« hat Vesque für den inneren Weichbast von *Cynanchum monspeliacum* und *Cerbera Manghar* angegeben. Mitunter treten Krystallschläuche in Beziehung zum inneren Phloëm auf, z. B. bei *Periploea aphylla* oder *Cryptolepis reticulata;* Schwalbenschwanzkrystalle des oxalsauren Kalkes finden sich im inneren und äufseren Weichbast von *Carissa paucinervia,* während nur kleine derartige Hemitropien in der secundären Rinde von *Allamanda oenotheraefolia* beobachtet wurden. Das dünnwandige Mark besitzt oft Steinzellen, besonders bei den *Apocynaceen.*

Wie bei den *Bignoniaceen* zeigt mitunter der Holzkörper Einbuchtungen, die von Bastelementen erfüllt sind, so nach Fr. Müller[3]) bei *Condylocarpon*, bei *Echites* und *Gymnema sylvestre* nach Jussieu[4]).

---

[1]) l. c. p. 142—143. Apocynaceen: *Apocynum venetum, Beaumontia grandiflora, Vinca maior, Amsonia salicifolia, Tabernaemontana amygdalifolia, Alyxia Forsteri, Cerbera Manghar.* — Asclepiadaceen: *Hoya carnosa, Stephanotis floribunda,* Arten von *Asclepias, Marsdenia, Arauja, Metaplexis, Periploca, Stapelia.*

[2]) a. a. O. S. 384: *Asclepias princeps, Apocynum androsaemifolium, Cynanchum acutum.*

[3]) Botanische Zeitung 1866 S. 57.

[4]) Archives du Muséum d'hist. nat. T. III 1843 p. 106.

Sämtliche von mir untersuchten Arten, ebenso nach Möller[1]) *Tabernaemontana coronaria* Brn. und *Nerium Oleander* L. besitzen keine breiten 1—2reihige, höchstens 3reihige Markstrahlen; nur dann erscheinen sie mitunter noch breiter, wenn in ihnen Milchröhren verlaufen, welche von der Rinde aus durch die Markstrahlen in das Mark eindringen. Von Gefäſsanordnung und Lumen läſst sich allgemeines nicht angeben; die Gefäſse von *Rauwolfia Blanchetii* haben beispielsweise einen Durchmesser bis 0,045, die von *Echites hypoglauca* bis 0,15 mm. Gegen die Markstrahlen habe ich an der Gefäſswand stets Hoftüpfelung beobachtet. Die Scheidewände der Gefäſszellen sind verschieden geneigt; doch sind sie in den weiterlumigen Gefäſsen horizontal und ganz durchbrochen. Die Perforierung ist einfach, kreisrund oder auch elliptisch. Das Holzparenchym ist meist wenig entwickelt, reichlicher z. B. bei *Rauwolfia Blanchetii.* Das Prosenchym ist bei allen *Apocynaceen* und *Asclepiadaceen* hofgetüpfelt, wenn auch verschieden reichlich und wenn auch mitunter der Hof etwas kleiner als der Spalt wird z. B. bei *Allamanda oenotheraefolia.*

Der intraxyläre Weichbast, das Auftreten von ungegliederten Milchröhren, die nicht breiten Markstrahlen, die einfache Gefäſsperforation und das Hoftüpfelprosenchym dürften für die Familie der *Apocynaceen* und *Asclepiadaceen* systematische Bedeutung besitzen.

Untersucht wurden:

Apocynaceen: *Carissa paucinervia* Dec. *var. glabra*, Pl. Ind. or. (M. Nilagiri) ed. Hohenacker Nr. 1384. — *Allamanda oenotheraefolia* Pohl. — *Rauwolfia Blanchetii* Dec. — *Echites hypoglauca* Stadelm. — *Forsteronia affinis* J. Müll.

Asclepiadaceen: *Periploca aphylla* Dec., Herb. of the late East Ind. Comp. Nr. 3451. Herb. Griffith. — *Cryptolepis reticulata* Wall., Herb. Hort. bot. Calcutt., Coll. Jenkins. — *Secamone Thunbergii* E. Mey. — *Toxocarpus laurifolius* Wight, Cult. Hort. bot. Calcutt. — *Doemia cordata* R. Brn. — *Gonolobus velutinus* Schlechtdl., Herbier de la Comm. scientifique du Méxique par Bourgeau

[1]) a. a. O. S. 348—349.

Nr. 2458. — *Marsdenia erecta* R. Brn. — *Gymnema acuminata* Wall., Cult. Hort. bot. Calcutt. — *Leptadenia lancifolia* Desc.

Loganiaceen.

Das Auftreten von intraxylärem Weichbast innerhalb dieser Familie ist bisher verhältnismäfsig bei wenigen Gattungen nachgewiesen worden. De Bary [1]) gibt denselben sowohl für kletternde oder rankende, als auch baum- oder strauchartige *Strychnos*-Arten an (*Str. colubrina, toxifera, multiflora,* — *Str. nux vomica, brachiata* und *innocua*), sowie für *Logania longifolia* und *floribunda*. Neben dem bicollateralen Bau finden sich bei den erwähnten *Strychnos*-Arten Phloëminseln im Holze. Hingegen weisen nach De Bary *Gaertnera longifolia*, *Sykesia spec.* und *Fagraea lanceolata* [2]) ganz normalen Dicotyledonenbau auf. Vesque [3]) gibt für *Fagraea litoralis* bicollaterale Gefäfsbündel an. Petersen hat diesen Angaben nichts neues beigefügt.

Ich fand inneren Weichbast, allerdings verschieden entwickelt bei folgenden Gattungen: *Gelsemium, Spigelia, Mitreola, Logania, Geniostoma*, *Fagraea* (auch bei *F. lanceolata* [2]) im Gegensatz zu De Barys Angabe) mit *Cyrtophyllum*, *Potalia*, *Norrisia*, *Usteria, Antonia*, *Strychnos* mit *Unguacha*, *Gardneria*, *Coinochlamys*. Die untersuchten Arten sind unten angegeben.

Hingegen fehlt das intraxyläre Phloëm zunächst den *Buddleieen*, welche früher zu den *Scrophularineen* gerechnet, von Bentham-Hooker zu den *Loganiaceen* und zwar in die Tribus der *Euloganieen* gezogen werden. Diese *Buddleieen* bilden in genannter Tribus mit *Logania* und *Geniostoma* die Subtribus der *Buddleieen*. Von den *Buddleieen* lagen zur Untersuchung die Genera *Polypremum*, *Gomphostigma, Nuxia*, *Chilianthus, Buddleia* und *Nicodemia* vor. Sollten diese *Buddleieen* in der That eine bleibende Stätte

---

[1]) Vergl. Anatomie S. 594.

[2]) Unter *Fagraea lanceolata* kann nur entweder *Fagraea lanceolata* Bl. oder *Fagraea lanceolata* Wall. = *Cyrtophyllum lanceolatum* Dec. gemeint sein; beide Arten besitzen aber nach meiner Untersuchung inneren Weichbast. De Bary dürfte somit keine *Fagraea*-Art vorgelegen haben.

[3]) Anatomie comparée de l'écorce. Annales des sc. nat. Sér. 6. T. II 1860 p. 142.

in der Familie der *Loganiaceen* finden, so bilden sie jedenfalls eine abgeschlossene Gruppe gegenüber *Geniostoma* und *Logania,* deren Gefäfsbündel allein bicollateral gebaut sind.

In die Subtribus der *Fagraeeen*, eine andere Subtribus der *Euloganieen* bringen Bentham-Hooker die Gattung *Desfontainea*, welche von Endlicher den *Solanaceen* angeschlossen wird. *Desfontainea* besitzt einfach collaterale Gefäfsbündel gegenüber *Fagraea* und *Potalia*, welche von Bentham-Hooker in dieselbe Subtribus gerechnet werden und bicollateralen Bündelbau besitzen. Im selben Mafse differiert aber auch *Desfontainea* von den *Solanaceen*, bei welchen das Vorkommen von innerem Weichbast nach den bisherigen Untersuchungen constant sein dürfte. Aber auch in den morphologischen Verhältnissen zeigt *Desfontainea* Abweichungen von *Fagraeeen* und *Solanaceen.* Die oppositen Blätter sprechen nicht für eine *Solanacea;* das Ovarium 5-loculare widerspricht der Zugehörigkeit zu den *Fagraeeen*, für welche ein Ovarium biloculare charakteristisch ist. *Desfontainea* dürfte mithin noch keinen sicheren Platz im Systeme besitzen. Bemerkenswert ist noch, dafs die Gefäfsperforierung von *Desfontainea* ausschliefslich leiterförmig und nicht armspangig (bis 20 Speichen) ist, wie sie weder bei *Loganiaceen*, noch *Solanaceen* im allgemeinen vorkommt.

Die Tribus der *Gaertnereen* umfafst bei Bentham-Hooker die drei Genera *Gaertnera*, *Pagamea* und *Gardneria.* Von diesen besitzt nur *Gardneria* intraxylären Weichbast. Hingegen kommen bei *Gaertnera* und *Pagamea* in Mark und Rinde oder nur in Rinde typische Rhaphidenschläuche, wie bei vielen *Rubiaceen* vor; Rhaphiden fehlen aber bei *Gardneria.* Diesen anatomischen Differenzen ist Endlichers System gerecht, welches eine Tribus der *Gardnericen (Gardneria)* und eine Tribus der *Gaertnereen (Gaertnera* und *Pagamea)* unterscheidet.

Der innere Weichbast ist verschieden ausgebildet, je nach Gattungen und Arten. Bei *Geniostoma ligustrifolium* findet sich beispielsweise ein concentrischer continuierlicher, innerer Phloëmring; bei *Gen. rupestris* hingegen sind nur kleine Weichbastgruppen vor den einzelnen Bündeln vorhanden. Ferner sind nicht immer alle Bündel bicollateral gebaut, oft nur sehr wenige, wie bei *Logania angustifolia*. Das letztere Verhältnis kommt nach De Bary auch bei *Strychnos* vor; er bringt diesen Umstand mit der Entwicklungsgeschichte in Zusammenhang, wonach die secundär auftretenden Bündel einfach collateral gebaut sind. Bei den *Spigelieen* erscheinen die Phloëmbündel vom Gefäfsbündelring getrennt; bei *Antonia* und *Norrisia* finden sich auch Weichbastgruppen zerstreut tief im Marke vor.

Des Vorkommens von Weichbastinseln im Holzkörper von *Strychnos* ist bereits gedacht worden; ich wies dieselben bei weiteren sechs Arten neben dem intraxylären Weichbast nach. Ferner fand ich interxyläres Phloëm bei den Genera *Norrisia* und *Antonia*[1]). Die Entstehung der holzständigen Weichbastinseln ist an geeigneten Querschnitten leicht zu erkennen; sie werden vom normalen Cambium nach innen produciert. Der äufsere Weichbast ist in diesem Falle im allgemeinen reduciert.

Fassen wir noch einmal kurz das Gesagte zusammen, so ergibt sich, dafs der intraxyläre Weichbast für die eigentlichen *Loganiaceen*, abgerechnet *Desfontainea* und die *Buddleieen*, sowie die *Gärtnereen* Endlichers, nicht Bentham-Hookers constant sein dürfte; daneben interxyläres Phloëm für die Gattungen *Strychnos*, *Antonia* und *Norrisia*.

Constant für die Gattungen *Fagraea* (mit *Cyrtophyllum*) und *Potalia* also die Tribus der *Fagraeen* ist das Auftreten zahlreicher verästelter Sklerenchymzellen im Marke. Diese kommen auch reichlich oder spärlich in der primären Rinde vor, während auch die Bastfasern der secundären Rinde mitunter schwache Übergänge zu ihnen zeigen.

Hervorgehoben soll ferner werden das Auftreten der Rhaphiden bei den *Gaertnereen* Endlichers, den Gat-

---

[1]) Die Angabe Petersens, dafs bei *Fagraea litoralis* Siebröhren innerhalb des Holzes vorkommen, ist von Radlkofer dahin aufgefafst worden, dafs bei genannter Art sich Weichbastinseln im Holzkörper finden (Bremerberichte: Beiträge zur Flora von Afrika S. 427 Anm.), während nur Bicollateralität der Bündel auftritt, was hiemit berichtigt wird.

tungen *Gaertnera* und *Pagamea;* die Rhaphiden finden sich hier in Mark und Rinde oder in Rinde allein; bei *Pagamea coriacea* kommen sie auch im Holzparenchym vor. Weder bei den eigentlichen *Loganiaceen* mit bicollateralen Bündeln, noch bei den *Buddleieen* treten aufserdem echte Rhaphiden auf; ebensowenig bei *Gardneria.* Bei den untersuchten Arten von *Fagraea* (excl. *F. racemosa*) sind nur Krystallnädelchen in den Markzellen, mitunter auch in den Markstrahlen und in der Rinde vorhanden.

Es ist bemerkenswert, dafs ich unter den untersuchten Gamopetalen Rhaphiden abgesehen von den *Gaertnereen* nur bei bestimmten *Rubiaceen* gefunden habe, dafs ebenso Vesque[1]) in seiner kürzlich publicierten Arbeit Rhaphiden ebenfalls nur in den Blättern gewisser *Rubiaceen* angibt. Sollten wirklich den übrigen Gamopetalen Rhaphiden fehlen, so wäre neben dem Mangel der Bicollateralität das Vorkommen von Rhaphiden bei den *Gaertnereen* eine wichtige Stütze für die Ansicht, dafs genannte Tribus den *Rubiaceen* näher verwandt sei, als den *Loganiaceen.* Der Umstand, dafs den *Gaertnereen* ein oberständiger Fruchtknoten zukommt, widerspricht dieser Ansicht nicht. Denn auch Bentham-Hooker halten eine Unterscheidung der *Rubiaceen* durch das Ovarium inferum von den *Loganiaceen* für künstlich.

Die Gefäfsperforierung der untersuchten *Loganiaceen* ist im allgemeinen einfach und zwar rund oder elliptisch, bei verschieden geneigter, oft auch horizontaler Scheidewand der Gefäfszellen. Mitunter waltet die elliptische Form der einfachen Durchbrechung vor, z. B. bei *Spigelia.* Bei *Gaertnera* und *Pagamea* kommen mitunter einige oder viele parallele oder netzartig verzweigte, in der Regel dünne Leitersprossen vor; auch bei *Geniostoma Haemospermum* habe ich wenigspangige, leiterförmige Perforationen namentlich in Umgebung des primären Holzes beobachtet. Das in Lumen und Dickwandigkeit sehr verschieden ausgebildete Prosenchym der *Loganiaceen* zeigt auch eine verschiedene Art der Tüpfelung; doch dürften diese Verhältnisse für das Genus constant sein.

---

[1]) Caractères des principales familles gamopétales, tirés de l'anatomie de la feuille. Ann. des sc. nat. Sér. 6. T. I 1885 p. 183—360.

Typische, aber verschieden reichliche und verschieden grofse Hoftüpfelung des Prosenchyms zeigen *Gelsemium*, *Logania*, *Polypremum*, *Desfontainea*, *Strychnos*, *Unguacha*, *Gaertnera*, *Pagamea*, ferner noch die *Antonieen*, sowie *Gardneria* (hier weniger typisch). Einfache Tüpfelung oder nur einen minimalen, oft undeutlichen Hof, daneben oft auch mehr oder minder reichliche Fächerung des Lumens findet sich beim Prosenchym von *Spigelia*, den untersuchten *Buddleieen* ohne *Polypremum*, *Coinochlamys*, *Geniostoma*, *Fagraea*, *Cyrtophyllum* und *Potalia*. Ob die Fächerung des Prosenchyms für das Genus Constanz besitzt, kann ich mit Sicherheit nicht angeben; im Prosenchym der drei unten angegebenen *Geniostoma*-Arten, sowie auch bei den vier untersuchten *Fagraea*-Arten konnte ich stets Scheidewände, mitunter allerdings nur vereinzelt nachweisen, auch bei den sehr dickwandigen und englumigen Holzfasern von *Fagraea racemosa;* bei *Cyrtophyllum (Fagraea) lanceolatum* fand ich hingegen keine Fächerung. Das Holzparenchym ist namentlich bei Arten von *Fagraea*, *Strychnos*, *Pagamea* und *Gaertnera* oft reichlich entwickelt. Bei der Gattung *Fagraea* scheint eine bemerkenswerte Correlation zwischen Weitlumigkeit des Prosenchyms und dem reichlichen Auftreten von Holzparenchym zu bestehen. Bei *Fagraea racemosa* und *Cyrtophyllum (Fagraea) lanceolatum* ist das Holzprosenchym sehr dickwandig und englumig; in tangentialen Zonen tritt dazwischen reichliches Parenchym auf. Die übrigen untersuchten Arten von *Fagraea* besitzen hingegen weiterlumiges und gefächertes Prosenchym bei geringer Entwicklung des Holzparenchyms. Im ersten Falle scheint das Prosenchym nur eine mechanische Aufgabe zu erfüllen; im zweiten Falle hat es auch die Function des Parenchyms übernommen. Das Auftreten von reichlichem Holzparenchym ist also hier im allgemeinen nicht constant für die Gattung. Die Markstrahlen zeigen verschiedene Breite; 1—5 Zellagen breit wurden sie beobachtet. Ebenso wechseln die übrigen anatomischen Verhältnisse, wie Lumengröfse und Anordnung der Gefäfse. Gegen die Markstrahlzellen finden sich meist Hoftüpfel, z. B. bei den *Gaertnereen* oder bei *Strychnos*, aber auch Übergänge zu einfachen Tüpfeln, wie z. B. bei Arten von *Fagraea* oder *Gomphostigma*.

Deutliche spiralige Verdickung der Gefäſswand kommt bei *Logania, Chilianthus, Nicodemia, Nuxia* und auch bei *Gomphostigma* vor.

Nach dem Vorausgehenden ergibt sich für sämtliche *Loganiaceen*, wenn wir selbst von den *Gaertnereen* und *Buddleieen* absehen würden, kein constanter Charakter mit Ausnahme der meist einfachen Gefäſsperforierung, welche aber auch den *Buddleieen* zukommt und ebenfalls bei den *Gaertnerecn* vorwaltet.

Untersucht wurden:

Tribus Gelsemieen: *Gelsemium sempervirens* Juss.

Trib. Euloganieen: Subtrib. 1. Spigelieen: *Spigelia glabrata* Mart. — *Mitreola pedicellata* Brn., Herb. Ind. Or. Hook. fil. et Thoms. — Subtrib. 2. Budleieen: *Polypremum procumbens* L. — *Logania angustifolia* Sieb., Nov. Holl. Sieber Nr. 290. — *Geniostoma Haemospermum* Steud., ex Herb. Lugd. Bat.; — *Gen. ligustrifolium* A. Cunningh., ab auctore; — *Gen. rupestris* Forst. ab auctore. — *Gomphostigma scoparioides* Turcz., Burchell Cat. geogr. pl. Afr. austr. extratrop. Nr. 2657. — *Nuxia floribunda* Benth. — *Chilianthus arboreus* Burch. — *Buddleia madagascariensis* Lam. — *Nicodemia diversifolia* Vahl, Herb. Hort. Bot. Calcutt. — Subtrib. 3. Fagraeeen: *Desfontainea ilicifolia* Ruiz. et Pav. — *Fagraea racemosa* Jack, Wallich Nr. 1601 a; — *Fag. lanceolata* Bl., ex Herb. Lugd. Bat.; — *Fag. obovata* Wall.; — *Fag. Khasiana* Benth., Herb. Ind. Or. Hook. fil. et Thoms; — *Cyrtophyllum lanceolatum* Dec. = *Fagraeea lanceolata* Wall., Wallich Nr. 1599. — *Potalia resinifera* Mart., Coll. Spruce. — Subtrib. 4. Antonieen: *Norrisia malaccensis* Gardr., Herb. of the late East Ind. Comp. Nr. 3731, Herb. Griff. — *Usteria guinensis* Willd. — *Antonia ovata* Pohl. — Subtrib. 5. Strychneen: *Unguacha simiarum* Hochst., Schimperi iter abyssinic. Sectio III Nr. 1817; — *Strychnos Wallichiana* Steud. = *Str. lucida* Wall., Wallich Nr. 1590; — *Str. ovalifolia* Wall., Wallich Nr. 1592; — *Str. laurina* Wall., Herb. Helfer Nr. 3727; — *Str. potatorum* L., Peninsula Indiae orientalis Nr. 1814, Herb. Wight; — *Str. Pseudoquina* St. Hil., Martii Herb. Flor. Brasil. Nr. 204.

Tribus Gaertnereen: *Gaertnera parviflora* Boj. = *Chasalia psychotrioides* Dec., Fl. Maurit. Sieber II Nr. 57; — *Gaertnera edentata* Boj., Fl. Maurit. Sieb. II Nr. 58. — *Pagamea coriacea* Spruce; — *Pag. thyrsiflora* Spruce. — *Gardneria angustifolia* Wall., Herb. of the late East Ind. Comp. Nr. 3740, Herb. Griff.; — *Gardn. nutans* Sieb. et Zucc. — Ferner *Coinochlamys angolana* Moore, Afrikan. Gesellschaft Nr. 156[1]).

Gentianeen.

Auch bei den *Gentianeen* kommt Bicollaterialität der Gefäfsbündel vor. Der innere Weichbast ist von Vesque[2]) nur für *Gentiana asclepiadea*, sowie *Erythraea centaureum* beschrieben worden; bei ersterer Art bildet das Phloëm kleine Inseln im Marke. Für *Villarsia nymphoides* und *Menyanthes trifoliata* gibt hingegen Vesque kein inneres Phloëm an; es kommt hier an Stelle desselben nur saftiges Parenchym vor, das indessen bei *Menyanthes* durch bastfaserartige Elemente gestützt ist. Schon Petersen machte darauf aufmerksam, dafs die beiden letztgenannten Genera eine separate Stellung in der Familie einnehmen; sie bilden mit anderen Gattungen, die noch näher auf dieses Verhältnis zu untersuchen sind, die Tribus der *Menyantheen*. Bei *Chironia linoides* hat ferner Vesque[3]) neben der Bicollateralität der Bündel noch kleine Weichbastinseln im Holzkörper nachgewiesen. Auch bei den von mir untersuchten Arten aus der Tribus der *Exaceen* und *Chironieen* habe ich inneres Phloëm mit Siebröhren nachweisen können; *Chironia baccifera* besitzt ferner, wie die von Vesque untersuchte Art, Phloëmbündel im Holze; der holzständige Weichbast wird, wie bei *Strychnos*, vom Cambium aus nach innen produciert. Denselben Bau, wie *Chironia*, intraxylären und interxylären Weichbast hat ferner auch das früher mit *Chironia* vereinigte Genus *Orphium*. Xylemständige Phloëmstränge hat J. Weiss[4])

---

[1]) Alle Arten wurden auf sämtliche histologischen Verhältnisse untersucht mit Ausnahme von den beiden Arten von *Potalia* und *Mitreola*, die nur in Bezug auf inneren Weichbast studiert wurden.

[2]) l. c. p. 143.

[3]) l. c. p. 146—147 u. Tab. X Fig. 3—4.

[4]) Markständiges Bündelsystem a. a. O. S. 50.

auch in den fleischigen Wurzeln von *Gentianeen* angegeben. Bei *Tachia guyanensis* Aubl. tritt der intraxyläre Weichbast nur in kleinen Bündeln an der Markperipherie auf. Nach den bisherigen Untersuchungen scheint der innere Weichbast für die *Gentianeen* mit Ausnahme der Tribus der *Menyantheen* constant zu sein.

Der Querschnitt des Holzkörpers zeigt Gefäſse von nicht groſsem Lumen (Maximaldurchmesser 0,04 mm) und keine breiten, 1—2reihige Markstrahlen, deren Zellen in Richtung der Achse gestreckt sind. Gegen das Markstrahlparenchym persistiert die Hoftüpfelung der Gefäſswandung. Die Scheidewand der Gefäſszellen ist verhältnismäſsig selten horizontal, häufiger stark geneigt und teilweise durchbrochen. Die Gefäſsperforation ist fast ausschlieſslich einfach, kreisrund oder elliptisch. *Lisianthus pulcherrimus* zeigt mitunter 1—2spangige Leiterperforierungen oder Krüppelformen, welche aus mehreren kreisförmig angeordneten Löchern bestehen; vereinzelt finden sich Krüppelformen auch bei den untersuchten Arten von *Orphium, Chironia, Coutoubea.* Das Holzparenchym habe ich nirgends in horvorragender Entwicklung angetroffen. Das verschieden dickwandige Prosenchym besitzt Hoftüpfelung seiner Wandungen (deutlich bei *Tachiadenus*, *Orphium*, *Chironia*, *Coutoubea*), doch in verschiedener Ausbildung. Bei *Lisianthus* ist der Hof der Prosenchymtüpfel kleiner wie der Spalt; undeutlich ist er infolge der Dickwandigkeit und Englumigkeit des Prosenchyms bei *Prepusa.* Abgesehen von dem inneren Weichbast sind für die *Gentianeen* die im allgemeinen einfache Gefäſsperforierung und das Hoftüpfelprosenchym charakteristisch.

Tachiadenus tubiflorus Grieseb. — *Lisianthus pulcherrimus* Mart. — *Orphium frutescens* E. Mey. — *Chironia baccifera* L. — *Prepusa montana* Mart. (Orig. Explr. zu Observ. 2108). — *Coutoubea ramosa* Aubl.

Polemoniaceen.

Den *Gentianeen* gegenüber besitzen die *Polemoniaceen* keinen inneren Weichbast. Der Querschnitt des Holzkörpers beider untersuchter Genera zeigt nicht besonders groſslumige (Durchmesser bis 0,04 mm) Gefäſse mit vorherrschend radialer Anordnung und einreihige Markstrahlen. Bei *Loeselia* besitzen die Markstrahlzellen Übergänge zum Prosenchym, was auch daraus erhellt, daſs ich an ihrer Wandung mitunter Hoftüpfel den angrenzenden Gefäſshoftüpfeln correspondierend vorfand, als auch vereinzelt an der am Tangentialschnitte zwei Markstrahzellen gemeinsamen horizontalen Wandung. Die Gefäſsperforation ist einfach, rund bis elliptisch. Bei *Loeselia* beobachtete ich sehr vereinzelt einspangige Leiterperforierung. Das Prosenchym zeigt Spalttüpfel mit sehr kleinem oder kleinem, oft undeutlichem Hofe. Derselbe ist bei *Loeselia* gröſser; hier ist das Lumen des Prosenchyms auch mitunter gefächert.

Loeselia coccinea G. Don., Herb. de la Comm. scientifique du Méxique par Bourgeau. — *Collomia stenosiphon* Kntze.

Boragineen.

Nur vereinzelt tritt, nach Vesques Angaben[1]) zu urteilen, intraxylärer Weichbast auf. Es wird derselbe von dem genannten Autor bei *Grabowskya boerhaviaefolia* und *Borago officinalis*, ferner auch schwach entwickelt bei *Nonnea* und *Symphitum* angegeben. Richtig ist die Angabe für *Grabowskya;* ich habe die genannte Art untersucht und den inneren Weichbast mit Siebröhren reichlich entwickelt vorgefunden. Es ist aber zu bemerken, daſs *Grabowskya* schon von Endlicher den *Solanaceen* verwandt bezeichnet und von Bentham-Hooker in den Gen. plant.[2]) zu den *Solanaceen* gerechnet wird. Das Vorkommen von innerem Weichbast ist für diese Versetzung eine weitere Stütze. Denn ich muſs das Auftreten von Bicollateralität bei den übrigen *Boragineen* bezweifeln. Wenigstens glaube ich bei *Borago officinalis* auf Grund eigener Untersuchung behaupten zu dürfen, daſs der innere Weichbast fehlt. Für Weichbast könnte nur das dünnwandige Gewebe am Innenrande jener Bündel gehalten werden, welche erst kurze Zeit im Internodium verlaufen; hier allein ist primäres

---

[1]) l. c. p. 141.
[2]) II p. 899.

Holz (Spiralgefäfse), welches kuppenförmig in das Mark einspringt, vorhanden. Zwischen den Spiralgefäfsen sowohl, als auch nach innen von denselben findet sich nun jenes Gewebe, das aber nie Siebröhren führt; letztere sind, wenn auch nicht besonders reichlich, doch deutlich im äufseren Weichbast zu erkennen.

Bemerkenswert ist noch, dafs von Crüger[1]) Bastkeile im Holze ähnlich wie bei den *Bignoniaceen* bei einer *Tournefortia*-Art angegeben werden.

Zunächst will ich nun der *Cordieen* gedenken, welche von manchen Autoren als selbständige Familie aufgefafst und wegen der gefalteten Cotyledonen den *Convolvulaccen* näher verwandt gehalten werden. Gegen diese Ansicht spricht der Mangel der Bicollateralität, welche im allgemeinen den *Convolvulaceen* zukommt; dadurch schliefsen sich die *Cordieen* in anatomischer Beziehung den *Boragineen* an. Von *Boragineen*, wie *Convolvulaceen* differieren die *Cordieen* in gleichem Grade durch die einfache Tüpfelung des Prosenchyms, sowie durch das Vorkommen von Krystallsandschläuchen im Marke bei beiden untersuchten Gattungen; bei *Patagonula americana* findet sich Krystallsand auch in primärer und secundärer Rinde. Die einfache, meist runde Gefäfsperforierung bei vorherrschend horizontaler Scheidewand teilen die *Cordieen* mit den übrigen Triben der *Boragineen*. Das Holzparenchym findet sich nicht spärlich in Beziehung zu den Gefäfsen. Die Markstrahlen sind breiter, bis 4reihig.

Anordnung und Lumen der Gefäfse bei den übrigen *Boragineen* wechseln (Maximaldurchmesser der Gefäfse bei *Lithospermum* 0,045 mm, bei *Ehretia* 0,093 mm). Die engerlumigen Gefäfse gehen mitunter in das Hoftüpfelprosenchym über. Es ist dies beispielsweise bei *Lithospermum fruticosum* der Fall; die Perforation ist dann nur ein gröfserer Prosenchymhoftüpfel mit breit elliptischen sich kreuzenden Innenmündungen. Die untersuchten Arten besitzen bis 3reihige Markstrahlen. Die Neigung der Gefäfsscheidewand ist eine verschiedene; die Perforation ist einfach, rund oder elliptisch. Das Holzparenchym ist in der Regel untergeordnet

---

[1]) Botanische Zeitung 1851 S. 468.

ausgebildet; bei *Ehretia serrata* ist es aber in tangentialen Zonen, im Herbstholz besonders reichlich entwickelt. Das Holzprosenchym ist hofgetüpfelt, doch verschieden reichlich. Bei *Lithospermum fruticosum* kommt dazu deutliche spiralige Wandverdickung, welche auch an den engerlumigen Gefäſsen sich findet. Spiralig verdickt sind auch die Wandungen der engerlumigen Gefäſse von *Ehretia serrata*.

Der innere Weichbast dürfte allen *Borragineen* fehlen; die Gefäſsperforation ist stets einfach; nur die untersuchten *Cordieen* besitzen einfach getüpfeltes Prosenchym, die Vertreter der *Heliotropeen*, *Borageen* und *Ehretieen* hofgetüpfeltes.

Cordia umbraculifera Dec. — *Patagonula americana* L. *var. vulneraria* Mart. — *Tournefortia Martii* Fres. — *Lithospermum fruticosum* L. — *Ehretia serrata* Roxb., Herb. Hort. bot. Calcutt. — *Heliotropium linifolium* Lehm., Herb. Ind. Or. Hook. fil. et Thoms., Coll. Thomson. — *Echiochilon fruticosum* Desf.

Convolvulaceen.

Nach Petersen[1]) scheint das Vorhandensein von intraxylärem Phloëm auch für die Familie der *Convolvulaceen* constant zu sein. Es sind von Vesque[2]) und Petersen in dieser Beziehung bereits Repräsentanten aus den Triben der *Convolvuleen*[3]) *Dichondreen*[4]) und *Nolaneen*[5]) untersucht worden. Auch bei den Gattungen *Cressa* und *Wilsonia* aus der Tribus der *Cresseen* fand ich inneren Weichbast vor. Bezüglich der Angabe von Vesque und Petersen wegen des Mangels an mechanischen Elementen im inneren Phloëm habe ich beizufügen, daſs ich doch, allerdings vereinzelt, Bastfasern bei *Cressa* und beiden untersuchten *Convolvulus*-Arten vorfand. Mitunter sind auch, so bei *Cressa*, Krystalldrusenschläuche wie im äuſseren Weichbast vorhanden. Bezüglich der *Cuscuteen*, welche von Bentham-Hooker den

[1]) a. a. O. S. 383.

[2]) l. c. p. 142.

[3]) *Calystegia*, *Convolvulus*, *Ipomaea*, *Quamoclit*, *Pharbitis purpurea*, *Batatas edulis*.

[4]) *Dichondra repens*, *Falkia repens*.

[5]) *Nolana prostrata*.

Convolvulaceen beigezählt werden, ist noch anzuführen, dafs nach L. Koch[1]) in dem Falle, wo ein gewöhnlicher Bündelring vorkommt, nämlich bei *Cuscuta monogyna* innerer Weichbast fehlt. Bei der Gattung *Cuscuta* findet sich aufserdem eine sehr verschiedene Ausbildung des Gefäfsbündelsystemes, welche von Koch eingehend behandelt ist. Auf der niedersten Stufe *(Cuscuta Kotschyana* und *brevistyla)* kommt ein einziger axiler Gefäfsbündel vor; auf der zweiten Stufe zeigt der Querschnitt mehrere in einem Grundgewebe zerstreut liegende Bündel; der dritte Fall ist der von *Cuscuta monogyna*.

Während die obigen Angaben auf eine Constanz des inneren Phloëms bei allen *Convolvulaceen* mit Ausnahme der *Cuscuteen* schliefsen lassen, konnte ich bei zwei Gattungen aus der Tribus der *Convolvuleen* dasselbe nicht finden. Dafür kommt hier aber ein anderes anatomisches Verhältnis vor, welches bei *Neuropeltis ovata* näher studiert wurde. Nach innen von dem normalen Gefäfsbündelkreise sind an der Markperipherie bei Schnitten durch das Internodium Bündel ersichtlich, welche durch die umgekehrte Orientierung von Xylem und Phloëm in Beziehung auf den normalen Bündelkreis, an *Tecoma radicans* erinnern. Diese markständigen Bündel bilden hier keinen geschlossenen Ring. Am Innenrande der markständigen Stränge von *Neuropeltis ovata* treten gestreckte parenchymatische Sklerenchymzellen mehr oder minder reichlich auf; bei *Erycibe paniculata* ist oft das ganze Mark sklerosiert. Zwischen dem Xylem der markständigen Bündel und dem Xylem des peripherischen Bündelkreises befindet sich eine schmale Zone dünnwandigen Gewebes, das wohl nur Markgewebe darstellt, in welchem ich nichts von deutlichen Siebröhren erblicken konnte, während dieselben in grofser Zahl und mit sehr deutlichen, grofsen, oft leiterförmig angeordneten Siebplatten im Phloëm der markständigen Bündel vorhanden sind. Bei *Neuropeltis ovata* habe ich den Zusammenhang des inneren, verkehrt orientierten Bündelkreises mit dem äufseren durch Betrachtung successiver Querschnitte durch einen

[1]) Untersuchungen über die Entwicklung der *Cuscuteen*; Hanstein, Botan. Abhandlungen 1874 Bd. II Heft 3.

jüngeren Knoten nachgewiesen. Da, wo die neue Blattspur in den Achsenteil eintritt, erscheint der peripherische Bündelkreis der Achse unterbrochen. Die der neuen Blattspur beiderseits benachbarten Teile des Bündelkreises machen eine Bewegung um 180°, indem sie in das Mark einbiegen. Während diese Bündelteile mit umgekehrter Orientierung infolge ihrer Drehung um einen gestreckten Winkel, zunächst noch im Zusammenhang mit dem peripherischen Bündelkreise stehen, erscheinen sie bei tieferen Schnitten durch das Internodium markständig, während nun auch allmählich die neue Blattspur in den peripherischen Kreis eingetreten ist. Da nur die äufseren Teile des Bündelringes in das Mark im Knoten einbiegen, besitzen die markständigen Gefäfsbündelteile keine Spiralgefäfse. Wir haben also hier ganz die analogen Verhältnisse, wie sie von J. Weiss[1]) ausführlich bei *Tecoma radicans* beschrieben wurden, nur dafs dort infolge der oppositen Blätter die Einbiegung von Teilen des Bündelringes in das Mark an beiden gegenüberliegenden Seiten des Knotens erfolgt. Diese anomalen Verhältnisse dürften vielleicht hier für das Genus constant sein; sie kommen auch bei *Neuropeltis racemosa* Wall. (Herb. of the late East. Ind. Comp. Nr. 5884 Herb. Helfer) *Erycibe ferruginea* Griff. (Herb. Hort. Bot. Calcutt. Coll. Falconer) und *Er. coriacea* Wall. (Herb. Hort. Bot. Calcutt., Native Collectors) vor. Wenn thatsächlich, wie ich sicher glaube, das intraxyläre Phloëm bei *Erycibe* und *Neuropeltis* fehlt, so ist das Vorkommen desselben in der Familie der *Convolvulaceen* nicht constant. Vielleicht dürften diese Ausnahmen ihre Erklärung dahin finden, dafs für die *Convolvulaceen* das Auftreten von Weichbast reich licher, als der äufsere Weichbast nötig und constant sei, wenigstens zur Zeit, wo der Mangel des intraxylären Phloëms und zugleich des anomalen Verhältnisses von *Neuropeltis* bei keiner Art bekannt ist. Ferner ist zu bemerken, dafs im allgemeinen das markständige Bündelsystem von *Neuropeltis* auch in Beziehung zum inneren Weichbast der *Convolvulaceen* gebracht werden kann. Der innere Weichbast der *Convolvulaceen* ist auch in den Blatt-

---

[1]) Markständiges Bündelsystem. Sep.-Abdr. S. 14 u. Tab. Fig. 6—7.

stiel und mitunter bis in die Blattspreite zu verfolgen und entsteht hier dadurch, dafs die Seitenteile des normalen, äufseren oder unteren Weichbastes nach innen oder oben treten. Bei *Neuropeltis* findet nun das Einbiegen von äufseren Weichbastteilen erst im Knoten der Achsenteile statt und zwar nicht bei den hier eintretenden neuen Blattspuren, sondern bei den schon in höheren Knoten in den Bündelkreis eingetretenen; dafs äufsere Holzpartien mit dem Weichbast in das Mark einbiegen, ist nichts wesentliches [1]).

Im Anschlufs daran möchte ich in Kürze noch besonderer anomaler Verhältnisse gedenken, deren systematische Verwertung noch in Frage steht. Für Wurzelhölzer haben dieselben namentlich durch Schmitz [2]) Bearbeitung gefunden. Es treten hier zwei Anomalien auf, nämlich die Entstehung secundärer Fibrovasalstränge im Parenchym von Holz und Rinde. Aehnliche Verhältnifse sind aber auch bereits bei ausdauernden Stämmen beschrieben worden. Nach Jussieu [3]) ist bei *Convolvulus malabaricus* und auch anderen unbestimmten Arten ein centraler normaler Holzkörper von mehreren Reihen kleinerer Holzkörper umgeben. *Argyreia capitata* verbindet ferner nach O. Krüger [4]) zwei Anomalien: einerseits Teilung alten Parenchyms im Holze und dadurch bedingt Zerklüftung der Holzmassen, andrerseits »Bildung neuer Fibrovasalmassen aufserhalb des ursprünglichen Cambiums im Folgemeristem der Rinde.« Successive Zuwachszonen gibt Krüger [4]) bei *Porana volubilis* an. Auch die im hiesigen Staatsherbarium befindlichen dickeren Zweigstücke von *Convolvulus domingensis* Desv. und *Ipomaea jamaicensis* Don., von Egger in St. Thomas gesammelt, zeigen am Querschnitt mehrere concentrische Ringe von Holz und Bast. Im Xylem tritt auch unverholztes Gewebe auf. Bei *Convolvulus domingensis* constatierte

---

[1]) Allerdings könnte man ebenso den Fall von *Tecoma radicans* deuten und die *Bignoniaceen* besitzen keinen inneren Weichbast.

[2]) Sitzungsber. der naturh. Gesellsch. zu Halle, Juli 1875 S. 14 u. 15; Botanische Zeitung 1875 S. 676—686.

[3]) De Bary, Vergl. Anatomie S. 625.

[4]) Beitrag zur Kenntnis der sog. anomalen Holzbildungen. Diss. Leipzig. Nauen 1884 S. 38 u. 24.

ich, dafs der zweite Bündelkreis dadurch entsteht, dafs am Aussenrande des Phloëms des ersten Kreises, aber innerhalb einer durch Sklerenchymfasergruppen bezeichneten Zone (extrafascicular?) das neue Meristem auftritt.

Das Vorkommen von Milchsaftschläuchen bei allen untersuchten krautigen *Convolvulaceen* ist bekannt [1]). Diese Secretelemente treten je nach der Art in Stamm, Wurzeln und Blattrippen auf oder in einzelnen dieser Teile, besonders aber in primärer und secundärer Rinde von Stamm und Wurzeln. Bei den von mir untersuchten Holzpflanzen fand ich sie sehr entwickelt in Mark und Rinde bei *Convolvulus domingensis*, ferner auch bei *Conv. reticulatus* und *Neuropeltis ovata*.

Gehen wir nun zur speciellen Anatomie des Holzkörpers über. Anordnung und Lumen der Gefäfse kommt aufser Betracht; es genüge die weitlumigen (bis 0,21 mm Durchmesser) Gefäfse von *Convolvulus domingensis* mit den kleinlumigen (bis 0,01 mm Durchmesser) von *Wilsonia* zu vergleichen, welche sich vom Prosenchym am Querschnitt nur durch ein wenig gröfseres Lumen unterscheiden. Constant für die *Convolvulaceen* ist vielleicht das Vorkommen von nur 1—2 Reihen breiten Markstrahlen. Ferner ist bemerkenswert, dafs sehr häufig der Übergang von Gefäfsen zu dem hofgetüpfelten Prosenchym stattfindet. Die Perforierung ist dann klein rundlich; mitunter sind beide Spalten des Hoftüpfels, aus welchem die Perforation hervorgeht, vorhanden, dann aber breit elliptisch sich kreuzend. Die Gröfse des Hoftüpfels an der Gefäfswandung ist gleichfalls eine verschiedene; der Hof erreicht meist eine bedeutende Gröfse. An der Gefäfswand finden sich meist gegen angrenzendes Markstrahlparenchym neben Hoftüpfelung Übergänge zur einfachen Tüpfelung. Die Gefäfsperforation ist stets einfach, meist rund, mitunter auch elliptisch. Die Scheidewand der Gefäfszellen ist in den gröfserlumigen Gefäfsen horizontal oder wenig geneigt und ganz durchbrochen. Die Verbindung der Gefäfszellen bei den *Cuscuteen* ist von Koch [2]) studiert worden; die Querwände sind hier nicht resorbiert, sondern völlig erhalten

---

[1]) De Bary, Vergl. Anatomie S. 158.

[2]) a. a. O. S. 62—63.

geblieben. Auf der Scheidewand findet sich entweder eine grofse einfache, geschlossene Pore oder zahlreichere kleinere Poren, in welch letzterem Fall das Vorkommen von Schliefsmembranen nicht beobachtet werden konnte; endlich kommen beide Fälle combiniert vor, eine gröfsere Pore und zahlreiche kleine Poren, die sämtlich geschlossen waren. Das Holzparenchym kann in reichlicher Entwicklung vorkommen. Das Holzprosenchym ist hofgetüpfelt; bei *Cressa cretica* tritt mitunter auch spiralige Verdickung auf.

Den meisten *Convolvulaceen* (excl. *Cuscuteen*) kommt intraxylärer Weichbast zu; auch die einfache Gefäfsperforierung bei häufig horizontaler Scheidewand, die nicht breiten Markstrahlen, das hofgetüpfelte Prosenchym dürften für die Familie von systematischem Werte sein. Bemerkenswert ist ferner das Auftreten von markständigen, verkehrt orientierten Bündeln bei *Neuropeltis* und *Erycibe*, das Auftreten successiver Zuwachsringe und das Vorkommen von Milchsaftzellen bei bestimmten *Convolvulaceen*.

Untersucht wurden: *Convolvulus reticulatus* Choisy; — *Conv. domingensis* Desv., Egger'sche Sammlung. — *Erycibe paniculata* Roxb., Herb. Ind. Or. Hook. fil. et Thoms. Coll. Stocks. — *Neuropeltis ovata* Wall., Wallich 1322/1. — *Cressa cretica* L. — *Wilsonia humilis* Brn.

Anm. Die richtige Bestimmung des von O. Krüger benutzten Materials von *Porana volubilis* aus dem Hort. Calcutt. mufs ich bezweifeln. Das Auftreten successiver Zuwachszonen kommt allerdings, wie oben erwähnt, auch in der Familie der *Convolvulaceen* vor; ferner sprechen für eine *Convolvulacea* die von Krüger angegebenen einreihigen Markstrahlen, sowie die Angabe, dafs neben Gefäfsen und Holzparenchym noch Tracheiden (= Hoftüpfelprosenchym) das Xylem bilden und dafs die Tüpfel der Gefäfswand bei angrenzendem Markstrahlparenchym einfach sind. Hingegen erwähnt Krüger nichts von Bicollateralität der Gefäfsbündel, während dieselbe bei dem von mir untersuchten Herbarmaterial von *Porana volubilis*, worunter sich auch ein Exemplar aus dem Garten von Calcutta befindet, auftritt. Krüger spricht sogar von einer 8—10 Zellen breiten Markscheide, nicht aber von dem inneren Weichbast. Darnach dürfte seine *Porana volubilis* nicht richtig bestimmt sein; oder sollte er das innere Phloëm übersehen haben? Weniger Gewicht lege ich darauf, dafs bei den von mir untersuchten Exemplaren in der primären Rinde eine concentrische Zone von Sklerenchymfasergruppen sich findet, während nach Krüger Sklerenchymelemente der Rinde fehlen.

Solanaceen.

Durch Vesque[1]) ist namentlich die Constanz des inneren Weichbastes für zahlreiche Arten aus sämtlichen fünf Triben der *Solanaceen* nachgewiesen worden. Ebenso ist das intraxyläre Phloëm bei den von Petersen[2]) angegebenen Arten vorhanden und konnte endlich auch ich dasselbe bei den von mir untersuchten Repräsentanten der fünf Triben nachweisen. Das Vorkommen des nach innen vom Holze ausgebildeten Phloëms bei den *Salpiglossideen* dürfte eine weitere Stütze für ihre nähere Verwandtschaft mit den *Solanaceen* sein, da bei den *Scrophularineen* keine Bicollateralität der Gefäfsbündel vorkommt, worauf indessen schon Petersen aufmerksam gemacht hat. Wie Vesque und Petersen für die von ihnen untersuchten Pflanzen angeben, so begleiten auch bei den von mir untersuchten Arten reichliche Sklerenchymfasern meist das innere Phloëm; mitunter sind jedoch dieselben wie bei *Brunfelsia Hopeana* und *Anthocercis viscosa* sehr spärlich vorhanden. Bemerkenswert ist noch das Vorkommen eines »faux cambium«, welches Vesque[3]) bei *Lycium barbarum*, *Capsicum bicolor* und *Solandra* angibt. Petersen hat bei *Lycium* die Thätigkeit dieses Cambiums bis in einen sechsjährigen Zweig verfolgt.

Xylemständiges Phloëm ist nur im Wurzelholze von *Atropa Belladonna* nach Radlkofer[4]) und bei *Datura Stramonium* und *Scopolina atropoides* nach Weiss[5]) bekannt.

Schon Vesque[6]) hebt in seiner »Anatomie comparée de l'écorce« das Vorkommen von Krystallsand in der Rinde der

---

[1]) l. c. p. 139—140. Trib. Solaneen: *Jochroma tubiflora, Physalis, Solanum, Lycopersicum esculentum, Capsicum bicolor.* — Trib. Atropeen: *Atropa, Solandra eximia* und *hirsuta, Lycium barbarum.* — Trib. Hyoscyameen: *Datura, Brugmansia, Hyoscyamus, Anisodus.* — Trib. Cestrineen: *Habrothamnus fasciculatus, Cestrum aurantiacum, Fabiana, Nicotiana.* — Trib. Salpiglossideen: *Brunfelsia, Nierembergia, Petunia violacea.*

[2]) a. a. O. S. 382—383: *Datura Bertolonii, Nicandra physaloides, Solandra grandiflora, Lycium;* ferner *Schizanthus* und *Browallia (Salpiglossideen).*

[3]) l. c. p. 145.

[4]) Beiträge zur afrikanischen Flora a. a. O. S. 427 Anm.

[5]) Markständiges Gefäfsbündelsystem a. a. O. S. 50.

[6]) l. c. p. 119.

Solanaceen hervor; er gibt aber bereits auch an, dafs Krystallsand nicht allen *Solanaceen* zukommt, sondern den Gattungen *Fabiana, Nierembergia,* sowie *Nicandra physalodes* fehlt. Bei den von mir untersuchten Arten von *Solanum*, *Acnistus*, *Lycium*[1]), *Solandra*, *Datura*, *Anthocercis* fand ich Krystallsand in Mark primärer und secundärer Rinde entwickelt; hingegen fehlte er den unten angegebenen Arten von *Cestrum*, *Fabiana* und *Brunfelsia.*

Auch in dieser Familie wechselt Anordnung und Lumengröfse der Gefäfse (0,03—0,09 mm Maximaldurchmesser). Die Breite der Markstrahlen ist nie beträchtlich; sie sind 1—2-, höchstens 3—4reihig. Die Gröfse der Hoftüpfel an den Wandungen, wo die Gefäfse sich berühren, ist sehr verschieden, oft bedeutend. An der Gefäfswand finden sich bei angrenzendem Markstrahlparenchym entweder einfache, oft grofse Tüpfel, mitunter daneben auch Hoftüpfel, so bei den untersuchten Arten von *Solanum, Acnistus, Solandra, Datura, Cestrum* oder nur einseitige Hoftüpfel (bei den übrigen untersuchten Arten). Deutliche spiralige Verdickung an der Gefäfswand zeigen die untersuchten Arten von *Cestrum* und *Lycium,* ferner nach Möller[2]) die engerlumigen Gefäfse und Tracheiden von *Solanum Dulcamara* L. und *pseudocapsicum* L., während sie undeutlich auch bei *Anthocercis viscosa* sich findet. Constant ist für die *Solanaceen* die einfache, runde oder elliptische Gefäfsperforation. Das Holzparenchym zeigt im allgemeinen keine hervorragende Entwicklung. Sehr verschiedene Verhältnisse treten bezüglich der Tüpfelung des Prosenchyms auf. Einfach getüpfelt, mitunter auch gefächert, wie bei *Acnistus Plumierii* ist dasselbe bei den untersuchten Vertretern der *Solaneen* und *Hyoscyameen*, deutlich hofgetüpfelt bei denen der *Atropeen*, *Cestrineen* und *Salpiglossideen;* im letzteren Falle ist der Hof verschieden grofs in Beziehung zum Spalte. Bei *Cestrum corymbosum* und *Solandra viridifolia* ist der Hof der Prosenchymtüpfel z. B. etwas kleiner als der Spalt, bei *Fabiana*

---

[1]) Das Vorkommen von Krystallsand scheint für das Genus constant zu sein; ich habe denselben bei neun Arten von *Lycium* nachgewiesen. Siehe Allg. Teil S. 42.

[2]) a. a. O. S. 354—355.

imbricata grofs. Ob in der That für die Triben behöftes oder unbehöftes Prosenchym constant ist, mufs erst durch speciellere Untersuchungen ermittelt werden.

Noch einmal hervorzuheben ist nach dem Vorhergehenden für die *Solanaceen* der intraxyläre Weichbast, die einfache Gefäfsperforation, die wenigreihigen Markstrahlen, das Vorkommen von hof- und einfach getüpfeltem Prosenchym (je nach den Triben [?]) und von Krystallsandschläuchen in Mark und Rinde bei bestimmten Gattungen.

Trib. Solaneen: *Solanum picnanthemum* Mart. *β. lobatum*, Martii Herb. Fl. Brasil. Nr. 411. — *Acnistus Plumierii* Miers. — Trib. Atropeen: *Lycium pallidum* Miers, Flora of California, Arizoma etc. Nr. 419 Coll. Palmer. — *Solandra viridiflora* Sims. — Trib. Hyoscyameen: *Datura sanguinea* Ruiz et Pav. — Trib. Cestrineen: *Cestrum corymbosum* Cham., Martii Herb. Fl. Bras. Nr. 899. — *Fabiana imbricata* Ruiz et Pav., Herb. Bertero. — Trib. Salpiglossideen: *Anthocercis viscosa* R. Brn. — *Brunfelsia Hopeana* Benth. *β. australis*.

Scrophularineen.

Die *Scrophularineen* besitzen keine breiten, höchstens vierreihige Markstrahlen; mitunter scheint eigentliches Markstrahlparenchym zu fehlen oder mehr in Prosenchym überzugehen, so bei *Alonsoa linearis*, *Calceolaria linearis*, *Castilleja canescens*, *Veronica salicifolia*. Die Gefäfse sind durchweg nicht grofslumig (Maximaldurchmesser 0,015—0,048 mm). An der Gefäfswand persistiert die Hoftüpfelung auch bei angrenzendem Markstrahlparenchym. Sehr häufig tritt bei den *Scrophularineen* spiralige Verdickung der Gefäfswand auf, so bei den untersuchten Arten von *Aptosimum*, *Castilleja*, *Freylinia*, *Leucophyllum*, *Lyperia*, *Veronica*. Die Gefäfsperforation ist stets einfach, rund oder elliptisch bei verschiedener Neigung der Scheidewand. Das Holzparenchym ist nie reichlicher entwickelt. Das Prosenchym ist meist einfach getüpfelt; oder es besitzen die Spalttüpfel doch nur einen kleinen, oft undeutlichen Hof *(Halleria)*;

bei *Halleria lucida* ist das Lumen des Prosenchyms mitunter auch gefächert.

Alonsoa linearis Ruiz et Pav. — *Aptosimum depressum* Burch. — *Calceolaria integrifolia* L. — *Castilleja canescens* Benth. — *Esterhazya splendida* Mik. *β. angustifolia.* — *Freylinia undulata* Benth. — *Halleria lucida* L. — *Leucophyllum ambiguum* Humb. et Bonpl. — *Lyperia crocea* Eckl. — *Manulea rubra* L. — *Physocalyx aurantiacus* Pohl = *Messalea minor* Mart. — *Veronica salicifolia* Forst.

Gesneraceen.

Verschieden breit sind die Markstrahlen, verschieden grofs das Lumen der Gefäfse (Maximaldurchmesser 0,03 — 0,108 mm). An der Gefäfswand findet sich bei angrenzendem Markstrahlparenchym Hoftüpfelung, bei *Aloplectus* mitunter in einfache Tüpfelung übergehend. Die Gefäfsperforierung ist einfach, rund oder elliptisch bei verschiedener Neigung der Scheidewand. Das Holzparenchym ist nur untergeordnet entwickelt. Die Tüpfel des Prosenchyms sind entweder einfach oder besitzen doch nur einen kleinen, oft undeutlichen Hof; das Lumen ist mehr oder minder reichlich bei allen untersuchten Arten gefächert. Krystallnädelchen finden sich im Marke von *Pentarhaphia.*

Pentarhaphia ventricosa Mart. = *Gesnera ventricosa* Sieb., Fl. Martin., Sieber. — *Bellonia spinosa* Swartz. — *Aloplectus cristatus* Mart. = *Besleria cristata* L., Fl. Martin., Sieber, Nr. 161. — *Cyrtandra biflora* Forst.

Bignoniaceen.

Für die *Bignoniaceen* ist eine Reihe charakteristischer Anomalien der Zweigstructur bekannt, welche hauptsächlich in einer anomalen Verteilung von Xylem und Phloëm bei normalem und normal thätigem Cambium, in dem Auftreten von Bastkeilen im Holzkörper bestehen. Es kann hier nicht der Ort sein, auf die speciellen, zum Teil sehr bekannten Verhältnisse näher einzugehen und über die zahlreichen Arbeiten von Gaudichaud, Schleiden, Jussieu u. A. zu berichten, zudem in neuerer Zeit die anomalen Verhältnisse des Holzkörpers der *Bignoniaceen* und zwar rücksichtlich ihrer systematischen Verwertung von Bureau[1]) gründliche Bearbeitung erfahren haben und De Bary die von Bureau in den Bulletins etc. aufgestellte Tabelle in seine vergleichende Anatomie[2]) aufgenommen hat. Als systematische Charaktere benutzt Bureau die Form des Stammumfanges, Zahl und Beschaffenheit der in das Holz einspringenden Bastkeile, Breite der Markstrahlen, ferner Auftreten von Steinelementen in der Rinde und dem Periderm.

Aufserdem möchte ich noch folgende Verhältnisse hervorheben. In der Rinde von *Callichlamys* Miq. tritt nachträgliche Holzbildung, ähnlich wie bei den *Menispermaceen* auf, wenn auch nur auf der einen Seite des Zweiges. Erneute concentrische Zuwachsringe finden sich bei *Haplolophium* Cham. und *Glaziovia* Bur. Bei *Anisostichus* gibt Bureau rindenständige Bündel, ähnlich wie bei *Serjania* an. Bei *Jacaranda filicifolia* fand ich ebenfalls einen zusammengesetzten Holzkörper vor; es kommen hier in der Rinde einige vollständige Bündelringe vor, deren Mitte von Mark eingenommen wird, analog wie bei *Serjania.* Diese Bündelringe waren schon bei einem Querschnitt von 4—5 mm Durchmesser mit blofsem Auge zu erkennen; sie erscheinen als schwache Rippen an der Oberfläche der Zweige. Eine spätere Zerklüftung des Holzkörpers findet sich nach Bureau bei *Anisostichus* Bur., *Melloa* Bur. und *Bignonia* Bur. Ferner ist noch in Kürze des markständigen Bündelkreises von *Tecoma radicans* zu gedenken, welchen Sanio entdeckt hat; derselbe ist durch die umgekehrte Orientierung von Xylem und Phloëm ausgezeichnet. Dieses anomale Verhältnis hat J. Weifs dahin erklärt, dafs der markständige Bündelkreis nur eine Fortsetzung des peripherischen Kreises ist, indem die Blattspuren, nachdem sie durch zwei Internodien im äufseren Kreis verlaufen sind, im nächsten Knoten unter Drehung um

[1]) Monographie des *Bignoniacées.* Paris 1864, p. 120, und Bulletins de la Société botanique de France T. IX 1872 p. 14—20.

[2]) a. a. O. S. 589—591.

180° mit ihren äufseren Teilen in das Mark einbiegen. Von gröfserer Bedeutung scheint dieser markständige Bündelring mir nicht zu sein, da er *Tecoma capensis* fehlt. Es ist dies um so bemerkenswerter, da das gleiche Verhältnis bei einigen *Convolvulaceen* auch vorkommt und dort für das Genus constant zu sein scheint; es kann dieser Umstand als ein Beweis dafür aufgefafst werden, dafs dort die markständigen Bündel in der That den intraxylären Weichbast der übrigen *Convolvulaceen* vertreten.

Die Beschaffenheit der Elemente des Xylems ist ziemlich übereinstimmend. Der Querschnitt zeigt bei den untersuchten Arten keine breiten, nur bis 3reihige Markstrahlen und verschieden grofslumige Gefäfse (Maximaldurchmesser 0,036—0,158 mm.) Deutliche spiralige Wandverdickung habe ich nur an den Gefäfsen und Tracheiden von *Bignonia capreolata* beobachtet. An der Gefäfswand finden sich gegen die Markstrahlen Hoftüpfel; mitunter (*Catalpa*) treten daneben auch einfache Tüpfel auf. Constant für die *Bignoniaceen* dürfte sich erweisen die einfache, runde oder elliptische Gefäfsperforation bei häufig horizontaler Scheidewand. Das Holzprosenchym ist einfach getüpfelt oder es besitzen die Tüpfel doch nur einen kleinen und undeutlichen Hof; Fächerung des Lumens kommt mitunter vor, so bei den untersuchten Arten von *Bignonia*, *Pithecoctenium*, *Tecoma*.

Bignonia capreolata L. — *Pithecoctenium clematoideum* Gr., Fl. argentina Nr. 48. — *Catalpa Bungei* C. A. Mr. — *Tecoma capensis* Lindl. — *Jacaranda filicifolia* Don., Plants of Isthmus of Panama, coll. by Sutton Hayes.

Acanthaceen.

Lumengröfse und Anordnung der Gefäfse wechseln (Maximaldurchmesser 0,036—0,105 mm). Die Markstrahlen sind nicht breit, 1—2-, höchstens 3reihig, ihre Zellen häufig in Richtung der Achse gestreckt. Die Gröfse der Hoftüpfel an der Gefäfswand ist eine verschiedene. An der Gefäfswand findet sich auch bei angrenzendem Markstrahlparenchym entweder die Hoftüpfelung, oder sie geht hier wie bei *Mendoncia* in einfache Tüpfelung über. Die Gefäfsperforation dürfte bei allen *Acanthaceen* eine einfache sein; dem Umfang nach ist sie kreisrund oder elliptisch. Die Scheidewände der Gefäſszellen sind dabei mitunter, namentlich in den weiterlumigen Gefäſsen horizontal und ganz resorbiert. Das Holzparenchym habe ich nirgends in bedeutender Entwicklung angetroffen. Das Prosenchym ist im allgemeinen einfach getüpfelt; mitunter ist allerdings ein kleiner oft undeutlicher Hof sichtbar. Gefächert ist das Lumen des Prosenchyms bei den untersuchten Arten von *Lepidagathis*, *Mendoncia*, *Strobilanthes*, spärlich bei *Stephanophysum*.

Charakteristisch, wenn auch nicht constant für die *Acanthaceen*, ist das oft sehr reichliche Vorkommen von Krystallnadeln im Marke (siehe »Allgemeiner Teil« S. 42); sie können daneben auch in primärer und secundärer Rinde auftreten. Mitunter sind die Krystallnädelchen, z. B. bei *Crossandra* rhaphidenähnlich.

Bezüglich der Cystolithen ist zu bemerken, daſs ihr Auftreten in Mark und Rinde bei jenen Pflanzen, welche sie durchgehends im Laube besitzen, nicht constant ist. Hobein[1]) macht hierüber nähere Angaben, auf welche ich verweise. Die Cystolithen zeichnen sich in den Markzellen mitunter durch ihre beträchtliche Gröſse und absonderliche Form aus. Über das Vorkommen von Cystolithen im Holzparenchym ist zur Zeit nichts bekannt.

Verschiedene anomale Verhältnisse sind zunächst im Stengelbau der *Thunbergieen* von Radlkofer[2]) ausführlich beschrieben worden, über welche hier nur in Kürze berichtet werden soll. Für die von ihm aufgestellte Gattung *Pseudocalyx (Ps. saccatus)* gibt Radlkofer zwei Anomalieen an, deren erste im Auftreten von vier in orthogonalem Kreuze stehenden Bastkeilen besteht, welche in das Holz eindringen; das den Bastkeilen in radialer Richtung vorliegende Xylem ist im allgemeinen gefäſslos. Daneben findet sich hier im Marke, nur durch wenig zusammengedrücktes Gewebe von dem normalen Bündelringe geschieden, ein zweiter

---

[1]) Über die systematische Bedeutung der Cystolithen bei den *Acanthaceen*. Sep.-Abdr. aus Engler, Bot. Jahrbücher Bd. V Heft 4 1884 S. 5—6.

[2]) Ein Beitrag zur afrikanischen Flora. Abhandlungen des naturw. Vereins zu Bremen Bd. VII S. 426 ff.

Bündelkreis mit umgekehrter Orientierung von Phloëm und Xylem, ähnlich wie bei *Tecoma radicans*. Diese beiden Anomalieen von *Pseudocalyx* neben einer dritten, der nachträglichen Zerklüftung des erst gebildeten Holzkörpers besitzt auch eine von Radlkofer untersuchte Art der Gattung *Mendoncia*. Ähnliche Verhältnisse, wie bei *Pseudocalyx* und *Mendoncia* scheinen nach Radlkofer ferner den schlingenden Arten der Gattung *Thunbergia* aus den Sectionen *Euthunbergia* und *Meyenia* zuzukommen; die bisher untersuchten nicht schlingenden *Thunbergia*-Arten dieser Sectionen sind normal gebaut. Für die *Thunbergia*-Arten der Section *Hexacentris* endlich wird das Vorkommen von Weichbast im Holze und zwar in Form von mit den Holzschichten abwechselnden und ihnen an radiärem Durchmesser gleichkommenden Querbinden constant sein. Vesque[1]) hat diesen holzständigen Weichbast bei *Thunbergia coccinea* und *grandiflora*, Radlkofer bei *Th. laurifolia* und *Mysorensis* nachgewiesen.

In der Tribus der *Acantheen* hat Vesque[2]) zuerst bei *Acanthus spinosus* markständige Bündel gefunden, welche hier und bei *Ac. longifolius* und *mollis* von J. Weiss[3]) angegeben und näher untersucht worden sind. Auch hier sind die markständigen Gefäſsbündel in Bezug auf Phloëm und Xylem verkehrt orientiert und es ist auch der Verlauf der Markbündel derselbe, wie bei *Tecoma radicans*.

Auſserdem finden sich anomale Verhältnisse in der Tribus der *Justicieen* und zwar in ihrer ersten Subtribus, bei den *Barlerieen*. Wenigstens habe ich bei einer orientierenden Durchsicht von Vertretern aus den übrigen Subtriben nichts hievon beobachten können. Vesque[4]) hat in seiner citierten Abhandlung zuerst das Vorkommen von intraxylärem Weichbaste bei *Barleria cristata* publiciert; Petersen[5]) gibt im Anschluſs daran an, daſs sowohl intraxylärer Weichbast, als auch Weichbastinseln im Holze

---

1) Ann. des sc. nat. Sér. 6. T. II 1875 p. 147.

2) l. c. p. 144.

3) Markständiges Bündelsystem etc. Sep.-Abdr. S. 19 ff. u. Tab. Fig. 8—9.

4) l. c. p. 144.

5) a. a. O. S. 381.

bei der von ihm untersuchten *Barleria lupulina* vorkommen; diese beide Verhältnisse kann ich ferner für sämtliche unten angegebene Arten[1]) von *Barleria* angeben. Aber nicht allein bei dieser Gattung, auch bei *Barleriola, Lepidagathis, Neuracanthus* und *Lophostachys* scheinen beide Anomalieen vorzukommen. Bei *Barleriola solanifolia* L., *Lepidagathis cuspidata*, Nees, *Lep. prostrata* Dalz. (Herb. Ind. Or. Hook. fil. et Thoms.), *Lep. terminalis* Hochst., *Neuracanthus sphaerostachyus* Dalz. (Herb. Ind. Or. Hook. fil. et Thoms.) und *Lophostachys montona* Mart. fand ich inneren Weichbast vor. Im Holze sind daneben Inseln dünnwandigen Gewebes entwickelt, wohl durchweg Weichbast. Siebröhren wies ich in diesen Inseln bei *Lepidagathis cuspidata* und *Lophostachys montana* nach. Die Weichbastinseln des Holzes sind meist sehr klein, ziemlich grofs hingegen bei *Lophostachys montana*, wo sie in einiger Entfernung vom Marke concentrisch angeordnet sind. Sie sind in der Regel sehr zahlreich vorhanden und dann schon an sehr jungen Zweigstücken zu finden; das ist z. B. der Fall bei allen untersuchten Arten von *Barleria* mit Ausnahme von *B. flava*, wo ich sie erst im späteren Zuwachs und dann nur spärlich an einem Zweigstück von 8 mm Durchmesser auffinden konnte. Die Ausbildung des intraxylären Weichbastes ist schon innerhalb der Gattung *Barleria* eine verschiedene. Meist ist derselbe in Form kleiner Gruppen an der Markperipherie vorhanden und dringt häufig in den Holzkörper ein; die Zahl der Bündel ist oft spärlich, wie bei *B. coerulea*. Das oben Gesagte läfst sich kurz dahin zusammenfassen, dafs für die Gattungen *Barleria*,

---

[1]) *Barleria acanthoides* Vahl; *B. acuminata* Wight, Peninsula Indiae orientalis Nr. 2212 Herb. Wight; *B. coerulea* Roxb.; *B. cristata* L.; *B. cuspidata* Kl.; *B. diacantha* Hochst., Schimperi iter abyssinicum Sectio III Nr. 1922; *B. dichotoma* Roxb., Pl. Ind. or. ed. Hohenacker Nr. 238; *B. flava* Jacq.; *B. Gibsonnii* Dalz., Herb. et Cult. Hort. bot. Calcutt.; *B. Hochstetteri* N. ab Es.; *B. Hystrix* L.; *B. involucrata* N.; *B. irritans* N. ab Es.; *B. longiflora* L.; *B. lupulina* Lindl.; *B. montana* Kl., Herb. Ind. Or. Hook. fil. et Thoms., Coll. Stocks; *B. nepalensis* N. ab Es.; *B. nitida* Nees; *B. noctiflora* L.; *B. obtusa* N. ab Es.; *B. ovata* Meyen; *B. pentandra* Arnth., Peninsula Indiae orientalis Nr. 2220 Herb. Wight; *B. Prionitis* L.; *B. pubiflora* Benth.; *B. pungens* L.; *B. triacantha* Hochst., Schimperi iter abyssinicum Sectio II Nr. 1004; *B. ventricosa* Hochst., Schimperi iter abyssinicum Sectio I Nr. 42.

Barleriola, Lepidagathis, Neuracanthus und *Lophostachys* das Vorkommen von inter- und auch intraxylärem Weichbast constant sein dürfte. Diese beiden anatomischen Charaktere kommen aber nicht allen Angehörigen der Subtribus der *Barlerieen* zu. *Periblema cuspidatum* Dec. sowohl, als *Crabbea nana* N. ab. Es. sind normal gebaut. Der Umstand, dafs *Lepidagathis* sich in seinem anomalen Stengelbau den meisten anderen *Barlerieen* anschliefst, ist eine weitere Stütze für die von Radlkofer auf Grund der Pollenbeschaffenheit und Ästivation der Corolle vorgeschlagenen Versetzung der genannten Gattung zu den *Barlerieen,* welche auch durch die Untersuchung der Cystolithen von Hobein eine weitere Bestätigung gefunden hat. Der Mangel der für die übrigen *Barlerieen* charakteristischen Verhältnisse bei *Crabbea* und *Periblema* legt die Frage nahe, ob diese beiden Gattungen nicht etwa aus der genannten Subtribus auszuscheiden haben. Es mag hiemit diese Frage angeregt sein und zugleich bemerkt werden, dafs in den Gen. Plant. von Bentham-Hooker *Periblema* unter den übrigen *Barlerieen* eine isolierte Stellung dadurch einnimmt, dafs hier die Bracteen zu einem wirklichen Involucrum verbunden sind [1]).

Hervorzuheben ist endlich noch, dafs der Holzkörper der von Bentham-Hooker zu den *Barlerieen* gestellten Gattung *Crossandra,* deren Stellung zu den *Acantheen* von Radlkofer [1]) auf Grund von Ästivation und Pollenbeschaffenheit begründet und von Hobein durch den Mangel der Cystolithen bestätigt wurde, normal gebaut ist und dadurch sich wesentlich von den eigentlichen *Barlerieen* unterscheidet.

---

[1]) Die Untersuchung des Pollens durch Radlkofer (Über den systematischen Wert der Pollenbeschaffenheit bei den *Acanthaceen.* Sitzungsber. der k. Akad. d. Wiss. München. Bd. XIII Heft II S. 289) liefert hingegen keine Stütze für die Entfernung von *Periblema* und *Crabbea* aus der Subtribus der *Barlerieen.* Der Wabenpollen von *Periblema* hat dieselbe Beschaffenheit, wie der von *Barleria* und *Lophostachys*, und diesen Gattungen steht hierin noch ziemlich nahe *Crabbea*; hingegen differiert mehr in der Pollenbeschaffenheit *Neuracanthus*, das aber bicollaterale Bündel und holzständigen Weichbast, wie die meisten *Barlerieen* besitzt.

Fassen wir noch einmal die für die Systematik gewonnenen Angaben zusammen. Constant für die *Acanthaceen* dürfte sein die einfache Gefäſsperforation bei häufig horizontaler Scheidewand und das im allgemeinen einfach getüpfelte Prosenchym. — Bei den *Thunbergieen*-Gattungen *Pseudocalyx* und *Mendoncia* finden sich vier in orthogonalem Kreuze stehende Bastkeile, sowie ein umgekehrt orientierter, markständiger Bündelring, bei *Mendoncia* auſserdem nachträgliche Zerklüftung des Holzkörpers. Constant für die *Thunbergia*-Arten aus der Section *Hexacentris* sind Weichbastinseln im Holze. Intraxylärer und daneben interxylärer Weichbast findet sich bei den Gattungen *Barleria*, *Barleriola*, *Lepidagathis*, *Neuracanthus*, *Lophostachys*, nicht bei *Periblema* und *Crabbea* aus der Subtribus der *Barlerieen*.

Auſser den bereits im Texte erwähnten Arten, wurden bezüglich aller histologischen Verhältnisse des Holzkörpers untersucht: *Mendoncia pilosa* Mart. — *Stephanophysum (Ruellia) asperulum* Mart. — *Strobilanthes Sabinianus* N. ab Es. — *Blepharis pratensis* Moore. — *Crossandra infundibuliformis* N. ab Es. — *Lepidagathis cuspidata* Nees *β. sterostegia*, Herb. Ind. Or. Hook. fil. et Thoms; — *Barleria ovata* Meyer.

Myoporineen.

Der Querschnitt zeigt bei beiden untersuchten Gattungen nicht breite, 1—2reihige Markstrahlen, sowie nicht groſslumige Gefäſse (Maximaldurchmesser 0,03—0,04 mm), welche meist radiale Anordnung zeigen. An der Gefäſswand findet sich auch bei angrenzendem Markstrahlparenchym Hoftüpfelung vor. Die Gefäſsperforation ist einfach, rund oder elliptisch, die Scheidewand der Gefäſszellen häufig horizontal. Das Holzparenchym ist nicht besonders entwickelt. Das Prosenchym besitzt im allgemeinen einfache Tüpfelung.

Für die *Myoporineen* hat Bokorny[1]) in den Blättern Secret-

[1]) a. a. O. S. 373.

lücken nachgewiesen. Dieselben kommen im Marke und in der Aufsenrinde bei beiden untersuchten Genera vor; im angeschnittenen Marke sind sie meist schon makroskopisch ohne Loupe sichtbar.

Myoporum acuminatum Brown. Nov. Holl. Sieber Nr. 222. — *Bontia daphnoides* L., Flor. Martin., Sieber Nr. 163.

Selagineen.

Die beiden untersuchten Gattungen *Globularia* und *Selago* stimmen in den kleinlumigen Gefäfsen (Maximaldurchmesser 0,024—0,03 mm), sowie in den 1—2reihigen Markstrahlen überein, deren Zellen am Tangentialschnitt oft mehr prosenchymatisch erscheinen. An der Gefäfswand treten auch bei angrenzendem Markstrahlparenchym Hoftüpfel auf. Die Gefäfsperforation ist stets einfach, rund oder elliptisch. Während beide Gattungen auch in der geringen Entwicklung des Holzparenchyms übereinstimmen, differieren sie in der Wandbeschaffenheit des Prosenchyms. Dasselbe ist bei *Globularia* hofgetüpfelt, bei *Selago* einfach getüpfelt oder doch nur mit minimalem Hofe versehen; jedenfalls sind diese Verhältnisse für die betreffenden Genera constant.

Selago spuria L. — *Globularia salicifolia* L.

Verbenaceen.

Diese Familie zeigt in der Holzanatomie wenig übereinstimmende Merkmale. Verschieden (bis 4reihig) ist die Breite der Markstrahlen, verschieden die Lumengröfse der Gefäfse (Maximaldurchmesser 0,024—0,108, nach Möller bis 0,18 mm). Gegen die Markstrahlen findet sich an der Gefäfswand entweder nur Hoftüpfelung oder es geht dieselbe in einfache Tüpfelung über, so bei den untersuchten Arten von *Vitex*, *Aegiphila*, *Symphonema* und *Congea*. Deutliche spiralige Verdickung habe ich nur an den sehr englumigen Gefäfsen von *Caryopteris*, welche zum teil auch Tracheiden sein dürften, constatiert. Auch die Perforation der Gefäfse ist keineswegs constant. Bei den beiden untersuchten Genera aus der Tribus der *Stilbeen* ist dieselbe einfach, elliptisch oder auch rund, besonders bei *Stilbe pinastra* oft langgezogen elliptisch. Daneben kommen bei *Stilbe* und *Campylostachys* im primären und secundären Holz leiterförmige Perforierungen vor; den Speichen derselben fehlt aber oft die parallele horizontale Anordnung. Bei den übrigen untersuchten Gattungen ist die Perforation fast durchgehend einfach, rund oder elliptisch; leiterförmige Durchbrechungen mit wenigen Spangen fand ich indessen noch in der Umgebung des primären Holzes bei *Chloanthes Stoechadis* vor, während ich vereinzelt leiterförmige, mit nicht wenigen, senkrecht zur gewöhnlichen Anordnung gelagerten Speichen bei horizontaler Scheidewand, ähnlich wie sie bei gewissen *Compositen* sich finden, bei *Vitex saligna* beobachtete. Auch das Holzparenchym ist verschieden entwickelt. Meist kommen die Parenchymzellen in verschwindend kleiner Menge in Beziehung zu den Gefäſsen vor; tangentiale Binden von Holzparenchym finden sich hingegen bei *Citharexylum*-Arten nach Möller. Die Tüpfelung des Prosenchyms ist im allgemeinen einfach; bei vielen Arten ist sein Lumen mehr oder minder häufig gefächert [1]).

Bemerkenswert ist noch das Auftreten von Krystallnädelchen und spieſsigen Kryställchen im Marke und auch der Rinde mancher *Verbenaceen* [2]); auch in den Markstrahlen kommen sie mitunter vor, so bei *Vitex saligna*.

Die Gattung *Avicennia*, welche allein die achte Tribus der *Verbenaceen* bildet, differiert, abgesehen von dem anomalen Stengelbau, auf welchen ich zurückkomme, nicht in dem histologischen Bau des Xylems von den übrigen *Verbenaceen*. Die Gefäſsperforierung ist einfach, rund oder elliptisch bei meist vollkommen horizontaler Scheidewand; Sanio [3]) beschreibt bei *Avicennia* auch Krüppelformen von Leiterperforierungen. An der Gefäſswand persistiert die Hoftüpfelung auch bei angrenzendem Markstrahlparenchym. Das Holzprosenchym ist einfach getüpfelt.

---

1) *Campylostachys*, *Vitex*, *Petraea*, *Lantana*, *Aegiphila*, *Symphonema*, *Congea*.

2) *Vitex*, *Lantana*, *Aegiphila*, *Symphonema*.

3) Bot. Zeitung 1863 S. 123 u. Tab. IV Fig. 7.

Das nun in Kürze zu besprechende anomale Verhältnis von *Avicennia* dürfte für das Genus constant sein; es wird von De Bary[1]) für *Avicennia officinalis* L., *nitida* Jacq. und *tomentosa* Jacq. angegeben und dürfte nach Möller[2]) auch bei *Avicennia africana* P. Beauv. vorkommen. Der Querschnitt zeigt concentrische Zuwachsringe. Der erste Zuwachsring umgibt das Mark; sein Aufsenrand wird durch eine continuirliche Zone kurzgliederiger und faserartiger Sklerenchymelemente gebildet; nach innen von diesem Sklerenchymring findet sich der Weichbast, jedoch nicht in einer continuirlichen Zone, sondern in Bündeln, welche von einander durch die bis zum Sklerenchymring verlaufenden, nicht dünnwandigen Markstrahlen geschieden werden. An die Sklerenchymscheide schliefst sich nach aufsen Parenchym an. Auch der zweite Bündelring, breiter in radialer Richtung als der erste, endet mit Weichbast und Sklerenchymscheide; das Phloëm tritt wieder in Form von Gruppen auf, zwischen welche sich trennend nicht nur Markstrahlen, sondern auch Gefäfse und Prosenchym einschieben. Der Sklerenchymring dieser Bündelzone besteht aus kurzgliederigen Zellen und ist weniger stark entwickelt denn der erste. Die secundären Zuwachsringe entstehen hier in der primären Rinde[3]).

Stilbe pinastra L. — *Campylostachys cernua* Kth. — *Petraea volubilis* Jacq., Hahn, pltes. de la Martinique. — *Vitex saligna* Roxb., Herb. et Cult. Hort. bot. Calcutt. — *Chloanthes Stoechadis* R. Br., Nov. Holl. Sieber. — *Lantana involuctra* L., Ins. Martin. Sieber. — *Aegiphila Sellowiana* Cham. — *Caryopteris Mastacanthus*

---

[1]) Vergl. Anatomie S. 605.

[2]) Neue Formelemente des Holzkörpers. Sitzungsber. der kais. Akad. der Wiss. zu Wien. Math.-naturw. Kl. Bd. LXXIII Abt. I 1876 S. 31—35 mit Tafel. Möller beschreibt bei den vier oben genannten Arten als »neues Formelement« das Auftreten von concentrischen Steinzellringen im Holze; innerhalb und aufserhalb desselben finde sich Holzparenchym (Tab. Fig. 3). Die Deutung des Querschnittes ist unrichtig; was innerhalb vom Steinzellenring liegt, ist Weichbast und nicht, wie Möller angibt, Holzparenchym. Der Steinzellenring gehört nicht zum Holze, sondern ist die Sklerenchymscheide concentrischer Bündelringe.

[3]) De Bary a. a. O.

Schr., from the Herb. of the Royal Gardens, Kew. — *Symphonema involucratum* Roxb., Herb. Ind. Or. Hook. fil. et Thoms, Coll. Stocks. — *Congea tomentosa var. β* Schauer, Herb. of the late East India Comp., Herb. Helfer. — *Avicennia tomentosa* Jacq.

Labiaten.

Die *Labiaten* besitzen keine breite (bis 3reihige) Markstrahlen, ferner keine grofslumigen Gefäfse (Maximaldurchmesser 0,03 bis 0,05 mm). An der Gefäfswand persistiert bei angrenzendem Markstrahlparenchym entweder die Hoftüpfelung oder es findet sich da auch einfache Tüpfelung, wie bei den untersuchten Arten von *Salvia*, *Prostanthera*, *Westringia*, *Teucrium*. Sehr häufig tritt und dann fast immer nur an den Wänden der engerlumigen Gefäfse und Tracheiden spiralige Verdickung auf[1]). Die Gefäfsperforierung ist einfach, rund oder elliptisch; häufig ist die Scheidewand der Gefäfszellen horizontal. Nur ausnahmsweise habe ich bei *Cymeria elongata* im secundären Zuwachs auch leiterförmige Perforierungen, deren Speichen senkrecht zur gewöhnlichen Anordnung gelagert sind, beobachtet. Das Holzparenchym ist nicht besonders entwickelt. Das Holzprosenchym ist im allgemeinen einfach getüpfelt oder es sind doch nur im Verhältnis zum Spalt kleine Tüpfelhöfe, wie bei *Rosmarinus officinalis* vorhanden; selten kommt Fächerung des Prosenchymlumens vor, wie bei *Prasium maius*.

Krystallnädelchen können in Mark und Rinde vorkommen, so bei den untersuchten Arten von *Prasium*, *Sideritis* und *Stachys*.

Ocymum canum Sims. — *Lavandula abrotanoides* Lam. — *Thymus capitatus* Hoffm. et Link. — *Calamintha coccinea* Benth. — *Salvia officinalis* L. — *Rosmarinus officinalis* L. — *Prasium maius* L. — *Prostanthera thymifolia* A. Cunningh., Nov. Holl., Sieber. — *Sideritis linearifolia* Lam., Herb. Boissier. — *Stachys palaestina* L. — *Westringia rosmariniformis* Sm. — *Teucrium flavum* L. — *Cymeria elongata* Benth., Herb. et Cult. Hort. bot. Calcutt.

---

[1]) *Prasium, Prostanthera, Rosmarinus, Salvia, Sideritis, Teucrium, Thymus, Westringia.*

3. Apetalae.

Nyctagineen.

Sämtlichen Gattungen und Arten scheint ein anomaler Stammbau zuzukommen. Der Holzkörper besteht nicht aus einem einzigen Kreise von Gefäſsbündeln, sondern aus mehreren Zonen von Bündeln, welche bald mehr bald minder unregelmäſsig in einem prosenchymatischen Zwischengewebe liegen. Ein extrafascicularer Cambiumring, welcher nach Anlage von primären Bündeln am Auſsenrande der Siebteile auftritt und dauernd thätig bleibt, erzeugt nach innen abwechselnd Zwischengewebe und secundäre collaterale Bündel. Dieses Meristem befindet sich bei allen von mir untersuchten *Nyctagineen* innerhalb einer durch zerstreute Sklerenchymfasern bezeichneten concentrischen Zone[1]), welche die primäre Rinde nach auſsen abtrennt. Bei den *Nyctagineen* kommen häufig auch markständige Bündel vor. Dieselben sind oft, wie De Bary[2]) für *Mirabilis* und *Oxybaphus* angibt, scheinbar markständige Bündel; sie liegen nicht im Marke, sondern nur in markähnlichem parenchymatischen Zwischengewebe, das durch cambiale Thätigkeit entstanden ist. Markständige Bündel fand ich mit Ausnahme von *Leucaster* bei allen untersuchten *Nyctagineen* vor; sie werden von Regnault[3]) auch für *Mirabilis*, *Pisonia fragrans* und *Oxybaphus viscosus* angegeben.

Das interfasciculare Gewebe besteht, wie schon erwähnt, bei den *Nyctagineen* aus Prosenchym mit unbehöften Tüpfeln; nie ist deutliche Hoftüpfelung der Prosenchymwand vorhanden. Neben dem Prosenchym tritt typisches Markstrahlparenchym, wenn man es so nennen will, im Zwischengewebe auf. Ich fand dasselbe mit Ausnahme von *Cryptocarpus* und *Pisonia hirtella* bei

---

[1]) Bei *Pisonia graciliflora* Mart. findet sich keine eigentliche Sklerenchymfaserzone; doch ist das Gewebe nach auſsen von dem Meristem reich an Sklerenchym und Sklerenchymfasern.

[2]) Vergl. Anatomie S. 613.

[3]) Ann. des sc. nat. Sér. 4. T. XIV p. 149.

allen übrigen untersuchten Arten entwickelt. Das Auftreten von Markstrahlen im Holze von *Neea* wird nach De Bary schon von Grönlund in einer mir nicht zugänglichen Abhandlung[1]) angegeben. Im Anschlufs an die Phloëminseln kommt ferner oft dicker- oder dünnwandiges Parenchym oder beides vor.

Der Weichbast mit dem oft daran angrenzenden dünnwandigen Parenchym, das sog. »*Lignum hybridum*« füllt rundliche oder halbmondförmige Höhlungen des Holzkörpers aus. Es kommt bei trockenen Hölzern mitunter vor, dafs die Höhlungen infolge Zusammentrocknens des dünnwandigen Gewebes fast leer sind. Möller[2]) ist sich indessen über diese Höhlungen nicht klar und spricht irrtümlicherweise die Vermutung aus, dafs Parenchymgruppen zerstört wurden und später Gefäfse und Libriform nachfolgten.

Vor den Siebteilen stehen gruppenweise oder radial geordnet gröfser- und kleinerlumige Gefäfse. Dieselben sind durch einfache Perforation ausgezeichnet. Die Gefäfsdurchbrechung ist rundlich oder auch elliptisch; häufig kommt eine horizontale Scheidewand der Gefäfszellen vor. In nächster Nähe der Gefäfse befinden sich parenchymatische und prosenchymatische Zellen, mit jenen das Xylem der Bündel zusammensetzend. Die Grenze von Bündelxylem und Zwischengewebe ist meist nicht deutlich zu unterscheiden.

Analog, wie in den Blättern[3]) finden sich im Marke, primärer Rinde, Phloëm und in der Umgebung der Siebteile, bald in diesen, bald in jenen Geweben Rhaphiden oder dieselben teilweise oder ganz zersetzend klinorhombische Säulenkrystalle, mitunter auch die gypsähnlichen Schwalbenschwanzhemitropieen von oxalsaurem Kalke vor, bald mehr, bald minder zahlreich, aber wie es scheint, constant. Bei *Bougainvillea*[4]) und *Cryptocarpus* fand ich Rhaphiden,

[1]) Stammens og Grenens anatom. Bygning hos *Neea theifera* sammenholdt med andre Nyctagineer. Vidensk. Meddelels. nat. Forening. Kjöbenhavn 1872 p. 60.

[2]) a. a. O. S. 331.

[3]) De Bary, Vergl. Anatomie S. 150.

[4]) Bei *Bougainvillea spectabilis* scheinen langgestreckte Rhaphidenbündel in Intercellularräumen des Markes vorzukommen.

bei den Arten von *Neea* und *Pisonia* Rhaphiden und die säulenförmigen Prismen oder letztere allein. Dafs in der That die säulenförmigen Krystalle die Rhaphiden ersetzen, erhellt aus vorkommenden Übergängen; bei *Pisonia laxiflora* Chois. kommen zahlreiche und schmale, nadelartige Prismen in einer Zelle vor, während diese Prismen sonst einzeln in den Schläuchen auftreten; ebenso finden sich deren mehrere in einer Zelle bei *Leucaster* und anderen *Pisonia*-Arten. Bei *Cryptocarpus* kommen die Rhaphiden auch im Prosenchym des Zwischengewebes vor.

Constant für die *Nyctagineen* dürfte sein: der anomale Stammbau, die Rhaphiden oder dieselben ganz oder teilweise ersetzend, klinorhombische Säulen von oxalsaurem Kalke, die einfache Gefäfsperforation und das einfach getüpfelte Prosenchym.

Untersucht wurden:

Bougainvillea spectabilis Willd. — *Cryptocarpus globosus* Hook. Benth. et Kth. — *Leucaster caniflorus* Chois. = *Reichenbachia caniflora* Mart., Martii Herb. Flor. Brasil. Nr. 63. — *Pisonia aculeata* L.; — *P. acuminata* Mart.[1]); — *P. campestris* Netto; — *P. cafferiana* Casaretto; — *P. coccinea* Swtz. — *P. combretifolia* Mart.; — *P. cordifolia* Mart.; — *P. Georgina* Wall.; — *P. graciliflora* Mart.; — *P. hirtella* Kth., Andrieux pl. mexican. exsicc. Nr. 128; — *P. laxiflora* Chois., Martii Herb. Flor. Brasil. Nr. 973; — *P. minor* Chois.; — *P. nigricans* Swtz.; — *P. nitida* Mart., Bras. legt. Sello Nr. 1222; — *P. obtusata* Swtz.-Chois., Martii Herb. Flor. Brasil. Nr. 972; — *P. psamophila* Mart.; — *P. subcordata*

---

[1]) Das Fruchtexemplar von *Pisonia acuminata* Mart. (Orig. Explr. Obs. 522 b. Herb. Monac.), welches der Beschreibung der Frucht genannter Art von Seiten Schmidts in der Flora brasiliensis (Bd. XIV Vol. II p 357 Nr. 7) zu grunde liegt, zeigte im Gegensatz zum Blütenexemplar die anomale Zweigstructur nicht und ist daher keine *Nyctaginee*. Es würde dieses Exemplar durch Herrn Dr. Schultes daraufhin als *Rubiacea* und zwar als *Psychotria (Mapouria)* bestimmt; nächstverwandt erscheint diese *Psychotria* mit *Psychotria formosa* Müll. Arg. Mit *Psychotria* stimmt das Fruchtexemplar auch durch anatomische Verhältnisse von Mark und Holz, wie Rhaphiden im Marke und Auftreten von gefächertem Holzprosenchym überein.

Swtz.; — *P. tomentosa* Casaretto. — *Neea compressa* Schmidt; — *N. constricta* Spruce; — *N. ovalifolia* Benth. — *N. rosea* Mart.

Anm. Regnault[1]) beschreibt das anomale Wachstum bei *Pisonia fragrans* und den Kräutern *Oxybaphus viscosus* und *Mirabilis Jalapa*; Unger[2]) von *Mirabilis Jalapa* und *longiflora*, von *Allionia nyctaginea* und *Oxybaphus ovatus*; Petersen[3]) von *Bougainvillea spectabilis, Boerhaavia plumbaginea* und *Pisonia aculeata*; Radlkofer[4]) von dem von ihm aufgestellten Genus *Phaeoptilum (Ph. spinosum)*.

Illecebraceen.

Von denselben gelangten nur *Pollichia campestris* Ait. aus der Tribus der *Pollichieen* und *Gymnocarpus fruticosus* Forst. zur Untersuchung.

Beide zeigen am Querschnitt dickwandige Gefäfse von geringem Durchmesser (0,02—0,036 mm), welche meist isoliert stehen, seltener sich berühren. Feine spiralige Wandverdickung derselben findet sich mitunter bei *Gymnocarpus*. Die Scheidewand der Gefäfszellen ist meist völlig horizontal und ganz durchbrochen; die Perforation ist stets einfach, rund oder elliptisch.

Das dickwandige, doch ziemlich weitlumige Holzprosenchym ist deutlich hofgetüpfelt, wie der Querschnitt zeigt; am Radialschnitt ist der Hof, welcher verschieden grofs zum Spalte sich verhält, minder deutlich wegen der Wanddicke.

Holzparenchym scheint beiden Arten zu fehlen. Markstrahlparenchym läfst sich sicher am Tangentialschnitt nachweisen; doch zeigt dasselbe Übergänge zum Prosenchym.

Bemerkenswert ist, dafs Regnault[5]) für die von ihm untersuchten Kräuter dieser Familie *Paronychia bonariensis, Anychia dichotoma, Telephium Imperati* und *Corrigiola litoralis* auch Hoftüpfelprosenchym angibt.

---

[1]) l. c. p. 144—149.

[2]) Über den Bau und das Wachstum des Dicotyledonenstammes. 1840. Petersburg.

[3]) Bitrag till Nyctaginé-Stenglens Histologi og Udviklingshistorie. Bot. Tidsskrift Bd. XI 1880 p. 149—176.

[4]) Beiträge zur afrikanischen Flora. Abhandlungen des naturw. Vereins zu Bremen Bd. VIII S. 438.

[5]) l c. p. 112—117.

Der Holzkörper von *Pollichia* besteht aus mehreren Gefäfsbündelringen. Die Entstehung des zweiten Ringes erfolgt dadurch, dafs innerhalb eines gemischten Sklerenchymringes, der das primäre collenchymatöse Rindenparenchym nach aufsen abtrennt, nahe am Rande der Siebteile des ersten Ringes, aber doch eigentlich extrafascicular ein Meristem auftritt.

In der primären Rinde von *Gymnocarpus* kommen Zellen mit Klumpen von Krystallsand vor.

Amarantaceen.

Auch die *Amarantaceen* zeigen im allgemeinen die analogen anomalen Structurverhältnisse der Achsenteile, wie die *Nyctagineen.* Man kann hier aber zwei verschiedene Typen der anomalen Stammstructur unterscheiden.

Bei dem ersten Typus, welcher den Gattungen *Bosea, Celosia* und *Chamisoa* zukommt, zeigt der Querschnitt in deutliche concentrische Zonen angeordnete Bündel, welche in ein ausschliefslich parenchymatisches Zwischengewebe eingesetzt sind. Dieses letztere findet sich sowohl radial, markstrahlähnlich zwischen den einzelnen Gefäfsbündeln, als auch tangential zwischen den Bündelzonen. Der Querschnitt erinnert an das Querschnittsbild von *Phytolacca.* Ich glaube nicht, dafs die secundären Bündelzonen ein und demselben Meristem wie bei den *Nyctagineen* ihre Entstehung verdanken, sondern vielmehr successiv auftretenden Cambiumringen.

Der zweite Typus ist derselbe wie bei den *Nyctagineen* und kommt den übrigen untersuchten *Amarantaceen* zu. Diese stimmen mit den *Nyctagineen* in der Entstehung der secundären Bündel überein, ferner dadurch, dafs die Gefäfsbündel eine mehr unregelmäfsige Anordnung auf dem Querschnitte zeigen und in einem prosenchymatischen Grundgewebe liegen. Die Grenze von Zwischengewebe und Fibrovasalsträngen ist oft schwer zu ziehen. Die Xylemteile der Bündel sind mitunter in radialer Richtung stark entwickelt, so dafs hier ein normales cambiales Wachstum der Bündel nach ihrer Anlage für eine Zeit lang wahrscheinlich ist, so z. B. bei *Telanthera,*

Hermbstaedtia, Aerva. An die Siebteile der Bündel schliefst sich häufig dünnwandiges und an dieses oft dickerwandiges Parenchym an. Vorkommen von typischem Markstrahlparenchym im Zwischengewebe wurde bei den Vertretern des zweiten Typus nicht beobachtet.

Bei sämtlichen *Amarantaceen* befindet sich das Meristem, welches nach Bildung der primären Bündel auftritt, sei es nun um nur einen secundären Bündelring oder sei es um dauernd thätig, secundäre Bündel zu erzeugen innerhalb einer durch Bastfasergruppen oder zerstreute Bastfasern bezeichneten concentrischen Zone.

Die Entstehung der secundären Bündel wird von De Bary[1]) für *Amarantus retroflexus, Celosia argentea* und *Alternanthera Verschaffeltii* analog den *Nyctagineen* angegeben. Ferner verbinden nach ihm *Gomphrena decumbens* und *globosa*, sowie *Froelichia* den *Phytolacca*-Typus mit dem der *Amarantaceen.* Die primären Bündel zeigen hier nämlich anfangs normales Dickenwachstum durch ein normales Cambium; erst nach dem Erlöschen der Thätigkeit dieses normalen Cambiums tritt ein extrafascicularer Cambiumring auf und produciert, dauernd thätig, nach innen Zwischengewebe und secundäre Bündel. Ähnlich verhält es sich vielleicht nach De Bary mit *Alternanthera spinosa, Aerva javanica, Achyranthes aspera, Pupalia Schimperiana.* Die anomale Stengelstructur wird von Sanio[2]) auch bei *Amarantus cruentus,* von Regnault[3]) bei *Amarantus spinosus* und *Lestibudetia syphilitica* angegeben.

Nur bei den untersuchten Arten von *Celosia* und *Chamissoa* fand ich markständige Bündel vor. Bei *Celosia* sind einige derselben noch mit dem Holzkörper in Verbindung. Ferner beobachtet man hier, dafs die nach aufsen von den Markbündeln in radialer Richtung zunächst folgenden Bündel des Holzkörpers keine Spiralgefäfse in der Regel führen oder richtiger nur da,

---

1) Vergl. Anatomie S. 608.

2) Botanische Zeitung 1864 S. 229.

3) l. c. p. 127 Tab. VIII Fig. 5—6.

wo kein markständiger Bündel vorliegt. Da aber die primären Fibrovasalstränge des Holzkörpers stets Spiralgefäſse besitzen, so ist schon daraus ohne weiteres Studium der Entwicklungsgeschichte zu entnehmen, daſs die Markbündel von *Celosia* nur »scheinbar markständige« sind. De Bary[1]) gibt solche scheinbar markständige Bündel für *Celosia* und *Achyranthes* an; auch *Chamissoa altissima* besitzt wahrscheinlich solche scheinbare Markbündel. Endlich finden sie sich neben echten markständigen Gefäſsbündeln bei *Amarantus*-Arten nach De Bary.

Das Holzprosenchym ist beim ersten wie zweiten Typus (beim letzteren zum Teil auch Zwischengewebe) stets einfach getüpfelt. Die rundlich-, und zwar gröſser- und kleinerlumigen Gefäſse sind stets einfach perforiert; die Perforation ist meist rund bei häufig horizontaler Scheidewand.

Die Rhaphiden und klinorhombischen Säulenkrystalle der *Nyctagineen* fehlen hier; hingegen tritt in denselben Geweben wie dort häufig, wenn auch nicht immer Krystallsand auf. Krystallsand findet sich bei den von mir untersuchten Arten von *Bosea*, *Celosia*, *Chamissoa*, *Deeringia* und *Pupalia* und wird auch von Regnault für *Amarantus* und *Lestibudetia* angegeben.

Wichtig für die Familiendiagnose ist die anomale Zweigstructur, die einfache Perforierung, das unbehöft getüpfelte Prosenchym; charakteristisch für bestimmte Gattungen ist auch das Auftreten von Krystallsandschläuchen.

Bosea yerva mora L. — *Celosia argentea γ. margaritacea* L. — *Telanthera ramosissima* Moq. = *Mogiphanes ramosissima* Mart. — *Hermbstaedtia Caffra* Moq. — *Psilotrichum cordatum* Moq. — *Aerva scandens* Moq. — *Pupalia lappacea* Moq., Kotschyi iter nubicum Nr. 96. — *Deeringia baccata* R. Brn. — *Chamissoa altissima* Kth., legt. Egger.

Chenopodiaceen.

Wie für die *Nyctagineen* und *Amarantaceen*, so scheint auch für die *Chenopodiaceen* anomale Zweigstructur constant zu sein.

[1]) a. a. O. S. 612 u. S. 259.

Der gemeinsame Charakter des Baues besteht wieder darin, dafs der Holzkörper stets aus mehr denn einem Kreise colleratalen Bündel besteht, welche in einem Zwischengewebe sich befinden.

Den ersten Typus analog *Bosea*, *Celosia* und *Chamissoa* unter den *Amarantaceen* stellt *Camphorosma* dar. Dieser erste Typus ist den drei untersuchten Arten der genannten Gattung gemeinsam und dürfte daher für das Genus constant sein. Am Querschnitte erkennen wir in concentrische Kreise angeordnete Bündel, welche successive auftretenden und erlöschenden concentrischen Cambiumzonen ihre Entstehung verdanken. Successiv auftretende Cambium- und Zuwachsringe, wie *Camphorosma* besitzen auch die drei unten citierten Arten von *Echinopsilon*.

Der zweite Typus besteht wieder darin, dafs erst ein primärer Bündelkreis zur Bildung kommt. Aufserhalb desselben entsteht alsdann ein Cambiumring, der dauernd thätig bleibt und nach innen Zwischengewebe und secundäre Bündel produciert. Im allgemeinen gilt dies für die übrigen von mir untersuchten Gattungen und Arten. De Bary[1]) gibt diese Entwicklungsgeschichte für *Chenopodium album*, *Atriplex patula*, *Salicornia herbacea* an. Die Gefäfsbündel liegen bei dem zweiten Typus in dem interfascicularen Gewebe mehr oder minder unregelmäfsig, oft mehr concentrisch, oft mehr spiralig angeordnet. Letztere Anordnung ist augenscheinlich dadurch bedingt, dafs die Entwicklung der secundären Bündel aus dem extrafascicularen Cambium an einer Stelle begann und von dort aus continuirlich in ein und derselben Richtung fortschritt, während an den übrigen Stellen zur gleichen Zeit nur Zwischengewebe gebildet wurde. Die Bündel treten bald mehr, bald minder aus dem interfascicularen Gewebe hervor, wie z. B. bei *Halocnemum strobilaceum* einerseits und *Exomis oxyroides* andrerseits. Das Xylem ist mitunter wie bei *Atriplex hortensis* in radialer Richtung stärker entwickelt. Sehr wenig sind hingegen die Siebteile von *Halostachys caspica* ausgebildet. Das Zwischengewebe besteht in allen Fällen aus Prosenchym, welches im allgemeinen einfach getüpfelt ist. Dünnwandiges, mitunter

[1]) a. a. O. S. 608.

auch dickerwandiges Parenchym schliefst sich oft an die Siebteile der Gefäfsbündel an. Es möge an dieser Stelle auch bemerkt werden, dafs auch das Holzprosenchym bei *Camphorosma* und *Echinopsilon* einfach getüpfelt ist.

Bei manchen *Chenopodiaceen* vom zweiten, dem *Nyctagineen*-Typus kommt es nach De Bary vor, dafs die primären Bündel eine Zeit lang durch ein normales Cambium wachsen. Er gibt dies für *Chenopodium hybridum* und *murale*, sowie *Blitum virgatum* an; diesen ist vielleicht nach De Bary *Atriplex Halimus*, *Obione spec.*, *Salsola Kali*, *Anthrocnemon fruticosum*, *Haloxylon Ammodendron* und *Caroxylon arbuscula* anzuschliefsen.

Markständige Bündel und zwar scheinbar markständige fand ich nur bei *Atriplex hortensis* und da spärlich vor. In diesem Falle fehlen den auf die Markbündel in radialer Richtung nächstfolgenden Bündeln des Holzkörpers die Spiraltracheen. De Bary gibt ferner scheinbar markständige Bündel bei *Atriplex patula* und *Chenopodium album* an.

Die rundlichlumigen Gefäfse, deren Durchmesser nie bedeutend (0,015—0,045 mm Maximaldurchmesser) ist, berühren sich häufig. Nicht selten sind die Gefäfswände spiralig verdickt; das ist mehr oder minder deutlich, bald nur in den engerlumigen, bald auch in den weiterlumigen Gefäfsen der Fall bei *Camphorosma* (3 Arten), *Eurotia*, *Halocnemon*, *Halostachys*, auch bei *Noaea*, *Atriplex* und *Rhagodia*. Constant für die ganze Familie ist die einfache, runde oder elliptische Gefäfsperforation bei häufig horizontaler Scheidewand.

Bezüglich der Krystallelemente finden wir in Mark, primärer Rinde und parenchymatischer Umgebung der Siebteile bald in diesen, bald in jenen Geweben Krystallsandschläuche häufig vor, aber nicht immer; so bei den untersuchten Arten von *Exomis*, *Camphorosma* (3 Arten), *Echinopsilon*, *Salsola*, *Traganum*, *Anabasis*. Krystallsand wird ferner von Gernet bei *Salsola Kali* und *Haloxylon Ammodendron*, von Regnault bei *Ambrina* angegeben.

Hervorzuheben ist nochmals: die anomale Structur der Achsenteile, die einfache Gefäfsperforation, das einfach getüpfelte Prosenchym. Ein durchgreifender anatomischer Charakter zur Unterscheidung von den *Amarantaceen* existiert nicht. Die Krystallelemente der *Nyctagineen* lassen hingegen eine Unterscheidung der *Nyctagineen* von *Chenopodiaceen* und *Amarantaceen* zu.

Untersucht wurden:

Trib. Euchenopodieen: *Rhagodia hastata* R. Brn. — Die anomalen Verhältnisse sind ferner constatiert von Unger[1]) bei *Chenopodium viride*, von De Bary[2]) bei *Blitum virgatum* und *Chenopodium album*, von Sanio[3]) bei *Chen. murale*, von Regnault[4]) bei *Chenopodium serrotinum* und *Ambrina ambrosioides*, von Schacht[5]) bei *Beta cycla* (Wurzel).

Trib. Atriplicineen: *Atriplex hortensis* L. — *Eurotia ceratoides* C. A. Mey. — *Exomis oxyroides* Fenzl. — Die anomalen Verhältnisse ferner bekannt: bei *Atriplex patula* nach De Bary; bei *Atriplex Halimus* nach Gernet[6]) und Sanio[7]).

Trib. Camphorosmeen: *Camphorosma perennis* Pall.; — *C. ruthenica* M. B.; — *C. monspeliaca* L.

Trib. Chenoleen: *Echinopsilon muricatum* Moq. *var. β. ericifolium*; — *Ech. hyssopifolium* Moq. — *Ech. sedoides* Moq.

Trib. Salicornieen: *Halostachys caspica* C. A. Mey. — *Halocnemon strobilaceum* M. B. — Anomaler Stengelbau ferner nachgewiesen: bei *Arthrocnemon fruticosum* und *Salicornia herbacea* von De Bary, bei *Holostachys caspica* von Gernet.

Trib. Suaedeen: *Suaeda maritima* Mey. — Von Regnault ist untersucht *Suaeda fruticosa*.

Trib. Salsoleen: *Salsola laricina* Pall. — *Traganum nudatum* Del. — *Cornulaca monacantha* Del. — *Noaea spinosissima* Moq. —

---

1) Über den Bau des Dicotyledonenstammes. Petersburg 1840. S. 104—108 Tab. XIII—XIV.

2) a. a. O.

3) Botanische Zeitung 1863 S. 410.

4) l. c. p. 133.

5) Pflanzenzelle S. 283 Tab. XV Fig. 16—17.

6) Bulletin de la Société Impériale des naturalistes de Moscou 1859 Nr. I p. 164—187 Tab. II.

7) Botanische Zeitung 1864 S. 226.

Haloxylon salicornicum Bunge, Herb. of the late East India Comp. Nr. 4222, Herb. Griffith. — *Anabasis aphylla* L. — Der anomale Stengelbau ist bekannt von *Salsola Kali* und *Haloxylon Ammodendron* durch Gernet, bei *Caroxylon arbuscula* durch De Bary.

Phytolaccaceen.

Unter den *Phytolaccaceen* ist es zunächst die Gattung *Phytolacca* und zwar sowohl *Ph. decandra*, als *dioica*, welche anomalen Stammbau besitzt. Der Querschnitt zeigt Gefäſsbündel, welche in concentrischen Kreisen angeordnet und in ein weitlumiges und dünnwandiges, an Rhaphiden reiches parenchymatisches Grundgewebe eingebettet sind. Dieses interfasciculare Gewebe findet sich sowohl markstrahlartig zwischen den Gefäſsbündeln, als auch tangential die Gefäſsbündelzonen von einander scheidend. Bezüglich der Entstehung der Bündel, die von Nägeli [1]) bei *Phyt. dioica* näher studiert ist, soll zunächst erwähnt sein, daſs erst im Stengel ein primärer Bündelring, welcher allein primäres Xylem mit Spiraltracheen und welcher ein normales und normal thätiges Cambium besitzt, auftritt; innerhalb des Bastfaserringes und am Rande der primären Siebteile entsteht nun aus einem Meristem Parenchym und weiter nach auſsen ein zweiter Bündelring, dessen Cambium ebenfalls eine Zeit lang normalen Zuwachs bedingt. Nach Nägeli können bis fünf Bündelringe in einem Jahre entstehen. In jedem Ringe erlischt etwa die Thätigkeit des Cambiums mit der Entstehung des nächstfolgenden Ringes [2]). — Krüger [3]) gibt ferner für *Ercilla volubilis*, von welcher Art ihm ein Zweigstück von 2 cm Durchmesser vorlag, ebenfalls successive concentrische Zuwachsringe an; bezüglich der Entstehung derselben ist nichts gesagt.

Diesen beiden Genera kann ich noch die Gattung *Seguieria* anschlieſsen, deren beide untersuchte Arten mehrere concentrische

---

[1]) Beiträge zur wissenschaftlichen Botanik Heft I S. 26.

[2]) Bei *Phytolacca dioica* kommen auch markständige Gefäſsbündel vor, deren Verlauf Nägeli studiert hat.

[3]) Beitrag zur Kenntnis der sog. anomalen Holzbildungen. Diss. Leipzig 1884 S. 21.

Bündelringe auf dem Querschnitt zeigen. Aufserhalb des ursprünglichen ersten Bündelringes folgt ein Sklerenchymring, der nach aufsen die primäre Rinde abtrennt. Nach innen von dieser Sklerenchymscheide findet sich noch dünnwandiges Gewebe, das aber nicht mehr zum Phloëm der Bündel gerechnet werden kann; in diesem Gewebe konnte ich an einem jüngeren Zweigfragment von *Seguieria longifolia* die Entstehung des Meristems beobachten, aus dem der zweite Bündelring hervorgeht. Der zweite Bündelring entsteht also am Rande der Siebteile des ersten Bündelkreises und innerhalb der Sklerenchymscheide, aber doch extrafascicular.

De Bary [1]) hebt gegenüber *Phytolacca* bei Arten von *Rivina* hervor, dafs die Achsenteile dieser Gattung normal gebaut sind; auch bei den von mir untersuchten Gattungen (excl. *Phytolacca* und *Seguieria*) scheint dies der Fall zu sein.

Bezüglich der Krystallelemente ist zu erwähnen, dafs bei *Phytolacca*, *Anisomeria* und *Ercilla* in Mark, Weichbast und primärer Rinde sich Rhaphidenschläuche finden. Bei *Rivina* und *Seguieria* kommen hingegen oft lange nadelförmige oder prismatische Krystalle, bei *Rivina* noch aufserdem nicht so lange Prismen, aber zu mehreren in einer Zelle, vor; ich fand diese Krystalle bei *Seguieria* im Weichbast, bei *Rivina* in Mark und Rinde, mitunter auch in den Holzstrahlen. Diese besonderen Krystallelemente fehlen bei *Codonocarpus* und *Gyrostemon*. Diese Verhältnisse entsprechen völlig den von Blenk [2]) in den Blattlamina angegebenen, wonach für die Tribus der *Euphytolacceen* Rhaphidenschläuche, für die der *Rivinieen* grofse Krystallnadeln, für die *Gyrostemoneen* keine besonderen Krystallelemente charakteristisch sind. Nach Blenk fehlen bei *Microtea* aus der Tribus der *Rivineen* die Krystallnadeln in den Blattlamina. Dem ist beizufügen, dafs sie auch bei *Microtea maypurensis* Don. in Mark und Rinde fehlen, ferner, dafs auch *Microtea* durch typisch hofgetüpfeltes Prosenchym von den untersuchten *Rivineen* differiert [3]).

---

[1]) Vergl. Anatomie S. 607.

[2]) Flora 1884 S. 375.

[3]) Die systematische Stellung von *Microtea* dürfte nach obigem noch näher ins Auge gefafst werden, zumal Moquin-Tandon (Dec. Prodr. XIII

Lumengröfse und Anordnung der Gefäfse wechseln (Maximaldurchmesser 0,03—0,075 mm); ebenso die Gröfse der Gefäfshoftüpfel (bei *Phytolacca* bis 0,009 mm). Bei *Anisomeria* findet sich spiralige Verdickung der Gefäfswand. Die Scheidewand der Gefäfszellen ist sehr oft horizontal und ganz durchbrochen. Die Perforation ist stets einfach, rund, mitunter auch elliptisch. Das Prosenchym ist bei den *Euphytolacceen* (excl. *Microtea*) und den *Rivineen* durch einfache Tüpfelung ausgezeichnet; die Prosenchymwände zeigen bei den *Gyrostemoneen* kleine, aber deutliche Hoftüpfel. Gefächert ist mitunter das Lumen des Prosenchyms von *Rivina*. Abgesehen von *Anisomeria*, wo deutliches Markstrahlparenchym zu fehlen scheint und von *Phytolacca*, wo das Markstrahlgewebe das Grundgewebe des Bündelsystems darstellt, sind die Markstrahlen verschieden breit.

Von systematischer Bedeutung dürfte sein die einfache Gefäfsperforation für die ganze Familie, die einfache Tüpfelung des Prosenchyms für die *Euphytolacceen* und *Rivineen*, die Hoftüpfelung desselben für die *Gyrostemoneen*. Der Holzkörper von *Phytolacca*, *Ercilla* und *Seguieria* besteht aus mehreren Bündelringen.

Trib. Euphytolacceen: *Phytolacca dioica* L.; — *Phyt. abyssinica* Hoffm., Schimperi iter. abyssinic. Sectio I. — *Ercilla spicata* Moq., Herb. Bertero Nr. 289. — *Anisomeria drastica* Dec., Lechler pl. chilenses, ed. Hohenacker. — Trib. Rivineen: *Rivina humilis* L. — *Seguieria longifolia* Benth., ex Herb. bot. Berolinensi, Beyrich; — *Segu. floribunda* Benth. (fide Martii, Herb. reg. Monac.). — Trib. Gyrostemoneen: *Codonocarpus australis* A. Cunningh. — *Gyrostemon ramulosum* Desf., Nov. Holl. occ. austr. legt. Preiss Nr. 1234.

P. II, pag. 2 Ordo 156) die Gattung *Microtea* als selbständige Tribus genannter Familie auffafst und Baillon (Hist. des pltes. T. IV p. 44) *Microtea* bei den *Phytolaccaceen* überhaupt nicht behandelt, sondern nur erwähnt, dafs diese Gattung besser zu den *Salsolaceen* zu stellen sei, für welch letztere Ansicht aber die histologischen Verhältnisse des Holzes sich ganz ungünstig erweisen.

Batideen.

Die genannte Familie besteht nur aus der einen Art *Batis maritima* L., deren Holzstructur in Kürze beschrieben werden soll. Der Querschnitt zeigt breite Markstrahlen und dickwandige, gröſser- und kleinerlumige (bis 0,03 mm Durchmesser) Gefäſse, welche mitunter zu wenigen radial angeordnet sind. Die Gefäſswände sind fein spiralig verdickt, namentlich deutlich bei angrenzendem Prosenchym. Die Gefäſsperforierung ist einfach, rund oder elliptisch bei mitunter horizontaler Scheidewand. Das dickwandige Prosenchym besitzt kleine behöfte Spalttüpfel, deren Hof kleiner als der Spalt ist. Holzparenchym findet sich in Umgebung der Gefäſse.

Polygonaceen.

Anordnung und Lumengröſse (Maximaldurchmesser 0,024 bis 0,07 mm) der Gefäſse wechseln. Die Gefäſswände von *Eriogonum* und *Chorizanthe* besitzen spiralige Verdickung, welche auch in den engerlumigen Gefäſsen von *Triplaris* auftritt. Constant für alle *Polygonaceen* dürfte sich die einfache Gefäſsperforierung bei häufig horizontaler Scheidewand erweisen. Die Markstrahlen sind 1—3reihig; bei *Chorizanthe paniculata* scheint das Markstrahlparenchym zu fehlen. Das Holzprosenchym ist im allgemeinen einfach getüpfelt oder besitzt doch wenigstens keine deutlichen gröſseren Tüpfelhöfe. Bei den untersuchten Arten von *Triplaris*, *Rupprechtia*, *Mühlenbeckia* und *Coccoloba* kommt Fächerung des Prosenchymlumens durch feine Querwände vor. Bei *Coccoloba diversifolia* findet sich gekammertes Holzparenchym (Parenchym? Fächerwände dick) mit Einzelkrystallen, ebenso bei den von Möller untersuchten Arten dieser Gattung.

Bei gewissen *Polygonaceen* kommen anomale Verhältnisse in der Zweigstructur vor, welche aber den untersuchten Holzpflanzen fehlen. Nach Sanio [2]) findet sich bei *Rumex crispus* ein in Bezug auf Phloëm und Xylem verkehrt orientierter, markständiger

---

[1]) a. a. O. S. 330.

[2]) Botanische Zeitung 1865 S. 179.

Bündelkreis. Sanios Vermutung, dafs dieses markständige Bündelsystem für die Gruppe *Lapathum* charakteristisch sei, hat sich nicht bestätigt; von fünfzehn Arten, welche Petersen[1]) aus der Gruppe *Lapathum* und *Acetosa* untersucht hat, fand sich genannte Anomalie nur bei *Rumex domesticus*. Sehr kleine Phloëmgruppen wurden auch von Petersen an der Markscheide von *Emex spinosa* aufgefunden; seine Untersuchungen ergaben aber, dafs diese Weichbastbündelchen nicht einmal für die Art constant sind.

Eriogonum fasciculatum Benth., Flora of California, Arizoma etc., Coll. Palmer Nr. 489. — *Chorizanthe paniculata* Benth., Herb. Bentham. — *Calligonum comosum* L. — *Mühlenbeckia polybotrya* Meissr., Nov. Holl. legt. Preiss Nr. 1353. — *Coccoloba diversifolia* Jacq. — *Rupprechtia amentacea* Meissr., Coll. Spruce. — *Triplaris Pachau* Mart.

Nepenthaceen.

Die beiden untersuchten Arten der Gattung *Nepenthes* zeigen einen sehr übereinstimmenden Bau der Achsenteile, welcher für diese Gattung constant sein dürfte.

Das Mark, in welchem spiralig verdickte, in der Richtung der Achse gestreckte Zellen, die De Bary[2]) Spiraltracheiden nennt, vorkommen, wird bei den *Nepenthaceen* von einer Markscheide aus einfach getüpfelten, prosenchymatischen und parenchymatischen Zellen umschlossen. Dann folgt der normale Bündelring. Am Rande seiner Siebteile treten neben Bastprosenchym wieder langgestreckte Spiralzellen auf [Zacharias[3]) »Spiralfaserring«]. Die nun nach aussen folgende primäre Rinde, innerhalb welcher an älteren Achsenteilen Peridermbildung auftritt, beginnt mit einem Gewebe grofslumiger kugeliger Parenchymzellen, denen mitunter auch kurzgliedrige Spiralzellen beigemengt sind. Bei *Nepenthes Boschiana* zeigen die Gewebszellen selbst nicht selten spiralige Verdickung oder mehr spiralig angeordnete,

[1]) a. a. O. S. 379.
[2]) Vergl. Anatomie S. 236.
[3]) Über die Anatomie des Stammes von *Nepenthes*. Diss. Strafsburg 1877.

spaltenförmige Tüpfel, wodurch ein Übergang zu den Spiralzellen vermittelt wird. Noch weiter nach aufsen von diesem grofslumigen Gewebe folgt prosenchymatisches und parenchymatisches Gewebe von der Beschaffenheit der Markscheide; in diesem Gewebe und an der Innengrenze desselben finden sich die rindenständigen Fibrovasalstränge der *Nepenthaceen*, die zum grofsen Teile Blattspuren sind, die schief durch die Rinde verlaufen und endlich in den inneren Bündelring eintreten. Diese markscheideähnliche Gewebszone geht nach aufsen in dünnwandiges Parenchym über, in dem mitunter auch Spiralzellen vorkommen.

Der Holzkörper, der von nicht breiten, 1—2reihigen Markstrahlen durchzogen ist, enthält gröfser- und kleinerlumige Gefäfse (Maximaldurchmesser 0,07—0,09 mm), welche einfache Perforation besitzen bei häufig horizontaler Scheidewand. Das Holzprosenchym ist typisch hofgetüpfelt.

Für die *Nepenthaceen* erscheinen von systematischer Bedeutung die spiralig verdickten Zellen in den parenchymatischen Geweben, die rindenständigen Bündel, die einfache Gefäfsperforation und das Hoftüpfelprosenchym.

Nepenthes melamphora L.; — *Nep. Boschiana* Korth.

Aristolochiaceen.

Der Querschnitt des Holzkörpers zeigt bei den untersuchten Arten breite Markstrahlen und rundliche, oft grofslumige (Maximaldurchmesser 0,14 mm) Gefäfse, welche sich mitunter berühren. An der Berührungswand tritt gröfsere Hoftüpfelung auf; bei *Aristolochia tomentosa* ist die Wandung der nicht grofslumigen Gefäfse spiralig verdickt. Die Gefäfsperforierung ist einfach, rund oder elliptisch, die Scheidewand dabei oft horizontal. Das Parenchym ist reichlicher, mitunter in tangentialer Anordnung bei *Bragantia* und *Thottea* entwickelt. Das Prosenchym ist bei den drei untersuchten Genera hofgetüpfelt; der Hof ist bei *Thottea* kleiner als der Spalt; bei *Aristolochia tomentosa* findet sich neben der Hoftüpfelung spiralige Wandverdickung.

In Mark und Rinde fand ich bei *Thottea* und *Bragantia* Secretzellen vor, welche auch in den Blattlamina vorhanden sind.

Bastkeile in den Holzkörper eindringend, gibt Decaisne[1]) für *Aristolochia labiosa* und *Clematitis* an. Bemerkenswert ist ferner, dafs bei *Aristolochia biloba* in dickeren Zweigen, nach Schleidens[2]) Abbildung zu urteilen, ein zweiter Bündelring auftritt.

Bragantia corymbosa Griff., Herb. of the late East India Comp. Nr. 4438. Herb. Griffith. — *Aristolochia tomentosa* L. — *Thottea grandiflora* Roxb., Herb. of the late East Ind. Comp. Nr. 4439. Herb. Griff.

Piperaceen.

Bekannt von den *Piperaceen* ist bereits, dafs sämtliche bisher untersuchte Arten, sowohl *Saurureen*, als *Pipereen* innerhalb eines, bei den holzigen *Piperaceen* nachträgliches normales Dickenwachstum erfahrenden Bündelringes, zahlreiche markständige Bündel besitzen; ausgenommen ist nur *Verhuellia*. Karsten und namentlich Weiss[3]) haben die Blattspurqualität der Markbündel nachgewiesen. Die Bündel verlaufen erst im peripherischen Bündelkreis und treten secundär in das Mark ein.

Das Mark wird bei der untersuchten Art, *Piper subpeltatum* Willd. von einer Markscheide aus prosenchymatischen und parenchymatischen Zellen umgeben. Der Querschnitt des Holzkörpers zeigt breite primäre Markstrahlen. Die Gefäfse sind gröfserlumig (bis 50 mm Durchmesser); wo sie sich gegenseitig berühren, tritt mitunter Treppenhoftüpfelung auf. Die Gefäfsperforation ist einfach, rund oder elliptisch, die Scheidewand der Gefäfszellen oft horizontal. Die Spalttüpfel des Holzprosenchyms besitzen mitunter einen kleinen, aber nicht immer deutlichen Hof.

---

[1]) Mémoire sur les *Lardizabalées*. Archives du Muséum Tab. X Fig. 21—22.

[2]) Grundzüge der wissenschaftlichen Botanik II 1850 S. 168 Fig. 152. Bei *Aristolochia Sipho* kommen auch an dicken Achsenteilen concentrische Bündelringe nicht vor.

[3]) Wachstumsverhältnisse etc. der *Piperaceen*. Flora 1876.

Die in den Blättern constant auftretenden Secretzellen finden sich auch in Mark und Rinde; daneben kommen auch kleine Krystallnädelchen und Kryställchen vor.

Chloranthaceen.

Verschieden breit, oft sehr breit sind die Markstrahlen, deren Zellen stets in Richtung der Achse gestreckt und hoch sind. Die Gefäfse besitzen keinen grofsen Durchmesser (Maximaldurchmesser 0,045 mm); sehr spärlich sind die Gefäfse bei *Chloranthus brachystachys* vorhanden. Die Hoftüpfelung der Gefäfswand persistiert auch bei angrenzendem Markstrahlparenchym. Die Scheidewände der Gefäfszellen sind sehr stark geneigt und leiterförmig durchbrochen. Die leiterförmigen Perforationen sind reich oder sogar sehr reichspangig; bei *Hedyosmum brasiliense* und *racemosum* kommen gewifs gegen 100 Speichen an einer Perforierung vor. Verschieden verhält sich die Tüpfelung des Prosenchyms bei den beiden untersuchten Gattungen. Bei *Hedyosmum* besitzen die Prosenchymtüpfel einen kleinen, undeutlichen und nicht constanten Hof; grofshofgetüpfelt ist das Prosenchym von *Chloranthus*. Feine Scheidewände finden sich im Prosenchym bei Arten beider Genera.

Die von Blenk[1]) in den Blättern der *Chloranthaceen* als constant nachgewiesenen Secretzellen finden sich mitunter auch im Marke und in der Rinde der Achsenteile.

Die drei untersuchten Arten von *Hedyosmum* besitzen auch Schleimgänge; ich fand sie bei *Hed. brasiliense* und *racemosum* im Marke; aber auch bei *Hed. arborescens*, wo das Mark zur Untersuchung fehlte, kommen sie dort vor, da ich sie im Blattstiele (im Gewebe innerhalb von den Spiralgefäfsen der Gefäfsbündel) vorfand. Bei *Hed. brasiliense* fand ich mitunter in den Gängen sphärokrystallinische Massen, die in heifsem Wasser, Alkohol und Äther unlöslich, leicht löslich in verdünnter Salzsäure waren.

---

[1]) Flora 1884 S. 372.

Constant für alle *Chloranthaceen* ist nach dem Vorausgehenden nur die leiterförmige, reichspangige Gefäſsperforierung; die Tüpfelung des Prosenchyms lehrt leicht *Chloranthus* und *Hedyosmum* unterscheiden.

Die systematische Stellung der *Chloranthaceen* ist zur Zeit noch nicht sicher eruiert. Die meisten Autoren, auch Endlicher[1]) halten die *Chloranthaceen* für die Nächstverwandten der *Piperaceen*, mit welchen sie Baillon[2]) nach Cordemoys Vorgang vereinigt hat. Bentham und Hooker[3]) geben an, daſs die *Chloranthaceen* doch in wesentlichen Punkten von den *Piperaceen* differieren und in einigen Charakteren sich den *Monimiaceen* nähern. Bemerkenswert ist nun, daſs den *Monimiaceen* und *Chloranthaceen* sowohl Secretzellen, als Leiterperforation gemeinsam sind, während die letztere den *Piperaceen* fehlt.

Hedyosmum brasiliense Mart.; — *Hed. arborescens* Sw., Flor. Martin. Nr. 342; — *Hed. racemosum* G. Don. — *Chloranthus brachystachys* Bl. — Wall; — *Chlor. officinalis* Bl.

Myristicaceen.

Der Querschnitt des Holzkörpers zeigt 1—2reihige Markstrahlen und vorwiegend radial (wenn auch nicht zu vielen) angeordnete Gefäſse von gröſserem Durchmesser (Maximaldurchmesser 0,06—0,1 mm). Während gröſsere Hoftüpfelung da auftritt, wo die Gefäſse sich berühren, finden wir bei angrenzendem Markstrahlparenchym meist groſse, einfache Tüpfel an der Gefäſswand, mitunter auch Übergänge bis zu den Hoftüpfeln. Die Scheidewände der Gefäſszellen sind geneigt, ganz oder teilweise durchbrochen; die Perforation zeigt Übergänge von der leiterförmigen bis zur einfachen; neben vorwiegend entwickelten, leiterförmigen, 1—8spangigen Durchbrechungen kommen auch einfache elliptische, seltener runde vor. Das weitlumige und nicht dickwandige Prosenchym ist im allgemeinen einfach getüpfelt, sein Lumen bei beiden untersuchten Arten mitunter

[1]) Gen. plant. p. 264.
[2]) Hist. des pltes. T. III p. 494.
[3]) Gen. plant. III p. 134.

gefächert. Das Parenchym findet sich in Beziehung zu den Gefäſsen.

Bemerkenswert ist noch das Vorkommen von Steinzellengruppen im Marke, ferner das Vorkommen von Secretzellen in Mark und Rinde; letztere treten nach Blenk[1]) constant in den Blattlamina auf. In der Rinde beobachtete ich auch kleine Krystallnädelchen bei beiden Arten.

Myristica sebifera Sw.; — *Myr. officinalis* Mart., Martii Herb. Flor. Brasil. Nr. 650.

Monimiaceen.

Verschieden breit sind die Markstrahlen; breitere besitzen die untersuchten *Monimieen*, 1—2reihige die untersuchten *Atherospermeen*. Die Gefäſse der untersuchten *Monimieen* zeigen häufiger radiale Anordnung, als die der untersuchten *Atherospermeen*, wo jene sich mehr zerstreut finden. Die Gefäſse besitzen nur einen geringen Durchmesser (bis 0,036 mm). Gegen die Markstrahlen treten an der Gefäſswand meist groſse, einfache Tüpfel auf, mitunter daneben auch Hoftüpfel. Die Scheidewand der Gefäſszellen ist meist stark geneigt. Die Perforation ist leiterförmig und oft sehr reichspangig; *Monimia ovalifolia* besitzt neben verhältnismäſsig nicht reichspangigen (1—12 Speichen) leiterförmigen Durchbrechungen einfache, elliptisch langgezogene Perforierungen. Das Prosenchym zeigt an seinen Wandungen bei *Atherosperma* und *Doryphora* deutliche Hoftüpfel; bei *Mollinedia* ist der deutliche Hof der Prosenchymtüpfel kleiner als der Spalt. Das Prosenchym von *Monimia* besitzt nur mitunter einen sehr kleinen, deutlichen Hof. Fächerung kommt mitunter im Prosenchym bei allen vier untersuchten Arten vor.

Bemerkenswert ist noch das Vorkommen von Secretzellen in Mark (und Rinde) bei den vier untersuchten Arten. Die Constanz dieser Secretelemente in den Blattlamina bei den *Monimiaceen* hat Bokorny[2]) nachgewiesen. Die Krystallnädelchen,

---

[1]) Flora 1884 S. 372.
[2]) Flora 1882 S. 366.

welche mitunter (z. B. *Atherosperma*, *Doryphora*) in der Rinde vorkommen, habe ich im Marke nicht beobachtet.

Trib. Monimieen: *Monimia ovalifolia* P. Thouars. — *Mollinedia cinerea* Gardr. — Trib. Atherospermeen: *Atherosperma moschata* Lab., ex Herb. Hooker Coll. Gunn. — *Doryphora Sassafras* Endl. = *Atherosp. Sassafras* Cunningh.

Laurineen.

Der Querschnitt des Holzkörpers zeigt Gefäfse von verschiedenem Durchmesser (Maximaldurchmesser 0,03—0,075 mm) und 1—3 reihige Markstrahlen. Die untersuchten *Laurineen* ausgenommen *Hernandia* besitzen an der Gefäfswand feine, spiralige Verdickung, welche namentlich gegen angrenzendes Prosenchym beim Zurücktreten der Gefäfshoftüpfelung recht deutlich ist. An der Gefäfswand findet sich bei angrenzendem Markstrahlparenchym stets Hoftüpfelung übergehend in einfache Tüpfelung. Die Scheidewände der Gefäfszellen sind verschieden geneigt. Bei allen untersuchten *Laurineen* findet sich die Neigung zur Bildung von Leiterperforierungen. *Persea* und *Laurus* besitzen vorzugsweise einfache, kreisrunde oder elliptische Gefäfsdurchbrechungen; mitunter treten aber auch leiterförmige (bis 5 spangige) auf. *Litsaea* (auch *Litsaea glauca* Sieb. nach Möller a. a. O. S. 334) zeigt neben vorwiegend elliptischer Perforation auch leiterförmige, reicherspangige (bis 14 Speichen); *Hernandia* endlich weist nur selten wenigspangige Leiterperforierungen auf. Das Holzprosenchym der untersuchten *Laurineen* ist im allgemeinen einfach getüpfelt. Das Parenchym besitzt keine besondere Entwicklung.

Die nach Bokorny[1]) in den Blättern der *Laurineen* constant auftretenden Secretzellen finden sich auch in Mark und Rinde der Achsenteile der untersuchten Arten vor.

Kleine Krystallnädelchen und Kryställchen von oxalsaurem Kalke treten mitunter *(Laurus, Persea, Hernandia)* in Mark und Rinde, zuweilen auch in den Markstrahlen auf.

---

[1]) Flora 1882 S. 359.

Persea indica Sprgl. — *Laurus nobilis* L. — *Litsaea aciculata* Bl. — Meissr., from the Herb. of the Royal Gardens, Kew. — *Hernandia sonora* L.

Proteaceen.

Die einen nicht besonders grofsen Durchmesser (0,024—0,05 mm) erreichenden Gefäfse zeigen eine verschiedene Anordnung in dieser Familie. Besonders charakteristisch und namentlich deutlich bei den untersuchten *Grevilleen* und *Banksieen* ist die tangentiale Anordnung der Gefäfse, wodurch am Querschnitt ein radiärer Wechsel von Gefäfs- und Prosenchymzonen angedeutet ist. Bei den übrigen *Proteaceen* finden sich diese Zonen weniger deutlich oder nicht differenziert. Die Gefäfshoftüpfelung persistiert auch bei angrenzendem Markstrahlparenchym. Die Perforierung der Gefäfszellen ist stets einfach, rund oder elliptisch; mitunter kommen fast horizontale Scheidewände vor; oft sind dieselben aber auch stark geneigt und teilweise durchbrochen. Was die spiralige Verdickung der Gefäfswände anlangt, so fand ich dieselbe deutlich bei *Grevillea*, *Dryandra*, *Persoonia*; für *Grevillea* habe ich dieselbe bei neun Arten [1]) nachgewiesen. Aufserdem findet sich spiralige Verdickung der Gefäfswand mehr oder minder deutlich bei den unten genannten Arten von *Franklandia* und *Symphionema*. Die Markstrahlen der *Proteaceen* sind in der Regel breit, bei *Franklandia* und den untersuchten *Persoonieen* nur 1—3reihig.

Das Holzparenchym ist bei allen angegebenen *Proteaceen* reichlicher, mitunter reichlich entwickelt; es tritt in tangentialen Reihen auf und zwar meist in Nähe der Gefäfse. Letzteres Moment ist namentlich deutlich bei der oben erwähnten tangentialen Anordnung der Gefäfse. Mitunter findet sich auch das Parenchym, wie z. B. bei *Helicia excelsa* in tangentialen Binden zwischen dem Prosenchym.

---

[1]) *Grevillea acanthifolia* Sieb, Fl. Nov. Holl. Sieber Nr. 32; — *Gr. alpina* Lindl.; — *Gr. arenaria* R. Brn.; — *Gr. Baueri* R. Brn.; — *Gr. buxifolia* R. Brn.; — *Gr. cinerea* R. Brn., Fl. Nov. Holl. Nr. 30; — *Gr. diffusa* Sieb., Nov. Holl. Nr. 36; — *Gr. ferruginea* Sieb., Nov. Holl. Nr. 27; — *Gr. juniperina* Sieb., Nov. Holl. Nr. 34.

Das Holzprosenchym ist stets dickwandig, mitunter sklerenchymatisch, wie bei *Banksia* und immer durch deutliche, wenn auch mitunter kleine und nicht reichliche Hoftüpfelung seiner Wandungen ausgezeichnet.

Bemerkenswert für die *Proteaceen* ist noch das häufige Auftreten gruppenartig angeordneter Sklerenchymfasern nach innen von den Spiralgefäfsen, das Vorkommen von einem sogenannten »innern Hartbast«, ohne dafs Bicollateralität der Bündel stattfindet. Schon Vesque[1]) hat bei *Hakea* und *Banksia* auf dieses Verhältnis aufmerksam gemacht; ebenso gibt es Baillon[2]) bei der von ihm untersuchten Gattung *Stenocarpus* an. Sämtliche neun vorhin genannte Arten von *Grevillea* besitzen diesen inneren Hartbast. Ich habe ihn aufserdem bei allen untersuchten Gattungen der *Proteaceen* nachgewiesen mit Ausnahme von *Symphionema* und *Persoonia*, den Vertretern der *Persoonieen*. Diese inneren Bastfasern sind bald spärlicher, bald reichlicher entwickelt; ferner kommen sie nicht allen, sondern mitunter nur einigen Gefäfsbündeln des Bündelkreises zu.

Besonders sind noch einmal für die *Proteaceen* die einfache Gefäfsperforation und das dickwandige Hoftüpfelprosenchym hervorzuheben.

Trib. Proteen: *Protea acaulis* Thbg. from the Herb. of the Royal Gardens, Kew. — *Adenanthus cuneata* Lab., Nov. Holl. occ. austr. legt. Preiss Nr. 793. — Trib. Conospermeen: *Conospermum Stoechadis* Endl. — *Synaphea brachystachya* Lindl., Nov. Holl. occ. austr. legt. Preiss Nr. 774. — Trib. Embothrieen: *Embothrium coccineum* Forst. — *Dryandra formosa* R. Brn. — Trib. Banksieen: *Banksia aemula* R. Brn. — Sieb., Fl. Nov. Holl., Sieber Nr. 2. — *Helicia excelsa* Bl. = *Rupala excelsa* Roxb., Wallich Nr. 1038. — Trib. Persoonieen: *Persoonia acerosa* Sieb., Nov. Holl., Sieber Nr. 59. — *Symphionema montanum* R. Brn., Nov. Holl., Sieber Nr. 63. — Trib. Franklandieen: *Franklandia fucifolia* R. Brn., Nov. Holl. occ. austr. legt. Preiss. Nr. 755. — Trib. Grevilleen: *Grevillea*

---

[1]) Anatomie comparée de l'écorce l. c. p. 145.

[2]) Hist. des pltes. T. II p. 406.

Baueri R. Brn., Nov. Holl., Sieber Nr. 25 (= *Gr. daphnoides* Sieb.). — *Lomatia longifolia* R. Brn., Nov. Holl., Sieber Nr. 16.

Anm. Der sog. »innere Hartbast« auf der Innenseite der Bündel ist im Blatte noch bis in die grofsen Blattrippen und auch in die kleineren Nerven zu verfolgen, wie ich bei *Dryandra formosa* R. Brn. nachwies. Die kleinen Blattnerven sind besonders durch dieses Sklerenchymfasersystem ausgezeichnet; sie bestehen nämlich aus sehr kleinen Gefäfsbündeln mit wenig Xylem und Phloëm, welche der Blattunterseite genähert sind; unter und namentlich über diesen Bündeln liegen bis zur Epidermis (resp. Hypoderm) reichend zahlreiche Stockwerke von parallel zur Blattoberfläche verlaufenden, die Fibrovasalstränge begleitenden Sklerenchymfasern. Die Bezeichnung »innerer Hartbast« ist insoferne, als damit nicht Bicollateralität der Gefäfsbündel verbunden ist, unrichtig.

Thymelaeaceen.

Nach Petersens[1]) und meinen eigenen Untersuchungen dürfte das Vorkommen bicollateraler Gefäfsbündel zunächst für die erste Tribus der *Thymelaeaceen*, die *Euthymelaeen* constant sein. Sklerenchymfasern finden sich mitunter an der Innengrenze des markscheideständigen Weichbastes vor, so z. B. bei den untersuchten Arten von *Daphne* und *Lachnaea*. Aber auch die Tribus [2]) der *Aquilarieen*, welche von Endlicher als eine seinen *Daphnoideen* verwandte Familie betrachtet wurde, von den neueren Autoren hingegen und so auch von Bentham-Hooker wohl mit Recht als Tribus der *Thymelaeaceen* angesehen wird, da sie wesentlich nur von diesen durch das »*Ovarium biloculare*« differiert, besitzt nach meinen Untersuchungen ebenfalls Phloëm mit Siebröhren nach innen vom Holze, wie sie denn auch mit den *Thymelaeen* in Gefäfsperforation und Hoftüpfelung des Prosenchyms congruiert. An der Innenseite des intraxylären Weichbastes sind auch hier zerstreute Bastfasern mitunter vorhanden. Neben dem intraxylären Phloëm findet sich bei den beiden untersuchten Gattungen der *Aquilarieen* auch interxyläres Phloëm vor, welches vom normalen Cambium aus nach innen produciert wird. Das Vorkommen von Weichbastinseln im Holze ist im allgemeinen nur constant

---

[1]) a. a. O. S. 364—365; untersucht *Pimelea latifolia*, *Lagetta funifera*, *Passerina filiformis*, *Gnidia carinata*, *Thymelaea passerina*.

[2]) Von der Tribus der *Phalerieen* stand mir leider kein Material zu Gebote.

für das Genus; doch dürfte holzständiger Weichbast auch der dritten, mir leider nicht vorliegenden Gattung *Gyrinopsis* zukommen, da diese als verwandtschaftliches Mittelglied von *Gyrinops* und *Aquilaria* angesehen wird. Dië holzständigen Weichbastinseln aller untersuchten *Aquilarieen* sind durch ein ganz besonderes Verhältnis ausgezeichnet, wie es zur Zeit sonst nirgends bekannt ist, nämlich durch das Auftreten von meist nicht reichlichen Bastfasern. Es sind dies dieselben Fasern, welche auch in dem reich entwickelten äufseren Weichbast mehr oder minder deutlich in tangentialer Anordnung auftreten und dort, wie bei den übrigen *Thymelaeaceen* eine concentrische Schichtung des äufseren Weichbastes bedingen. Schon Möller [1]) hat diese Bastfasern, welche sich durch chemische Reactionen von den Libriformfasern unterscheiden, beobachtet und als »neues Formelement im Holzkörper« bei *Aquilaria Agallocha* beschrieben; doch sind die Verhältnisse von ihm insofern unrichtig interpretiert worden, als er von oft arrodierten Parenchymgruppen spricht, welche die Bastfasern umschliefsen. Möller hat die Weichbastnatur dieser Parenchymgruppen nicht erkannt.

Bei den *Aquilarieen* finden sich in Mark und Siebteilen die säulenförmigen oft gypsähnlichen Krystalle. Dieselben fand ich auch bei *Gnidia* unter den *Euthymelaeen* vor. *Lachnaea* hingegen besitzt Krystallsandschläuche im Marke.

Die Markstrahlen sind bei allen untersuchten Arten 1 bis 2reihig, was auch Möller für die von ihm untersuchten Arten hervorhebt. Anordnung und Lumengröfse (Maximaldurchmesser 0,03—0,06 mm) der Gefäfse wechseln. Die Gefäfshoftüpfelung persistiert bei *Thymelaeen* und *Aquilarieen* auch bei angrenzendem Markstrahlparenchym. Spiralige Verdickung der Gefäfswand findet sich bei den untersuchten Arten von *Thymelaea*, *Daphne* und *Lachnaea;* sie wird ferner von Möller bei *Daphne odora* Thbg. und *Pimelea ligustrina* Labill. angegeben. Die Gefäfsperforation

---

[1]) Neue Formelemente im Holzkörper. Sitzungsber. der kais. Akad. der Wiss. zu Wien. Mathem.-naturwiss. Kl. Bd. LXXIII Abt. I 1876 S. 31—35 mit Tafel, u. Denkschriften a. a. O. S. 337.

ist stets einfach, rund oder elliptisch, die Scheidewand der Gefäſszellen nur mitunter horizontal, auſserdem geneigt. Das Holzparenchym beteiligt sich nicht wesentlich an der Zusammensetzung des Holzes. Das in der Regel ziemlich weitlumige Prosenchym ist stets hofgetüpfelt.

Constant für die Familie dürfte sein: die Bicollateralität der Gefäſsbündel, die einfache Perforierung der Gefäſse und das locker hofgetüpfelte Prosenchym. Die *Aquilarieen*-Gattungen *Aquilaria* und *Gyrinops* besitzen Weichbastinseln im Holze.

Trib. Aquilarieen: *Aquilaria malaccensis* Lam., Herb. of the late East India Comp. Nr. 4382; — *Aqu. Agallocha* Roxb., Wall. Nr. 7250 B.; — *Aqu. microcarpa* Baill., O. Beccari piante bornensi Nr. 2886. — *Gyrinops Walla* Gaertr. — Trib. Thymelaeen: *Thymelaea dioica* Endl. — *Daphne Mezereum* L. — *Gnidia pinifolia* L. — *Lachnaea buxifolia* Lam.

Anm. Das Genus *Gonystylus* Teijsm. et Binn. (untersucht *Gonystylus Miquelianus* T. et B., Ex Herb. Hort. bot. Calcutt. und zwei weitere Arten unter Beccari, piante bornensi Nr. 1209 und Nr. 1563) wird von Bentham-Hooker als »Genus anomalum« den *Thymelaeaceen* beigefügt. Der anatomische Bau von Holz und secundärer Rinde stimmt mit den *Thymelaeaceen* überein; ich erwähne das klein hofgetüpfelte, weitlichtige Prosenchym, die einfache Gefäſsperforation und den Wechsel von Hart- und Weichbast in der secundären Rinde. Hingegen scheint, soweit sich nach dem trockenen Material sagen läſst, die für die *Thymelaeaceen* constante Bicollateralität der Bündel zu fehlen; bei diesen ist das innere Phloëm stark entwickelt, wie es bei *Gonystylus* sicher nicht der Fall ist. Auch habe ich bei *Gonystylus* weder im Blattstiel, noch in der Mittelrippe des Blattes inneren Weichbast finden können, während derselbe sowohl bei *Gyrinops Walla*, als bei den drei untersuchten, oben angegebenen *Aquilaria*-Arten in der Mittelrippe des Blattes noch deutlich vorhanden war. Im Blatte finden sich ferner bei *Gonystylus* Secretlücken, welche sowohl in den Rippen, als auch im Blattparenchym vorkommen; dieselben bedingen erst beim Anschneiden bei *Gonystylus Miquelianus* durchsichtige Punkte, während diese ohne weitere Präparation bei den beiden *Gonystylus*-Arten des Herb. Beccari ersichtlich sind[1]). Die Secretlücken fehlen hingegen den *Thymelaeaceen*, wie den *Aquilarieen*. In der letztgenannten Gruppe finden sich ebenfalls feine pellucide Punkte im Blatte vor, so bei *Gonystylus*

---

[1]) Die pallisadengewebeartige Epidermis, vereinzelt sklerosiert, findet sich nur bei *G. Miquelianus* und *Gonystylus* Nr. 1209. Diese beiden Arten besitzen auch allein lederige Blätter.

Walla, Aquilaria Agallocha und auch bei *Aqu. malaccensis*; dieselben sind aber hier bedingt durch die oft schwalbenschwanzähnlichen Nadelkrystalle, welche bei allen *Aquilarieen* auch in den Achsenteilen vorkommen und auch nicht im Blatte von *Aqu. microcarpa* fehlen. Es finden sich also bedeutende histologische Differenzen zwischen *Gonystylus* und den *Thymelaeaceen* und namentlich auch den *Aquilarieen*, an welche Tribus, die von den *Thymelaeeen* durch das »Ovarium biloculare« differiert, *Gonystylus* sich zunächst durch den mehrfächerigen Fruchtknoten anschliefsen würde.

Penaeaceen.

Constant ist für diese Familie das Auftreten bicollateraler Gefäfsbündel, welche bisher bei den *Penaeaceen* nicht bekannt waren. Das Vorkommen von innerem Weichbast spricht für die nähere Verwandtschaft der *Penaeaceen* mit den *Thymelaeaceen*, während es eine verwandtschaftliche Beziehung zu den *Rhamneen*, welche Lindley vermutete, negiert. Das am Querschnitt deutlich rhombische, etwas collenchymatische Mark wird von einer Phloëmzone umgeben, welche reichliche Siebröhren führt; Hartbastfasern fehlen hier. Der Querschnitt zeigt aufserdem bei allen drei Gattungen einreihige Markstrahlen, deren Zellen in Richtung der Achse gestreckt sind, und zahlreiche, rundlich- und kleinlumige Gefäfse (Maximaldurchmesser 0,03 mm), die meist zerstreut im Prosenchym liegen, mitunter sich auch berühren. Auch gegen das Markstrahlparenchym treten an der Gefäfswand Hoftüpfel auf. Die Scheidewände der Gefäfszellen sind bald mehr, bald weniger geneigt, ganz oder teilweise durchbrochen. Die Perforation ist stets einfach; sie ist häufiger elliptisch als kreisrund. Das dickwandige Prosenchym ist durch typische Hoftüpfelung seiner Wandungen ausgezeichnet.

Die Bicollateralität der Gefäfsbündel, die einfach elliptische Perforation der Gefäfse, die meist einreihigen Markstrahlen, das Hoftüpfelprosenchym charakterisieren die Familie in ausgezeichneter Weise.

Penaea mucronata L., Ecklon Nr. 622. — *Sarcocolla squamosa* A. Juss. — *Eudonema Thunbergii* A. Juss., Burchell Cat. geogr. plt. Africae austr. extratrop. Nr. 7782.

Elaeagnaceen.

Diese den *Thymelaeaceen* verwandte Familie besitzt keinen intraxylären Weichbast. Die Markstrahlen sind bei *Sheperdia* und *Hippophaë* 1—2reihig, bei *Elaeagnus* höchstens vierreihig. Die Gefäſswandung zeigt lockere Hoftüpfelung, daneben oft feine Streifung, welche bei allen drei untersuchten Arten mitunter, namentlich gegen das Prosenchym in spiralige Verdickung übergeht. Die Gefäſsperforation ist einfach, rund oder elliptisch; mitunter kommen horizontale Scheidewände der Gefäſszellen vor. Das Holzparenchym nimmt keinen besonderen Anteil an Bildung des Xylems. Das mehr oder minder dickwandige Prosenchym besitzt stets deutliche Hoftüpfel.

Hippophaë rhamnoides L. — *Sheperdia canadensis* Nutt. — *Elaeagnus angustifolius* L.

Loranthaceen.

Constant dürfte für die *Loranthaceen* nur die einfache, meist runde Gefäſsperforierung bei meist horizontaler Scheidewand der Gefäſszellen sein. Das Holzparenchym ist ferner stets auch zwischen dem Prosenchym ziemlich reichlich entwickelt. Deutliche, wenn auch spärliche Hoftüpfelung des meist dickwandigen, bei *Viscum* sklerenchymatischen Prosenchyms, konnte nur bei *Viscum* nicht nachgewiesen werden. Sehr verschieden ist Gröſse und Anordnung der Gefäſse. Bei *Viscum* sind diese am Querschnitt tracheidenähnlich (Maximaldurchmesser 0,036 mm); ebenso bei *Tupeja*. Innerhalb der Gattung *Loranthus* finden sich in dieser Beziehung Differenzen. *Loranthus europaeus* (Subg. *Euloranthus*) besitzt neben gröſserlumigen (bis 0,045 mm Durchmesser) Gefäſsen kleinerlumige (bis 0,009 mm Durchmesser) Hoftüpfelgefäſse, die am Querschnitt für Tracheiden gehalten werden, am Längsschnitt sich aber perforiert erweisen und deren Wandungen auch spiralig verdickt sind; diese tracheidenähnlichen, spiralig verdickten Gefäſse fehlen bei *Lor. pentapetalus* (Subg. *Phoenicanthemum*). Die Markstrahlbreite wechselt schon innerhalb der Gattung *Loranthus*, da *L. europaeus* sehr breite, *L. pentapetalus* nur bis dreireihige besitzt. Bemerkenswert ist noch, dafs auch bei *Viscum* ein sog. innerer Hartbast auftritt.

Viscum album L. — *Loranthus pentapetalus* Roxb., Herb. of the late East India Comp. Nr. 2725; — *Lor. europaeus* L. — *Tupeja pubigera* Miq.

Santalaceen.

Die untersuchten Vertreter aus den Triben der *Thesieen, Osyrideen* und *Anthoboleen* zeigen in der Holzstructur übereinstimmende Verhältnisse. Auf dem Querschnitt finden sich zerstreute Gefäfse, deren Durchmesser 0,045 mm nicht überschreitet. Die Markstrahlen erreichen eine Breite von 1—3, selbst bis 5 Reihen. Die Gefäfswand zeigt bei den untersuchten Arten feine Streifung bis spiralige Verdickung, namentlich bei angrenzendem Prosenchym. Die Gefäfshoftüpfelung persistiert auch an jenen Wandungen, welche an Markstrahlparenchym angrenzen. Die Gefäfsperforation ist stets einfach, kreisrund oder auch elliptisch. Holzparenchym ist nur unbedeutend entwickelt, etwas reichlicher bei *Santalum album*. Das Prosenchym besitzt Hoftüpfel an Radial- und Tangentialwandungen.

Wesentlich von den übrigen *Santalaceen* differiert durch die 1—2reihigen Markstrahlen, deren Zellen in Richtung der Achse gestreckt sind, vornehmlich aber durch die leiterförmige reichspangige (bis 40 und mehr Speichen) Gefäfsperforation die von Bentham-Hooker als vierte Tribus der *Santalaceen* bezeichnete Gattung *Grubbia*. Die Gefäfse von *Grubbia* sind auf dem Querschnitt zerstreut und besitzen kein grofses Lumen (Maximaldurchmesser 0,03 mm). An der Gefäfswand findet sich vorwiegend einfache Tüpfelung bei angrenzendem Markstrahlparenchym. Das Parenchym nimmt keinen besonderen Anteil an der Bildung des Xylems. Das Holzprosenchym ist hofgetüpfelt. Bemerkenswert ist, dafs sich *Grubbia* durch seine Holzanatomie an die *Hamamelideen* enge anschliefst, zu welchen *Grubbia* von Harvey und Sonder[1]) gerechnet wird.

---

[1]) Flora capensis Vol. II 1861—62 p. 325.

Es möge hier noch auf die interessante Holzstructur der Gattung *Myzodendron* hingewiesen werden, welche von Dalton-Hooker[1]) bei sämtlichen drei Arten eingehend beschrieben worden ist; er benutzt sogar die Stengelanatomie mit zur Zerlegung der Gattung in zwei Untergattungen. Nur bei *Myzodendron brachystachyum* Dec. (Tab. CVII Fig. 3) gibt Dalton-Hooker[1]) zwei concentrische Bündelringe an; allerdings war auch das Untersuchungsmaterial der beiden anderen Arten (*M. quadriflorum* Dec. und *M. lineari-folium* Dec.) jüngeren Alters.

Trib. Thesieen: *Thesium foliosum* Dec. — Trib. Osyrideen: *Osyris alba* L. — *Santalum album* L. — Trib. Anthoboleen: *Exocarpus cupressifolius* Labill. — Grubbieen: *Grubbia stricta* A. Dec.; — *Grubbia rosmarinifolia* Berg.

Euphorbiaceen.

Die genannte Familie zeigt in ihren Triben verschiedene Verhältnisse der Holzstructur, so dafs die Triben in folgendem gesondert abgehandelt werden müssen.

Im allgemeinen dürfte für die Triben der *Euphorbieen*, *Crotoneen*, *Stenolobieen* und *Phyllantheen* die einfache Perforierung der Gefäfse constant sein; die Gefäfse sind hingegen bei den *Buxeen* und *Galearieen*, an welche sich noch die *Daphniphyllaceen* anschliefsen würden, sämtlich oder zum Teil leiterförmig perforiert. Die vier erstgenannten besitzen ferner auch einfach getüpfeltes oder doch klein behöft getüpfeltes Prosenchym, die übrigen Triben (mit Ausnahme von *Pogonophora*) typisch hofgetüpfeltes.

Wir können zunächst gemeinsam die *Euphorbieen*, *Crotoneen*, *Stenolobeen* und *Phyllantheen* behandeln. Der Querschnitt zeigt 1—3reihige Markstrahlen, deren Zellen in Richtung der Achse gestreckt sind und Gefäfse von verschieden grofsem Lumen (Maximaldurchmesser 0,036—0,09 mm). Wie die Gröfse des

[1]) Mémoire sur l'organisation des *Myzodendron*. Annales des sc. nat. Sér. 3. T. V p. 193 sq. Pl. IX Fig. 5; siehe auch Hooker f., The Botany of the Antarctic Voyage etc. Flora antarctica II 1844—45 p. 289 Tab. 102—107.

Gefäſslumens, so wechselt auch die Gröſse der Gefäſshoftüpfel; der Hofdurchmesser beträgt z. B. bei *Croton* 0,004, bei *Jatropha* 0,007 mm. An der Gefäſswand finden sich entweder Hoftüpfel bei angrenzendem Markstrahlparenchym oder es geht da die Hoftüpfelung z. B. bei den untersuchten *Phyllantheen* in einfache Tüpfelung über. Die Scheidewand der Gefäſszellen ist verschieden geneigt. Die Gefäſsperforierung ist stets einfach, rund oder elliptisch. Das Holzparenchym ist in der Regel wenig entwickelt; Ausnahme hievon macht *Jatropha divaricata*, ferner nach Möller[1]) auch *Jatropha elastica* L. und *Ricinus communis* L. Das Prosenchym ist einfach getüpfelt oder besitzt doch nur einen kleinen Hof, z. B. bei *Croton pedicellatum* oder *Pedilanthus retusus* (Hof stets $<$ Spalt).

Bezüglich der *Crotoneen* ist beizufügen das Vorkommen von intraxylärem Weichbast bei Gattung *Croton*, wo er zuerst von Vesque[2]) bei *Cr. punctatum* und *Tiglium* gefunden wurde; diesen Arten hat Petersen[3]) noch *Cr. Cascarilla* und *ciliatum* beigefügt. Auch die von mir untersuchte *Croton*-Art besitzt intraxylären Weichbast, woran sich noch ferner die Genera *Julocroton* (untersucht *J. stipularis* Müll. Arg. und *J. triqueter α. genuinus* Müll. Arg.) und *Crotonopsis* (*Cr. linearis* Müll., Curtiss North American plants Nr. 2526) anschlieſsen. Nach dem Vorausgehenden scheint mithin der innere Weichbast für die Subtribus der *Eucrotoneen* Bentham-Hookers[4]) constant zu sein. Sklerenchymfasern finden sich am Innenrande des intraxylären Weichbastes vereinzelt oder in Gruppen bei *Croton pedicellatum* sowohl, wie bei den angegebenen Arten von *Julocroton*, bei *Crotonopsis linearis* sehr vereinzelt. Kürzlich wurde der innere Weichbast der *Crotoneen* von Pax[5]) näher untersucht und wurden mir seine Angaben erst nachträglich bekannt. Pax kommt zum

---

[1]) a. a. O. S. 389.

[2]) Anatomie comparée de l'écorce l. c. p. 144.

[3]) a. a. O. S. 380.

[4]) Gen. plant. III p. 240.

[5]) Anatomie der *Euphorbiaceen* in ihrer Beziehung zum System. Engler, Botanische Jahrbücher Bd. V Heft 4 1884 S. 384—421 mit 2 Tafeln.

Schlusse, »daſs die *Stenolobeen* und *Phyllantheen* incl. *Bridelieen* den anderen Tribus (nach dem Müllerschen Systeme) darin gegenüberstehen, daſs bei den letzteren die Neigung zur Bildung eines inneren Weichbastes vorhanden ist«. Einen inneren Weichbast mit Siebröhren besitzen aber nur die von Pax untersuchten Arten von *Croton*, *Crotonopsis* und *Julocroton*, ferner *Eremocarpus setigerus* Benth., also wohl alle *Eucrotoneen* Benth. - Hook. Auſserdem kommt derselbe in Begleitung von Sklerenchymfasern noch bei den von Pax untersuchten Arten der Gattung *Alchornea* vor. In allen übrigen Fällen hat Pax auch nur dünnwandiges Gewebe, sog. Cambiform an Stelle des inneren Weichbastes gefunden oder nicht einmal dieses.

Von den untersuchten *Phyllantheen* unterscheidet sich in der Holzanatomie wesentlich die nach Endlicher[1]) den *Rhamnaceen* verwandte Gattung *Daphniphyllum*, welche Bentham-Hooker[2]) zu den *Euphorbiaceen* und zwar zur genannten Tribus ziehen. Die Gefäſsperforation ist bei *Daphniphyllum* eine sehr reichspangige, leiterförmige; das ziemlich dickwandige Prosenchym ist an allen seinen Wandungen groſs und deutlich hofgetüpfelt. Gegen das angrenzende Markstrahlparenchym finden sich an der Gefäſswand in der Regel Treppenhoftüpfel. Das Parenchym ist auf die Umgebung der Gefäſse beschränkt. Der Querschnitt zeigt zahlreiche, zerstreute, nicht groſslumige (Maximaldurchmesser 0,036 mm) Gefäſse und 1—3reihige Markstrahlen, deren Zellen in Richtung der Achse gestreckt sind. Die Differenz in den histologischen Verhältnissen des Xylems zwischen *Daphniphyllum* einerseits und den untersuchten *Phyllantheen* andrerseits spricht zu Gunsten des von Müller Arg.[3]) gemachten Vorschlages, eine eigene Ordnung der *Daphniphyllaceen* wegen des kleinen Embryos zu begründen. Bemerkenswert ist noch die Fächerung des Markes bei *Daphniphyllum*.

In der Tribus der *Buxeen* zeigt der Querschnitt des Holzes 1—2reihige, selten 3reihige Markstrahlen bei verschiedener Höhe

---

[1]) Gen. plant. p. 1104.

[2]) Gen. plant. III p. 283.

[3]) Dec. Prodromus Bd. XVI T. I p. 1.

ihrer Zellen. Die Gefäfse stehen isoliert und sind nicht grofslumig (Maximaldurchmesser 0,015—0,03 mm). Die Gefäfshoftüpfelung ist bei *Buxus* und *Tricera* klein (Hofdurchmesser 0,0017 mm), hingegen verhältnismäfsig grofs bei *Pachysandra* und *Sarcococca*. Die Hoftüpfelung der Gefäfswand persistiert auch gegen angrenzendes Markstrahlparenchym. Die Scheidewände der Gefäfszellen sind mehr oder minder stark geneigt und leiterförmig durchbrochen. Die untersuchten Arten von *Buxus*, ausgenommen *B. subcolumnaris* besitzen eine nicht langgezogene, elliptische Form der Leiterperforierung und höchstens 15 Speichen; *B. subcolumnaris*, zum Subgenus *Tricera* gehörig, zeigt reicherspangige (30 und mehr Speichen) Perforationen, welche auch *Pachysandra* und *Sarcococca* zukommen. Das Prosenchym ist bei allen *Buxeen* hofgetüpfelt; entsprechend der Gefäfshoftüpfelung ist der Hof bei *Buxus* und *Tricera* klein, verhältnismäfsig grofs bei *Pachysandra* und *Sarcococca*; die Prosenchymwände sind bei *Pachysandra procumbens* auch spiralig verdickt. Das Holzparenchym ist, wenn auch auf die Umgebung der Gefäfse in der Regel beschränkt, nicht spärlich bei *Buxus* (excl. *Tricera*) entwickelt.

Von den untersuchten *Buxeen* unterscheidet sich wesentlich in der Holzanatomie *Brocchia glauca*, von dem Bentham-Hooker angeben: »Genus ob ovulorum positionem ad Buxaceas relatum, etsi floribus ♀, ovarii loculis uniovulatis, stylis caducissimis aliis que notis a ceteris generibus distet.« Man thut daher jedenfalls besser daran, wie Müller[1]) und Baillon[2]) vorschlagen, vorläufig, bis ein passenderer Anschlufs gefunden wird, *Brocchia* (= *Simmondsia* Nutt.) als Subtribus der *Simmondsieen* getrennt von den übrigen *Buxeen* zu halten. Der Holzkörper von *Brocchia* besteht aus mehreren concentrischen Bündelringen. Der Weichbast der einzelnen Zonen ist nicht continuierlich, indem das parenchymatische Gewebe, welches die einzelnen Bündelzonen von einander trennt, auch zwischen die Weichbastteile der einzelnen Bündel eindringt. Dadurch erscheint am Querschnitt bei ober-

[1]) Dec. Prodromus XVI 1 p. 22.
[2]) Hist. des pltes. VI p. 19.

flächlicher Betrachtung der Weichbast in Form von concentrisch angeordneten Inseln im Holzkörper; doch haben wir nicht den Fall von *Strychnos*. Jeder secundäre Bündelring entsteht aus einem Meristem, das in einem parenchymatischen, aufserhalb des Weichbastes des vorhergehenden Bündelringes gelegenen Gewebe auftritt, aber innerhalb einer durch Bastfasergruppen bezeichneten concentrischen Zone, welche nach aufsen die eigentliche primäre Rinde abtrennt. Innerhalb dieser Sklerenchymscheide erfolgt auch die Peridermbildung. Die Bündel bestehen aufserdem aus in der Regel isolierten nnd nicht grofslumigen (Maximaldurchmesser 0,024 mm) Gefäfsen, deren Wände auch feine spiralige Verdickung aufweisen, und aus hofgetüpfeltem Prosenchym. Die Gefäfsperforation ist stets einfach. Die Anordnung der Gefäfse am Querschnitt und das Hoftüpfelprosenchym erinnern also auch an die übrigen *Buxeen*. Die isolierte Stellung von *Brocchia* ist nicht so sehr durch die anomalen Structurverhältnisse des Holzkörpers, als vielmehr durch die einfache Perforierung der Gefäfse bedingt.

Wie die *Buxeen*, so differieren auch die untersuchten Vertreter aus der Tribus der *Galearieen* von den erstbehandelten Triben durch die Gefäfsperforierung, welche deutliche Übergänge der einfachen Perforation zur leiterförmigen zeigt oder eine ausschliefslich typisch leiterförmige darstellt. Ersteres findet statt bei den Genera *Galearia* und *Pogonophora*, bei welchen die Perforierung meist langgezogen elliptisch ist; doch kommen daneben, mitunter in ein und demselben Gefäfse Durchbrechungen vor, welche bei gleichem Umfange wenige oder zahlreichere Spangen besitzen. *Microdesmis* besitzt hingegen nur leiterförmige, meist reichspangige selten wenigspangige Perforierungen. Die Gefäfse der *Galearieen* sind, soweit untersucht, nicht grofslumig (Maximaldurchmesser 0,045 mm). In den übrigen anatomischen Verhältnissen differiert namentlich *Pogonophora* von den beiden anderen Gattungen. Bei *Galearia* und *Microdesmis* persistiert die Gefäfshoftüpfelung bei angrenzendem Markstrahlparenchym, während bei *Pogonophora* hier oft grofse einfache Tüpfelung auftritt. Das Holzprosenchym der beiden erstgenannten Genera *(Galearia* und *Microdesmis)* ist hofgetüpfelt, bei *Pogonophora* als einfach getüpfelt zu bezeichnen. Das Holzparenchym gewinnt auch nur bei *Pogonophora* reichliche Entwicklung.

Untersucht wurden:

Trib. Euphorbieen: *Euphorbia erubescens* E. Mr. — *Pedilanthus retusus* Benth. — Trib. Stenolobeen: *Ricinocarpus pinifolius* Desf. — *Beyera lasiocarpa* Müll. — Trib. Phyllantheen: *Phyllanthus nobilis ϑ. var.* Müll. — *Bridelia retusa* Sprgl. — Daphniphylaceen: *Daphniphyllum glaucescens* Müll., Peninsula Indiae orientalis Nr. 2649. Herb. Wight; — *D. hymalaica* Benth., Herb. Ind. Or. Hook. fil. et Thoms. — Trib. Crotoneen: *Croton pedicellatum* Kth. — *Jatropha divaricata* Sw. — Trib. Galearieen: *Galearia spec.*, Ex Herb. Hort. bot. Calcutt. — *Pogonophora Schomburgkiana* Miers. — *Microdesmis caseariaefolia* Planch., Herb. of the late East India Comp. Nr. 4914. — Trib. Buxeen: *Buxus sempervirens* L.; — *B. balearica* Lam.; *B. microphylla* Sieb. et. Zucc.; — *B. Wallichiana* Baill., Herb. Brandis Nr. 3683; — *B. subcolumaris* Müll. = *Tricera citrifolia* Sieb., Fl. Martin. Nr. 208. — *Sarcococca Hookeriana* Baill., Pl. Ind. or. ed. Hohenacker Nr. 1056. — *Pachysandra procumbens* Michx. — Subtrib. Simmondsieen: *Brocchia glauca* Ten.

Anm. Die (gegliederten und ungegliederten) Milchröhren kommen nur selten im Marke vor; sie beschränken sich meist auf die Rinde. Es möge daher bezüglich ihres Vorkommens nur auf die oben citierte Abhandlung von Pax hingewiesen werden.

Urticaceen.

Anordnung und Lumengröfse der Gefäfse wechseln. Ebenso ist die Markstrahlbreite eine verschiedene. Die Markstrahlen sind beispielsweise bei *Ulmus* bis siebenreihig, bei *Holoptelea* und *Planera* aus derselben Tribus 1—3reihig. Die Höhe der Markstrahlen variiert ebenso; die Zellen der breiten Markstrahlen sind z. B. bei *Ulmus* stark in radialer Richtung, bei *Urera* und *Saportea* in Richtung der Achse gestreckt. Verschieden ist auch die Hofgröfse der Gefäfswände; man vergleiche z. B. die grofsen Hoftüpfel von *Ulmus* (Hofdurchmesser 0,006 mm) mit denen von *Planera* und den noch kleineren von *Sloetia*. Bei manchen Gattungen tritt, namentlich an den engerlumigen Gefäfsen, spiralige Wandverdickung auf, so bei *Celtis*, *Morus*, *Planera* und *Ulmus*, auch bei *Aphananthes;* Möller[1]) und Hesselbarth[2]) geben dieselbe aufserdem auch bei Arten von *Maclurea* und *Broussonetia* an. An der Gefäfswand persistiert entweder bei angrenzendem Markstrahlparenchym die Gefäfshoftüpfelung, z. B. bei *Holoptelea* oder *Sloetia;* häufiger findet sich hier, so bei allen untersuchten *Morus*- und *Ficus*-Arten, ebenso bei *Artocarpus* einfache Tüpfelung, mitunter in Hoftüpfelung übergehend.

Constant für alle *Urticaceen* dürfte sein die einfache Gefäfsperforation, der Form nach rund oder elliptisch, bei häufig horizontaler Scheidewand etc. wenigstens in den weiterlumigen Gefäfsen. Eine Ausnahme hievon macht *Planera*, welche Gattung nach den morphologischen Verhältnissen eine isolierte Stellung, intermediär zwischen *Ulmeen* und *Celtideen* einnimmt; die Perforation ist da in der Regel einfach, aber oft elliptisch langgezogen, wodurch schon ein Übergang zur Leiterperforation angedeutet ist, welche in der Umgebung des primären Holzes allerdings vereinzelt und wenigspangig (bis 6 Speichen) vorkommt. Das Holzparenchym ist verschieden entwickelt. Bei *Conocephalus* z. B. umgibt dasselbe nach allen Seiten die Gefäfse; bei *Ficus* ist es stets reichlich, in mehr oder minder deutlichen tangentialen Binden ausgebildet. Das verschieden weitlumige und verschieden dickwandige Prosenchym ist stets einfach getüpfelt und besitzt nur bei *Planera* einen gröfseren, aber im Verhältnis zur Gefäfshoftüpfelung kleinen Hof.

Die ungegliederten Milchröhren, deren Verbindung mit den rindenständigen durch die Markstrahlen wiederholt beobachtet wurde, fand ich nur im Marke bei den untersuchten Arten von *Artocarpus*, *Urostigma* und *Sloetia* vor. Bei *Conocephalus* beobachtete ich zahlreiche, grofse, intercellulare Schleimbehälter in dem Marke.

---

[1]) a. a. O. S. 324.

[2]) Hesselbarth, Beiträge zur vergleichenden Anatomie des Holzes. Berlin 1879. Diss. *Ulmus pedunculata; Celtis Tournefortii*, *C. australis*, *C. occidentalis; Maclurea aurantiaca*, nicht bei *M. tinctoria*.

Trib. Ulmeen: *Holoptelea integrifolia* Planch., Herb. Ind. Or. Hook. fil. et Thoms. — *Ulmus campestris* L. — *Planera aquatica* Gmel. — Trib. Celtideen: *Celtis occidentalis* L. — *Aphananthes nudiflora* Sieb. et Zucc. — Trib. Conocephaleen: *Conocephalus naucliflora* Roxb. — Trib. Moreen: *Sloetia sideroxyloides* T. et B. — *Morus alba* L.; — *M. rubra* L.; — *M. nigra* L.; — *Morus celtidifolia* Hook. Benth. et Kth., Fl. Texana exsicc. Nr. 701, Lindheimer. — Trib. Artocarpeen: *Artocarpus nitida* Tréc., Cuming. pl. Philippin. Nr. 1070. — *Urostigma acrocarpum* Miq., Schimperi iter abyssinic. Sectio II Nr. 627; — *U. Benjaminium* Miq., Herb. Ind. Or. Hook. fil. et Thoms.; — *U. caulobotryum* Miq., Cuming pl. Philippin. Nr. 1930; — *U. citrifolium* Miq.; — *U. crassinerve* Miq.; — *U. Dahro* Miq.; — *U. Dekdekana* Miq., Schweinfurth Nr. 1509; — *U. elastica* Miq.; — *U. fazokelense* Miq., Fl. aethiopica Kotschy Nr. 495; — *U. ferruginea* Miq.; — *U. flavescens* Miq.; — *U. glumosa* Miq., Kotschyi iter nubicum Nr. 215; — *U. Hasseltii* Miq.; — *U. Hochstetteri* Miq., Schimperi iter abyssinic. Sectio I Nr. 373. — *U. Hookeri* Miq., Herb. Ind. Or. Hook. fil. et Thoms.; — *U. populiformis* Schott.; — *U. religiosum* Miq.; — *U. retusum* Miq.; — *U. rubiginosum* Gasp.; — *U. syringaefolium* Kth. — Trib. Urticeen: *Urera sinuata* Wedd. — *Saportea canadensis* Gaud.

Platanaceen.

Der Querschnitt des Holzkörpers ist ausgezeichnet durch breite, bis 8reihige Markstrahlen und nicht groſslumige Gefäſse. An der Gefäſswand tritt bei angrenzendem Markstrahlparenchym einfache Tüpfelung auf. Die Gefäſsperforation ist einfach, rund und elliptisch; daneben kommen aber stets auch leiterförmige Durchbrechungen (mit 1—12 Speichen) vor. Das Holzparenchym ist nicht besonders entwickelt. Das Prosenchym ist hofgetüpfelt.

Platanus acerifolia Willd.; — *Pl. occidentalis* L.; — *Pl. orientalis* L.

Juglandeen.

Da von den *Juglandeen* alles mir zu Gebote stehende Material untersucht wurde, sollen zunächst die einzelnen Genera für sich abgehandelt werden.

Durch das Holzprosenchym mit seinen kleinen unbehöften Tüpfeln steht die Gattung *Carya* isoliert in der ganzen Familie, da die übrigen Gattungen behöfte Spalttüpfel (Hof kleiner als der Spalt) an den Prosenchymwänden aufweisen. Die 1—3reihigen Markstrahlen besitzen bei den untersuchten Arten von *Carya* mit Ausnahme von *C. amara* grofse Krystalle, seltener Drusen, und sind in diesem Falle die Zellen meist ellipsoidisch erweitert; dieses Verhältnis ist also nicht constant für das Genus. Am Querschnitt findet man gröfser- und rundlichlumige Gefäfse im Frühjahrholz, im Herbstholz kleinerlumige; bei beiden kommt mitunter radiale Anordnung vor. Beide sind dickwandig; besonders gilt dies aber für die kleinerlumigen, welche am Querschnitt fast sklerenchymatisch erscheinen und es genügt dieses Moment, um für eine *Juglandee* die Zugehörigkeit zur Gattung *Carya* zu ermitteln. Die Scheidewand der Gefäfszellen ist horizontal oder geneigt und meist ganz durchbrochen. Die Perforation, aus deutlicher Hoftüpfelung entstanden, ist einfach, rund oder elliptisch; nur bei *C. aquatica* fand ich Leiterperforationen im primären Holze. Das Holzparenchym ist bei *Carya*, wie bei allen *Juglandeen*, reichlich entwickelt und zwar sowohl in Nähe der Gefäfse, als zwischen dem Prosenchym. Wie in den Markstrahlen, so finden sich auch mitunter im Parenchym Einzelkrystalle, so bei *C. aquatica* und *tomentosa*. Ich mufs an dieser Stelle erwähnen, dafs Möllers[1]) Angaben über *Carya* von den meinen total abweichen. Möller untersuchte *C. tomentosa* und *alba*; es genügt zu sagen, dafs nach ihm bei beiden Arten die überaus feinen Poren oft in langen radialen Reihen stehen, dafs die dünnwandigen Gefäfse neben zahlreichen kleinen Tüpfeln ein weites Spiralband besitzen, dafs sie in stumpfe Spitzen enden und nicht perforiert (??) seien, dafs endlich die Libriformfasern behöft getüpfelt und spiralig verdickt sind. Da ich auch *C. tomentosa* untersuchte und die histologischen Verhältnisse mit denen der übrigen Arten übereinstimmend fand, abgesehen davon, dafs ich das Bestehen meiner und Möllers Angaben innerhalb der Gattung *Carya* nicht für möglich halte,

---

[1]) a. a. O. S. 391.

so mufs ich annehmen, dafs Möller nicht richtig bestimmtes Material zu seiner Diagnose benutzte.

Gegenüber allen übrigen *Juglandeen* ist die zweite Gattung *Platycarya* ausgezeichnet durch die feinspiralige Verdickung der Gefäfs- und Tracheidenwandungen. An der Gefäfswand findet sich bei angrenzendem Markstrahlparenchym einfache Tüpfelung. Mit den übrigen *Juglandeen* teilt *Platycarya* die 1—3reihigen Markstrahlen. Die nicht besonders grofslumigen (bis 0,048 mm Durchmesser) Gefäfse sind einfach perforiert; die Scheidewand der Gefäfszellen ist horizontal oder geneigt und ganz durchbrochen.

Die schon frühzeitig eintretende Fächerung des Markes ohne Sklerose läfst die Gattungen *Pterocarya* und *Juglans* als Nächstverwandte erkennen. Schon Gris[1]) hebt hervor, dafs diese Fächerung bei *Juglans cinerea* und *regia*, ferner bei *Pterocarya caucasica* und *fraxinifolia*, hingegen nicht bei *Carya amara* vorkomme; ich kann dieselbe für sämtliche untersuchte Arten beider Genera angeben. Die Markstrahlen sind 1—3reihig. Wo die Gefäfse sich berühren, tritt in der Regel dichte Hoftüpfelung auf (Hofdurchmesser 0,003—0,006 mm); die Höfe sind durch gegenseitige Berührung polygonal. An der Gefäfswand findet sich gegen das angrenzende Markstrahlparenchym einfache Tüpfelung, mitunter in Hoftüpfelung übergehend. Die Gefäfsperforation ist einfach, rund oder elliptisch bei verschieden geneigter, mitunter horizontaler Scheidewand. Auch bei den Arten dieser beiden Gattungen findet sich stets reichliche Entwicklung des Holzparenchyms und deutliche Hoftüpfelung (Hof $<$ Spalt) des Prosenchyms.

Während diese beiden letztgenannten Verhältnisse, reichliche Entwicklung des Holzparenchyms und Hoftüpfelung des Prosenchyms auch bei allen Arten von *Engelhardtia* wiederkehren, fehlt hier die Fächerung des Markes. Die Markstrahlen sind 1—2reihig; sie führen mitunter Krystalldrusen, bei *E. parvifolia* auch Krystalle und sind die betreffenden Zellen mitunter gefächert

[1]) Mémoire sur la Moelle des plantes ligneuses. Nouvelles Archives du Muséum d'hist. nat. T. VI, Paris 1870, p. 201—302 mit Tab. XII—XX; l. c. p. 277—278.

und wie bei *Carya* ausgebaucht. An der Gefäſswand treten gegen das Markstrahlparenchym wieder einfache Tüpfel und daneben auch Hoftüpfel auf. Neben einfachen, kreisrunden oder elliptischen Durchbrechungen der Gefäſse kommen bei den vier untersuchten Arten auch tiefer im secundären Holze wenigspangige (bis 6 Speichen beobachtet) Leiterperforierungen vor.

Constant für sämtliche *Juglandeen* sind eigentlich nur die nicht breiten Markstrahlen, die meist einfache Gefäſsperforation und das reichlicher entwickelte Parenchym.

Zur Bestimmung der Genera diene folgende Tabelle:

I. Prosenchym ohne deutlichen Hof der Spalttüpfel. Kleinlumige Gefäſse des Herbstholzes sklerenchymatisch am Querschnitt: *Carya.*

II. Prosenchym mit deutlichem Hof der Spalttüpfel (Hof kleiner als der Spalt).

A. Spiraltracheiden und spiralige Verdickung der Gefäſse fehlen.

a) Mark gefächert; keine (?) Leiterperforierung: { *Juglans.* *Pterocarya.* }

b) Mark nicht gefächert; Leiterperforation neben einfacher Perforierung: *Engelhardtia.*

B. Gefäſswand mit spiraliger Verdickung: *Platycarya.*

Untersucht wurden:

Carya amara Nutt.; — *C. aquatica* Nutt. *var. angustifolia* Mich.; — *C. sulcata* Nutt.; — *C. tomentosa* Nutt. — *Pterocarya caucasica* C. A Mey., Unio itin. Hohenacker; — *Pt. fraxinifolia* Lam.; — *Pt. rhoifolia* Sieb. et Zucc.; — *Pt. sorbifolia* Sieb. et Zucc. — *Juglans cinerea* L.; — *J. nigra* L.; — *J. regia* L.; — *J. rupestris* Engl., Flora Texana exsiccata Nr. 538; — *J. Sieboldiana* Maxim. — *Engelhardtia parvifolia* Dec., Cuming pl. Philippin. Nr. 1329; — *E. philippensis* Cas. Dec., Cuming pl. Philippin. Nr. 1120; — *E. Roxburghiana* Lindl.; — *E. spicata* Leschn., Herb. Ind. Or. Hook. fil. et Thoms. — *Platycarya strobilacea* Sieb. et Zucc.

Myricaceen.

Bentham und Hooker[1]) stellen *Myrica Gale*, als Sectio *Gale* den übrigen Arten von *Myrica* (Sectio *Morella*) gegenüber. Dieser Einteilung entsprechen auch histologische Verhältnisse des Xylems, ich möchte sagen, habituelle Unterschiede am Querschnitt. Während bei allen anderen untersuchten Arten im secundären Holze die Gefäſse (Maximaldurchmesser 0,02 bis 0,05 mm) isoliert stehen und zahlreich vorhanden sind, so zeigen die nicht reichlichen Gefäſse von *Myrica Gale* zum gröſseren Teile radiäre Anordnung. Das Holzprosenchym ist bei allen Arten von *Myrica* hofgetüpfelt[2]), analog Tracheiden. Das Parenchym nimmt im allgemeinen keinen wesentlichen Anteil an der Zusammensetzung des Xylems; Krystallschläuche finden sich nur bei einzelnen Arten. Breite Markstrahlen fehlen (bis 4reihig); das Vorkommen von Markstrahlerweiterungen, sog. Markflecken, die nur localisiert auftreten, ist damit nicht zu verwechseln; die Höhe der Markstrahlzellen ist eine wechselnde. An der Gefäſswand findet sich in der Regel bei angrenzendem Markstrahlparenchym deutlich Hoftüpfelung. Die Scheidewände der Gefäſszellen sind mehr oder weniger geneigt, ganz oder teilweise durchbrochen. Was die Gefäſsdurchbrechung anlangt, so habe ich bei *Myrica Faya, Gale, integrifolia, javanica, mexicana* und *rubra* nur leiterförmige Perforationen (mit 1—15 Speichen) angetroffen. Bei allen übrigen untersuchten Arten kommen hingegen auch einfache, meist elliptische, selten kreisrunde Perforationen vor. Es gibt Arten, bei welchen im secundären Holze die einfache Gefäſsdurchbrechung überwiegt, während die leiterförmige fast auf die Umgebung des primären Holzes beschränkt ist, so z. B. bei *Myrica aethiopica* und *Burmannii*. Reichlicher tritt hingegen die Leiterperforation beispielsweise bei *Myrica altera* und *cordifolia*, fast ausschlieſslich bei *M. microcarpa* auf. Eine Gruppierung der Arten nach diesen Gesichtspunkten entspricht nicht der spezielleren Einteilung der Gattung durch Decandolle.

---

1) Gen. plant. III p. 401.

2) Bei *Myrica Gale* Hof oft $<$ Spalt.

Für die Gattung *Myrica* sind also noch einmal hervorzuheben die nicht breiten Markstrahlen, das Vorkommen von einfacher und leiterförmiger Perforierung oder leiterförmiger allein, endlich das Hoftüpfelprosenchym.

Myrica aethiopica L.; — *M. altera* Cas. Dec.; — *M. Burmannii* E. M., Burchell, Catal. geogr. plt. Afr. austr. extratrop. Nr. 5143; — *M. caroliniensis* Wangh.; — *M. cordifolia* L.; — *M. cerifera* Willd.; — *M. Faya* L.; — *M. Gale* L.; — *M. javanica* Bl.; — *M. integrifolia* Roxb.; — *M. laciniata* Willd.; — *M. mexicana* Will; — *M. microcarpa* Benth.; — *M. quercifolia* L.; — *M. rubra* Sieb. et Zucc. = *M. Nagi* Dec., from the Herb. of the Royal Gardens, Kew; — *M. salicifolia* Hochst., Schimperi iter abyssinic., Sectio II Nr. 1135; — *M. sapida* Wall., Herb. of the late East Ind. Comp. Nr. 5008 Herb. Griffith; — *M. serrata* Lam; — *M. xalapensis* Hook.-Benth. et Kth.; — *Comptonia asplenifolia* Gaertr. = *Myrica Comptonia* Dec.

Casuarineen.

Der Querschnitt des Holzkörpers ist durch breite Markstrahlen ausgezeichnet, deren Zellen verschiedene Höhe haben und mitunter Krystalle führen. Keine breiten Markstrahlen fand ich am Herbarmaterial von *Casuarina equisetifolia*, *Hügeliana* und *microstachya;* doch dürften sie im spätern Zuwachs auftreten. Die Gefäſse, nie von einem bedeutenden Durchmesser (Maximaldurchmesser 0,015—0,06 mm) erscheinen am Querschnitt in der Regel zerstreut. Bezüglich der Structur der Gefäſswandung lassen sich zwei Gruppen von Arten unterscheiden, solche mit und solche ohne spiralige oder netzartige Wandverdickung. Spiralige Verdickung besitzen *C. humilis*, *microstachya*, *nana*, *paludosa* und *stricta*. Es entspricht aber keineswegs dieses Verhältnis einer natürlichen Gruppierung der Arten, wie sie von Decandolle und neuerdings von Poisson dargelegt wird. Gegen angrenzendes Markstrahlparenchym persistiert bei den *Casuarineen* die Hoftüpfelung der Gefäſswandung. Die Scheidewand der Gefäſszellen ist mehr oder weniger geneigt, ganz oder teilweise durchbrochen. Die Perforation ist einfach, meist elliptisch; daneben kommt bei allen Arten in der Umgebung des primären Holzes, mitunter auch tiefer im secundären, leiterförmige Durchbrechung (mit 1—12 Speichen) der Gefäfse vor. Poisson[1]) gibt auch für die mir nicht vorliegende *C. nodiflora* For. häufiges Vorkommen der Leiterperforierung an.

Das Holzparenchym ist mehr oder minder reichlich entwickelt und durch tangentiale Anordnung zwischen dem Prosenchym bei allen Arten ausgezeichnet, — ein Verhältnis, das schon Goepperts Aufmerksamkeit erregte. Die Hauptmasse des Holzes bildet neben den Gefäfsen und dem Parenchym meist englumiges und dickwandiges und stets, aber verschieden reichlich hofgetüpfeltes Prosenchym. Mitunter läfst sich reichlicher und weniger reichlich hofgetüpfeltes Prosenchym auf demselben Radialschnitt erkennen z. B. bei *C. glauca* und *equisetifolia*; ersteres, in Nähe der Gefäfse vorhanden, könnte man allenfalls als Tracheiden bezeichnen; doch existieren Übergänge[2]). Bei den Arten, bei welchen spiralige Verdickung der Gefäfswand auftritt, findet sich dieselbe mit Ausnahme von *C. stricta* auch mitunter an der Prosenchymwandung.

Von systematischem Werte dürften für die *Casnarineen* sein: die breiten Markstrahlen (?), die isolierten Gefäfse, das Vorkommen von einfachen und leiterförmigen Gefäfsperforierungen, die reichliche, metatracheale Entwicklung des Holzparenchyms, das Hoftüpfelprosenchym.

Casuarina equisetifolia L.; — *C. glauca* Sieb., Fl. Nov. Holl. Nr. 325; — *C. humilis* Link et Ott.; — *C. Hügeliana* Miq., Fl. Nov. Holl. occ. austr. legt. Preiss Nr. 2006; — *C. microstachya*

---

[1]) Recherches sur les *Casuarina*. Nouv. Arch. du Mus. d'hist. nat. Paris. T. X 1874 p. 67.

[2]) Möller a. a. O. S. 315—316 spricht bei den *Casuarineen* von Libriform und Tracheiden. Er gibt an, dafs das Libriform einfach getüpfelt sei; es ist dies unrichtig. Vgl. auch Sanio (Bot. Zeitung 1863 S. 115), der von »minder häufig oder gar selten, aber analog den Gefäfsen getüpfelten Holzfasern« spricht.

Miq., Fl. Nov. Holl. occ. austr. legt. Preiss Nr. 1999; — *C. montana* Miq.; — *C. nana* Sieb., Fl. Nov. Holl. Nr. 328: — *C. paludosa* Sieb., Fl. Nov. Holl. Nr. 329; — *C. quadrivalvis* Lab.; — *C. Rumphiana* Miq.; — *C. stricta* Ait.; — *C. summatrana* Jungh.; — *C. torulosa* Ait., Fl. Nov. Holl. Nr. 327.

Cupuliferen.

1. Tribus Betulaceen:

Betula, Alnus.

Die beiden Gattungen *Betula* und *Alnus* zeigen übereinstimmende Holzstructur.

Die Markstrahlen sind meist 1—2, höchstens 4reihig; ihre Zellen sind in der Regel mehr radial gestreckt, aber auch in Richtung der Achse. Das Vorkommen von Krystalldrusen in den Markstrahlzellen beschränkt sich nur auf Arten beider Genera.

Die Anordnung der Gefäfse am Querschnitt ist bei beiden Gattungen vorherrschend die radiale; das Gefäfslumen ist nicht beträchtlich (bis 0,04 mm Durchmesser); mitunter tritt die Bildung von radialen Gefäfsreihen mehr zurück z. B. bei *Betula Ermannii.* Wie die Gefäfsanordnung, so sind auch die genaueren histologischen Verhältnisse der Gefäfswand bei allen untersuchten Arten constant; ich erwähne die dichte kleinere oder gröfsere Hoftüpfelung an den tangentialen Wänden, wo die Gefäfse sich gegenseitig berühren, welche Hoftüpfelung bei allen Arten auch bei angrenzendem Markstrahlparenchym unverändert bleibt. Bemerkenswert ist, dafs bei allen Arten von *Betula* der Hof der Gefäfshoftüpfel weit kleiner ist (0,0017 mm Durchmesser), als bei den Arten von *Alnus* (0,003—0,004 mm Durchmesser); man hat, wenn man dieses Moment zur Unterscheidung von *Alnus* und *Betula* benutzen will, stets die Hoftüpfelung an jenen Gefäfswänden zu messen, wo gegenseitige Berührung der Gefäfswände stattfindet, da bei *Alnus* (z. B. *A. japonica, nitida* etc.) häufig gegen das Markstrahlparenchym kleinere Hoftüpfelung auftritt.

Constant ist ferner die meist stark geneigte Scheidewand der Gefäfszellen und die ausschliefsliche leiterförmige Perforierung derselben (5—30 Speichen). Das Holzprosenchym ist in der Regel durch seine Weitlichtigkeit ausgezeichnet und besitzt kleine nicht reichliche Hoftüpfel; doch ist der Hof kleiner als der Spalt. Das Parenchym ist im allgemeinen untergeordnet entwickelt.

Für die *Betulaceen* sind nach den vorhergehenden Angaben folgende Momente charakteristisch: die nicht breiten Markstrahlen, die vorherrschende radiale Gefäſsanordnung, das Auftreten der Gefäſshoftüpfelung auch bei angrenzendem Markstrahlparenchym, die ausschlieſslich leiterförmige Gefäſsperforierung und die Prosenchymhoftüpfelung, wobei der Hof kleiner als der Spalt ist.

Betula acuminata Wall.; — *B. alba* L.; — *B. Chojputra* Wall.; — *B. corylifolia* Reg. et Maxim.; — *B. davurica* Pall.; — *B. Ermannii* Cham. et Schlechtdl.; — *B. excelsa* L.; — *B. fruticosa* Pall. *var. α. Gmelini* Reg.; — *B. humilis* Schrank; — *B. lenta* L.; — *B. Maximowiczii* Reg.; — *B. nana* L.; — *B. nigra* Willd.; — *B. pubescens* Schleich; — *B. pumila* L.; — *B. ulmifolia* Sieb. et Zucc.; — *B. urticaefolia* Hort.

Alnus acuminata Hook. Benth. et Kth. *β. Mirbelii* Reg.; — *A. arguta* Schlechtdl.; — *A. cordifolia* Tur.; — *A. firma* Sieb. et Zucc.; — *A. glutinosa* Willd.; — *A. japonica* Sieb. et Zucc.; — *A. incana* Willd.; — *A. maritima* Nutt. *γ. arguta* Reg.; — *A. nepalensis* Don., Wallich Nr. 2799; — *A. nitida* Spach. — Endl.; — *A. viridis* Dec.

Anm. Im Frühjahrholz von *Betula* soll nach Möller u. A. eine mehrschichtige Lage von Parenchym vorkommen. Ich konnte dieselbe nicht finden; siehe auch Hesselbarth a. a. O. S. 15.

2. Tribus Corylaceen:

Carpinus, Distegocarpus, Ostrya, Corylus.

Die 1- oder 2-, höchstens 3reihigen Markstrahlen, sowie das ziemlich weitlumige Prosenchym mit seinen nicht zahlreichen, meist aber deutlich behöften Tüpfeln (Hof kleiner als der Spalt), endlich die noch immer vorwiegende radiale Gefäſsanordnung bei mäſsig groſsem Lumen (Maximaldurchmesser 0,04 mm) lassen die verwandtschaftliche Beziehung der *Corylaceen* zu den *Betulaceen* erkennen.

Die genaueren histologischen Verhältnisse der *Corylaceen* zeigen Differenzen, welche die Gattungen *Carpinus*, *Ostrya* und *Distegocarpus* gegenüber *Corylus* als einen engeren Verwandtschaftskreis erkennen lassen. Eine Unterscheidung der erstgenannten Genera unter sich dürfte schwer fallen.

Was die Gefäfswand anlangt, so findet man an der Berührungswand zweier Gefäfse dichte und ziemlich grofse Hoftüpfel, mitunter werden da die Höfe durch gegenseitige Berührung sechsseitig. Gegen die Markstrahlzellen findet sich an der Gefäfswand einfache Tüpfelung. Spiralig oder netzartig verdickt sind die Gefäfswandungen von *Ostrya*, *Carpinus* und *Distegocarpus laxiflora* (spärlich bei *D. Carpinus*). Die spiralige Verdickung fehlt hingegen den meisten Arten der Gattung *Corylus;* sie kommt nur bei *C. Colurna* vor. Auch die Hoftüpfeltracheiden aller Arten von *Ostrya*, *Carpinus* und *Distegocarpus*, hingegen von keiner *Corylus*-Art (auch nicht von *C. Colurna*) sind spiralig verdickt.

Die Scheidewände der die Gefäfse zusammensetzenden Zellen sind meist stark geneigt, ganz oder teilweise durchbrochen. Die Perforierung ist bei allen untersuchten Arten von *Carpinus* und *Ostrya*, ebenso bei *Distegocarpus laxiflora* meist einfach und zwar elliptisch; in der Umgebung des primären Holzes fand ich aber bei allen Arten daneben mehr oder minder armspangige leiterförmige Durchbrechungen vor; diese letzteren wurden auch tiefer im secundären Holze bei *Carpinus viminea* und *Distegocarpus laxiflora* gefunden und dürften vielleicht dort auch, dann aber sehr spärlich, den anderen Arten zukommen. *Distegocarpus Carpinus* Sieb. et Zucc. und *Corylus* besitzt ausschliefslich arm- oder reicherspangige (4—16 Speichen) Leiterperforierungen. Das Holzparenchym ist reichlicher entwickelt, als bei den *Betulaceen;* mitunter ist tangentiale Anordnung desselben ersichtlich.

Von systematischer Bedeutung sind für die *Corylaceen*: die nicht breiten, bis 3reihigen Markstrahlen, die vorherrschende radiale Gefäfsanordnung, die einfache Tüpfelung der Gefäfswand bei angrenzendem Markstrahlparenchym, das Vorkommen von leiterförmiger Gefäſsperforierung allein oder von leiterförmiger und einfacher, das Hoftüpfelprosenchym mit kleinem Hofe.

Ostrya, *Distegocarpus* und *Carpinus* unterscheiden sich von *Corylus* durch die spiralige Wandverdickung der Gefäſse (nur noch bei *Corylus Colurna*) und der Tracheiden; ferner abgesehen von *Distegocarpus Carpinus* durch das vorwiegende Auftreten von einfacher Gefäſsperforierung.

Carpinus Betulus L.; — *C. caroliniana* Watt.; — *C. duinensis* Scop.; — *C. viminea* Lindl. — *Distegocarpus laxiflora* Sieb. et Zucc.; — *Dist. Carpinus* Sieb. et Zucc. — *Ostrya italica* Michl.; — *O. virginica* Willd. — *Corylus Avellana* L.; — *C. Colurna* L. — *C. ferox* Wall.; — *C. heterophylla* Fisch.; — *C. rostrata* Ait. — *C. tubulosa* Willd.

3. Tribus Quercineen.

Fagus.

Die genaueren histologischen Verhältnisse des Holzes zeigen bei den einzelnen Arten der Gattung *Fagus* wesentliche Differenzen, welche indessen völlig der zuerst von Blume[1]) vorgeschlagenen Teilung der Gattung in die Subgenera resp. Genera *Eufagus* und *Nothofagus* entspricht und zwar im Sinne Bentham und Hookers[2]), nicht Decandolles[3]), welche erstgenannten Autoren nur drei Arten von *Eufagus* kennen, während die übrigen, im antarktischen Amerika und Australien einheimischen zu *Nothofagus* gerechnet werden. Da derartige Unterschiede, wie ich sie im folgenden beschreiben werde, innerhalb des Gattungskreises in der Regel nicht auftreten, so dürfte Blumes Aufstellung zweier Genera gerechtfertigt sein. *Eufagus* besitzt sehr breite, schon an zweijährigem Holze bis 8reihige Markstrahlen, während dieselben bei *Nothofagus* nur 1—2reihig sind. Es können also schon durch Besichtigung des Holzquerschnittes mit

[1]) Mus. Bot. Lugd.-Bat. I p. 307.

[2]) Gen. plant. III p. 410.

[3]) Prodromus Vol. XVI Sect. II p. 118.

der Loupe die beiden Subgenera erkannt werden. Bei den untersuchten Arten von *Eufagus* findet sich im secundären Holze neben einfacher, elliptischer, oft langgezogener Perforierung auch leiterförmige, nicht reichspangige Perforation vor, welch letzere aber auch bei allen Arten von *Nothofagus*, wenn auch spärlich, in der Umgebung des primären Holzes constatiert wurde. Bei *Eufagus* ist das Holzprosenchym hofgetüpfelt, einfach getüpfelt bei *Nothofagus*.

Die zahlreichen Gefäſse von *Fagus* sind stets kleinlumiger, als bei *Quercus*, *Castanea* und *Castanopsis;* sie erinnern mehr an die Gefäſse der *Betulaceen* und *Corylaceen*. Damit stimmt auch die radiale Gefäſsanordnung überein, welche bald mehr bald minder deutlich hervortritt. Wo die Gefäſse sich gegenseitig berühren, treten zahlreiche Hoftüpfel, mitunter Treppenhoftüpfel auf. Wie bei den *Corylaceen* erscheint auch hier die Gefäſstüpfelung beeinfluſst vom angrenzenden Markstrahlparenchym, indem an den dasſelbe anstoſsenden Wandungen einfache Tüpfelung sich findet. Bei *Fagus australis* und *procera* sind die Gefäſswände spiralig verdickt; die spiralige Verdickung ist also hier nicht einmal für das Subgenus *Nothofagus* constant. Die Scheidewände der Gefäſse sind geneigt, ganz oder teilweise durchbrochen. Bezüglich des Prosenchyms von *Nothofagus* ist noch zu erwähnen, daſs das Lumen mitunter, aber nicht bei allen Arten gefächert ist. Das Parenchym ist nicht besonders entwickelt; als Krystallschläuche ist es nur bei wenigen Arten ausgebildet.

Für das Genus *Fagus* ist nur gemeinsam die mehr oder minder hervortretende radiale Gefäſsanordnung, die einfache Tüpfelung der Gefäſse bei angrenzenden Markstrahlzellen, die Tendenz zur Bildung leiterförmiger Gefäſsperforationen.

Subgenus Eufagus: *Fagus sylvatica* L.; — *F. ferruginea* Ait.

Subg. Nothofagus: *Fagus australis* Poepp., Poeppig, Coll. pl. Chil. III Nr. 250; — *F. alpina* Poepp., Poeppig l. c. III Nr. 252; — *F. antarctica* Forst., Lechler pl. magellanicae, ed. Hohenacker Nr. 1060; — *F. betuloides* Mirb.-Grieseb., Lechler l. c. Nr. 1061; — *F. Cunninghamii* Hook., ex Herb. Hook. —

F. Dombeyi Mirb., Poeppig l. c. III Nr. 251; — *F. Gunnii* Hook. fil., Herb. Hooker, Coll. Gunn.; — *F. procera* Poepp.

Castanea und *Castanopsis*.

Beide genannten Gattungen zeigen eine grofse Übereinstimmung in der histologischen Beschaffenheit des Holzes. Von dem vierstrahligen Marke gehen Markstrahlen aus, welche im Gegensatz zu *Quercus* nur 1—3reihig sind; mitunter treten in den Markstrahlzellen Einzelkrystalle oder Krystalldrusen auf. Die Gefäfse sind am Querschnitt mehr zertreut; die radiale Anordnung tritt zurück. An der Gefäfswand finden sich einfache Tüpfel bei angrenzendem Markstrahlparenchym. Die Scheidewände der Gefäfszellen sind meist geneigt, mitunter auch horizontal. Die Perforation ist meist einfach, rund oder elliptisch; bei allen untersuchten Arten konnte ich daneben in der Umgebung des primären Holzes, selten tiefer in secundären Leiterperforierungen nachweisen. Wie bei *Quercus* ist das Prosenchym hofgetüpfelt; oft ist dieses durch kleinere und spärlichere Tüpfelung von Tracheiden zu unterscheiden; doch kommen auch Übergänge vor, z. B. bei *Castanopsis indica.* Das Holzparenchym gewinnt bei *Castanea* und *Castanopsis* reichliche Entwicklung; Krystallschläuche bildet dasselbe bei *Castanea vulgaris* und den untersuchten *Castanopsis*-Arten.

Noch einmal mufs hervorgehoben werden: das Zurücktreten der radialen Gefäfsanordnung, die Neigung zur Bildung von Leiterperforierungen, die vorherrschende einfache Tüpfelung der Gefäfswand gegen die Markstrahlen, die reichliche Entwicklung des Parenchyms, das hofgetüpfelte Holzprosenchym.

Castanea vulgaris Lam. — Dec.; — *C. crenata* Sieb. et Zucc.; — *C. japonica β. stricta* Bl.; — *C. pumila* Willd. — *Castanopsis echidnocarpa* Hook. fil. et Thoms.; — *C. tribuloides* Dec.; — *C. indica* Roxb.; — *C. Hystrix* Hook. fil. et Thoms.

Quercus.

Bemerkenswert ist die fünfstrahlige Form des Markes, auf welche schon wiederholt aufmerksam gemacht wurde; ich kann sie für fast alle von mir untersuchte Arten angeben; nur *Qu. lappacea* besitzt ein vierstrahliges, *Qu. microlepis* ein mehr als fünfstrahliges Mark. Meist sind nach meinen Untersuchungen die Markstrahlen durch oft bedeutende Breite ausgezeichnet; Abromeit[1]) gibt für sämtliche 55 von ihm untersuchten Arten das Vorkommen breiter Holzstrahlen an. Wie bei *Castanea* und *Castanopsis* tritt auch hier die radiale Gefäſsanordnung zurück. An der Gefäſswand findet sich gegen das Markstrahlparenchym vorwiegend einfache, oft unregelmäſsig gelagerte Tüpfelung, daneben auch häufig Hoftüpfelung. Die Scheidewände der Gefäſszellen sind verschieden geneigt, mitunter auch horizontal. Die Perforation ist meist einfach, rund oder elliptisch. Ich kann ferner die Angabe Abromeits[2]), daſs im primären Holz fast durchweg leiterförmige Perforierung vorkommt, im vollen Umfange bestätigen. Bei sämtlichen 67 von mir untersuchten Arten fand ich im primären Holze oder in der Umgebung desselben Leiterperforierungen vor; seltener treten diese tiefer im secundären Holze auf, z. B. bei *Qu. Beccariana*, *bicolor*, *Certesbaei*, *cinerea* etc. Das Parenchym ist stets reichlich entwickelt, einerseits in Umgebung der Tracheen, andrerseits auch mit vorwiegend tangentialer Anordnung zwischen dem Prosenchym; sehr häufig aber nicht immer treten in demselben Krystalle auf. Das Prosenchym ist stets hofgetüpfelt; durch den kleineren Hof und die spärlichere Tüpfelung, mitunter auch durch das kleinere Lumen kann es von den sog. Tracheiden unterschieden werden; doch kommen Übergänge vor.

Für *Quercus* sind charakteristisch die breiten Markstrahlen, die einfache Gefäſshoftüpfelung neben Hoftüpfelung bei angrenzendem Markstrahlparenchym, die Tendenz zur Bildung von Leiterperforierungen, welche meist nur im primären Holze Ausdruck findet, das reichlich entwickelte Holzparenchym, auch das Zurücktreten der radialen Gefäſsanordnung.

---

[1]) Über die Anatomie des Eichenholzes. Dissertation (Königsberg). Berlin, Bernstein, 1884.

[2]) a. a. O. S. 16.

Untersucht wurden:

I. Species gerontogeae: *Quercus calliprinos* Webb. — *Qu. Cerris* L.; — *Qu. coccifera* L.; — *Qu. Farnetto* Ten.; — *Qu. filipendula* Vukotinovich; — *Qu. Ilex* Willd.; — *Qu. lusitanica* Webb.; — *Qu. macrolepis* Dec.; — *Qu. robur* L. *pedunculata* Willd.; — *Qu. Pseudosuber* L.; — *Qu. Suber* L.; — *Qu. Toza* L.

II. Species americanae: *Qu. alba* L.; — *Qu. aquatica* Willd.; — *Qu. bicolor* Willd.; — *Qu. brumeloides* Liebm.; — *Qu. calophylla* Cham. et Schlechtdl.; — *Qu. castanea* Nee; — *Qu. Certesbaei* Mich.; — *Qu. cinerea* Mich.; — *Qu. coccinea* Wangh.; — *Qu. crassipes* Hook.-Benth. et Kth., Herb. de la Commission scientifique du Méxique, Bourgeau Nr. 224; — *Q. falcata* Mich.; — *Qu. germanica* Cham. et Schlechtdl.; — *Qu. ilicifolia* Wangh.; — *Qu. imbricata* Willd.; — *Qu. macrocarpa* Mich.; — *Qu. macrophylla* Willd.; — *Qu. palustris* Du Roi et Willd.; — *Qu. nigra* L.; — *Qu. Phellos* L.; — *Qu. Prinus* L.; — *Qu. reticulata* Hook.-Benth. et Kth., Comm. scientif. du Méxique, Bourgeau Nr. 1134; — *Qu. stellata* Wangh.; — *Qu. xalapensis* Hook.-Benth. et Kth.

III. Species asiaticae: *Qu. acuta* Thbg.; — *Qu. aliena* Bl. *var. acuteserrata* Maxim.; — *Qu. annulata* Smith-Wall., Herb. of the late East India Comp. Nr. 4454 Herb. Griffith; — *Qu. Balcot* Griff., Herb. of the late East J. C. Nr. 4448 Herb. Griff.; — *Qu. Beccariana* Benth., O. Beccari piante-bornensi Nr. 3310; — *Qu. castaneaefolia* Mey., Unio itin. 1836 Hohenacker; — *Qu. chinensis* Bunge; — *Qu. crispula* Bl.; — *Qu. dealbata* Hook. fil. et Thoms., Herb. of the late East J. C. Nr. 4474 Herb. Griff.; — *Qu. dentata* Thbg.; — *Qu. dilatata* Lindl., Herb. Ind. Or. Hook. fil. et Thoms.; — *Qu. fenestrata* Roxb.; — *Qu. Gilva* Bl.; — *Qu. glabra* Thbg.; — *Qu. glandulifera* Bl.; — *Qu. glauca* Thbg.; — *Qu. Griffithii* Hook. fil., Herb. of the late East Ind. Comp. Nr. 4459 Herb. Griff.; — *Qu. incana* Roxb., Herb. Ind. Or. Hook. fil. et Thoms.; — *Qu. lamellosa* Ham., Herb. Ind. Or. Hook. fil. et Thoms.; — *Qu. lanceaefolia* Roxb., Herb. of the late East Ind. Comp. Nr. 4477 Herb. Griff.; — *Qu. lanuginosa* Don.; — *Qu. lappacea* Roxb., Herb. Ind. Or. Hook. fil. et Thoms.; — *Qu. leucocarpa* Hook. fil. et Thoms., Herb. of the late East Ind. Comp.

Nr. 4476 Herb. Griff.; — *Qu. Lobbii* Hook fil., Herb. Ind. Or. Hook. fil. et Thoms.; — *Qu. macranthera* E. Mey.; — *Qu. mongolica* Fisch.; — *Qu. obovata* Bunge; — *Qu. pallida* Bl.; — *Qu. persica* Jaub. et Spach., Kotschyi pl. alepp. kurd. moss. Nr. 394 ed. Hohenacker; — *Qu. regia* Lindl., Kotschy l. c. Nr. 340; — *Qu. Reinwardtiana* Korth.; — *Qu. semicarpifolia* Smith; — *Qu. serrata* Thbg.; — *Qu. spicata* Smith, Herb. of the late East Ind. Comp. Nr. 4468 Herb. Helfer; — *Qu. thalassica* Hance; — *Qu. Thomasiana* Dec., Herb. Ind. Or. Hook fil. et Thoms.

Anm. Abromeit berücksichtigt bei der Gruppierung der von ihm untersuchten Eichen neben der Breite der Markstrahlen die Dickwandigkeit der Gefäfse und die Anordnung der Elemente. Er gewinnt dadurch ein System (a. a. O. S. 69 ff.), welches Beziehungen zu den natürlichen Systemen von Engelmann und Oerstedt zeigt.

Für die ganze Gruppe der *Cupuliferen* ist nur ein einziges Moment constant: die Tendenz zur Bildung von Leiterperforierungen, welche mitunter allerdings nur im primären Holze Ausdruck findet. Doch kommt leiterförmige Gefäfsdurchbrechung bei allen von mir untersuchten *Cupuliferen* vor.

Tabelle zur Bestimmung der Genera.

I. An der Gefäfswand gegen das Markstrahlparenchym ausschliefslich Hoftüpfelung; ausgeprägte radiale Anordnung der Gefäfse; ausschliefslich leiterförmige Perforierung; Hoftüpfelprosenchym mit kleinem Hof (Hof < Spalt); keine breiten Markstrahlen.

a) Gefäfshoftüpfel 0,0017 mm Durchmesser: *Betula.*

b) Gefäfshoftüpfel 0,003—0,004 mm Dm.: *Alnus.*

II. An der Gefäfswand gegen das Markstrahlparenchym vorwiegend einfache Tüpfelung.

1. Hoftüpfelprosenchym mit kleinem Hof (Hof < Spalt); ausgeprägte radiale Gefäfsanordnung; keine breiten Markstrahlen.

a) Hoftüpfeltracheiden spiralig verdickt; Gefäfswand[1]) spiralig verdickt; leiterförmige und einfache Perforation[2]) bei jeder Art: *Ostrya*, *Carpinus*, *Distegocarpus.*

---

[1]) Spiralige Verdickung der Gefäfswand auch bei *Corylus Colurna.*

[2]) Leiterförmige Perforierung allein scheint auch bei *Distegocarpus Carpinus* vorzukommen.

b) **Hoftüpfeltracheiden nicht spiralig verdickt**; Gefäſswand im allgemeinen nicht spiralig verdickt; ausschlieſslich leiterförmige Perforierung: *Corylus.*

2. **Einfach getüpfeltes Prosenchym**; radiale Gefäſsanordnung; keine breiten Markstrahlen: *Nothofagus.*

3. **Hofgetüpfeltes, oft tracheidenähnliches Prosenchym.**

   a) **Keine breiten Markstrahlen**: *Castanea, Castanopsis.*

   b) **Breite Markstrahlen.**

      α. Leiterperforierung und einfache Perforierung häufiger im secundären Holz. Kleinerlumige Gefäſse: *Eufagus.*

      β. Leiterperforierung meist nur im primären Holze. Gröſserlumige Gefäſse: *Quercus.*

Salicineen.

Die beiden Gattungen dieser Familie, *Salix* und *Populus* dürften wohl kaum durch die Holzanatomie zu unterscheiden sein. Die Markstrahlen sind 1—2reihig, die zahlreichen Gefäſse zerstreut, aber auch zu wenigen radial angeordnet (Durchmesser bis 0,06 mm). Wo die Gefäſse sich gegenseitig berühren, tritt dichte, gröſsere, meist polygonale Hoftüpfelung auf (Hofdurchmesser 0,004—0,006 mm), während gegen angrenzendes Markstrahlparenchym sich einfache Tüpfelung findet. Die Gefäſsperforation ist einfach, rund oder elliptisch bei verschieden geneigter Scheidewand. Wenig entwickelt ist das Holzparenchym. Das ziemlich weitlumige, nicht dickwandige Prosenchym ist einfach getüpfelt, sein Lumen mitunter *(Salix alba)* gefächert.

Populus tremula L.; — *P. nigra* L. — *Salix alba* L.; — *S. purpurea* L.

Lacistemaceen.

Der Querschnitt des Holzkörpers ist ausgezeichnet durch 1—2reihige Markstrahlen, deren Zellen vorzugsweise in Richtung der Achse gestreckt sind, ferner durch vierseitige, nicht groſslumige (Maximaldurchmesser 0,03—0,04 mm) Gefäſse, welche bald zu wenigen *(L. elongatum)*, bald zu mehreren *(L. pubescens)* radial angeordnet sind. Wo die Gefäſse sich berühren, finden sich zahlreiche, oft kleine (Hofdurchmesser 0,002—0,003 mm) Hoftüpfel, welche auch bei angrenzendem Markstrahlparenchym unverändert bleiben. Die Scheidewände der Gefäſszellen sind stark geneigt, ganz oder teilweise durchbrochen; die Perforierung ist leiterförmig, doch verschieden reichspangig; reicherspangig (bis 20 Speichen) sind die Durchbrechungen von *Lacistema elongatum*. Das Holzparenchym ist reichlicher entwickelt, tangentiale Anordnung desselben häufig ersichtlich. Das dickwandige Prosenchym besitzt deutliche, wenn auch nicht groſse Hoftüpfel; Scheidewände finden sich in demselben namentlich bei *L. pubescens*.

Lacistema elongatum Schnitzl.; — *L. pubescens* Mart.

Empetraceen.

Neben 1—2reihigen Markstrahlen, deren Zellen in der Regel in Richtung der Achse gestreckt sind, zeigt der Querschnitt zahlreiche, meist isolierte Gefäſse mit nicht über 0,03 mm Durchmesser. Die Scheidewände der Gefäſszellen sind mehr oder minder stark geneigt, ganz oder teilweise durchbrochen. *Empetrum nigrum* und *Corema album* besitzen leiterförmige Gefäſsperforierungen (*Empetrum* bis 10, *Corema* bis 15 Speichen). Bei *Corema Conradi* findet sich einfache elliptische Durchbrechung und eine leiterförmige, armspangige. Holzparenchym ist nur untergeordnet entwickelt. Das Holzprosenchym ist hofgetüpfelt.

Empetrum nigrum L. — *Corema album* Don.; — *C. Conradi* Torr. = *Tuckermannia Conradi Kl.*, ex Herb. Tuckermann.

Inhalt.

Verzeichnis der behandelten Familien.

www.ingramcontent.com/pod-product-compliance
Lightning Source LLC
LaVergne TN
LVHW042236300926
849161LV00003B/374